工程材料与加工基础

（第2版）

主　编　余　岩

副主编　蔡　菊

主　审　张远明

北京理工大学出版社

BEIJING INSTITUTE OF TECHNOLOGY PRESS

内 容 简 介

本书内容包括：金属材料的性能、金属学的基本知识、钢的热处理、金属材料（碳素钢、合金钢、铸铁、有色金属及合金）、新型材料及材料的检测、机械零件材料的选择、零件毛坯制造方法概论（铸造、锻压和焊接）及金属的切削加工基础等共十一章。每章都安排了思考题与作业题，并附有两个综合性实验指导。

本书是贯彻“必需、够用和少而精”原则而编写的，是高职高专教育机械类专业及近机类专业的通用教材。本书可同时应用于课堂教学、实训与实验等教学环节，也可供有关工程技术人员、企业管理人员参考。

图书在版编目（CIP）数据

工程材料与加工基础/余岩主编．—2 版．—北京：北京理工大学出版社，2012.7（2019.8 重印）

ISBN 978－7－5640－6334－4

Ⅰ.①工…　Ⅱ.①余…　Ⅲ.①工程材料－高等学校－教材②热加工－高等学校－教材　Ⅳ.①TB3②TG306

中国版本图书馆 CIP 数据核字（2012）第 165463 号

出版发行／北京理工大学出版社
社　　址／北京市海淀区中关村南大街 5 号
邮　　编／100081
电　　话／（010）68914775（办公室）　68944990（批销中心）　68911084（读者服务部）
网　　址／http：//www.bitpress.com.cn
经　　销／全国各地新华书店
印　　刷／河北鸿祥信彩印刷有限公司
开　　本／710 毫米×1000 毫米　1/16
印　　张／13.75
字　　数／255 千字
版　　次／2012 年 7 月第 2 版　2019 年 8 月第 6 次印刷　　责任校对／周瑞红
定　　价／39.00 元　　责任印制／王美丽

出版说明>>>>>>

北京理工大学出版社为了顺应国家对机电专业技术人才的培养要求，满足企业对毕业生的技能需求，以服务教学、立足岗位、面向就业为方向，经过多年的大力发展，开发了近 30 多个系列 500 多个品种的高等职业教育机电类产品，覆盖了机械设计与制造、材料成型与控制技术、数控技术、模具设计与制造、机电一体化技术、焊接技术及自动化等 30 多个制造类专业。

为了进一步服务全国机电类高等职业教育的发展，北京理工大学出版社特邀请一批国内知名行业专业、国家示范性高等职业院校骨干教师、企业专家和相关作者，根据高等职业教育教材改革的发展趋势，从业已出版的机电类教材中，精心挑选一批质量高、销量好、院校覆盖面广的作品，集中研讨、分别针对每本书提出修改意见，修订出版了该高等职业教育“十二五”特色精品规划系列教材。

本系列教材立足于完整的专业课程体系，结构严整，同时又不失灵活性，配有大量的插图、表格和案例资料。作者结合已出版教材在各个院校的实际使用情况，本着“实用、适用、先进”的修订原则和“通俗、精炼、可操作”的编写风格，力求提高学生的实际操作能力，使学生更好地适应社会需求。

本系列教材在开发过程中，为了更适宜于教学，特开发配套立体资源包，包括如下内容：

➢ 教材使用说明；

- 电子教案，并附有课程说明、教学大纲、教学重难点及课时安排等；
- 教学课件，包括：PPT 课件及教学实训演示视频等；
- 教学拓展资源，包括：教学素材、教学案例及网络资源等；
- 教学题库及答案，包括：同步测试题及答案、阶段测试题及答案等；
- 教材交流支持平台。

北京理工大学出版社

Qianyan

前　言

本书是根据教育部制定的《高职高专教育工程材料类基础课程教学基本要求》，结合高职高专教学改革的实践经验，贯彻“必需、够用和少而精”原则而编写的，是高职高专教育机械类专业及近机类专业的通用教材。本书可同时应用于课堂教学、实训与实验等教学环节，也可供有关工程技术人员、企业管理人员参考。

全书共11章，1～9章讲述工程材料和金属热处理基础，10～11章介绍铸造、锻压、焊接及金属的切削加工基础。每章都安排了习题与思考题，并附有两个综合性实验指导。

本书编写具备如下特点：

（1）以培养生产第一线需要的高等技术应用性人才为目标，教材内容侧重于应用理论、应用技术和材料的选用；强调理论联系实际，强调对学生的实践训练；贯彻以应用为目的，以掌握概念、强化应用为教学重点，以必需、够用为原则。

（2）力求做到重点突出、少而精、深入浅出、通俗易懂，使教材清晰、形象，易于自学。

（3）充分重视新材料、新工艺、新技术的引入。如增加了新型材料等知识的介绍等。

（4）全书名词、术语、牌号均采用了最新国家标准，使用了法定计量单位。

使用本书时，各校可根据专业特点、教学时数等情况、对其内容进行调整和增删。书中带“＊”号的部分属于自学或选学的内容。

参加本书编写的有广东轻工职业技术学院余岩（第3~6章、第8章）、广州白云学院蔡菊（第1~2章、第7章、第9章）、广州市交通高级技工学校丁小艺（第10、11章）。本书由余岩担任主编并负责统稿。

在此对担任本书审稿工作、并提出许多宝贵意见的东南大学博士生导师张远明教授表示衷心的感谢。

本书的编写力求适应教育的改革和发展，但由于编者水平有限，书中不足之处在所难免，恳切希望广大读者批评指正。

编　者

目　录

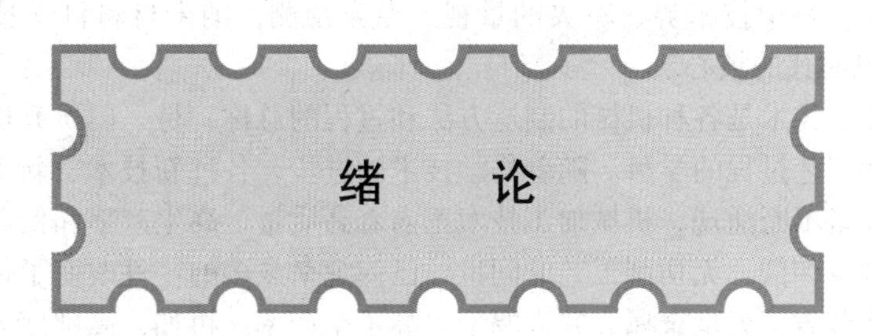

绪 论

0.1 材料与材料加工技术的历史与现状

材料用于制造机器零件、工程构件以及生活日用品，是生产和生活的物质基础。材料、能源、信息被称为现代社会的三大支柱，而能源和信息的发展，在一定程度上又依赖于材料的进步，因此许多国家都把材料科学作为重点发展科学之一，使之成为新技术革命的坚实基础。

历史表明，生产中使用的材料性质直接反映了人类社会的文明水平。所以历史学家根据制造生产工具的材料，将人类生活的时代划分为石器时代、陶器时代、铁器时代，当今人类正跨入人工合成材料、复合材料、功能材料的新时代。

约在 50 万年前，人类学会了用火。在六七千年前，人类开始用火烧制了陶器，我国东汉时期（公元 25—220 年）出现了陶瓷，于 9 世纪传至东非和阿拉伯，13 世纪传到日本，15 世纪传到欧洲，对世界文明产生了很大的影响，瓷器已经成为中国文化的象征。

5000 年前，我们的祖先冶炼了青铜。春秋战国时期，我国已大量使用铁器。西汉后期，我国发明了炼钢法，这种方法在德国 18 世纪才获得应用。2000 年以前，我国已经使用了淬火和渗碳工艺，热处理技术已经有了相当高的水平。

1863 年，第一台光学显微镜的问世，出现了“金相学”，人们对材料的观察和研究进入了微观领域。1912 年，人们采用 X 射线衍射技术研究材料的晶体微观结构。1932 年，电子显微镜的问世，各种先进能谱仪的出现，将人类对材料微观世界的认识带入了更深的层次，形成了跨学科的材料科学。

新中国成立以来，我国的工业生产、农业生产、人们的日常生活水平得到了迅速发展，钢的年产能力从 1949 年的 17 万吨增至目前的 1 亿多吨，非金属材料的产量也有了很大的增长。

随着原子能、航空航天、通信电子、海洋开发等现代工业的发展，对材料提出了更为严格的要求，出现了一大批相对密度更小、强度更高、加工性能更好并能满足特殊性能要求的新材料。20 世纪末，纳米材料的开发和应用，引起了世界各国政府、科学技术界、军界的重视。专家预测，纳米材料科学技术将成为 21 世纪信息时代的核心。

机械加工技术是各种机械的制造方法和过程的总称，是一门研究机械制造的工艺方法和工艺过程的学科。随着科学技术的进步，各种新技术、新工艺、新材料的和新设备不断涌现，机械加工技术正向着高质量，高生产率和低成本方向发展。如各种少切削、无切削工艺的问世，已使愈来愈多的零件改变了传统的加工方法，从而节省了大量金属，并大幅地提高了生产率。再如，高硬度刀具材料地出现，实现了对工件淬硬表面的切削，其加工精度和加工表面质量可与磨削媲美；采用硬滚（刮）工艺加工的硬齿面齿轮，使用寿命显著提高；超精密加工技术的应用，已实现加工尺寸误差和形状误差在 0.1 μm 以下、表面粗糙度 Ra 值不大于 0.05 μm 等等。特别是微型电子计算机和数显、数控技术的广泛应用，使工艺过程的自动化程度提高到一个新的阶段。不但大批量生产类型可以实现半自动化、自动化，而且中、小批量甚至单件生产类型也可采用成组加工工艺和计算机辅助工艺规程编制，机械制造工业正向着半自动化、自动化方向发展。

新中国成立 50 年来，机械制造工业已取得了很大的成就。在机床及工具、仪表、轴承、汽车、重型机械和农业机械等方面已具有相当的生产规模，初步形成了产品门类基本齐全、布局比较合理的机械制造工业体系，不仅为国民经济各部门提供了必要的技术装备，还研制和生产出一批具有世界先进水平的产品，一些产品已进入国际市场。

由于我国原有的工业基础比较薄弱，与世界先进水平相比，机械制造工艺水平还存在着相当大的差距，因此，我们必须抓住机遇，把引进的国外先进技术和自己的研究创新结合起来，奋发图强，加快发展速度，使我国的机械制造工业跨入世界先进行列，为社会主义经济建设打下更坚实的基础。

0.2 本课程的主要内容与要求

本课程的工程材料部分主要介绍金属材料的成分、组织、性能之间的相互关系，了解强化金属材料的基本途径，熟悉常用金属材料的牌号、成分、组织、性能及用途，为正确选用材料提供理论依据，为后继专业课程的学习提供材料方面的知识。

本课程的加工基础部分主要涉及机械加工方面的基础知识，主要内容包括热加工工艺和冷加工工艺两部分。通过学习，可以获得机械加工常用的工艺方法，对机械加工工艺形成一个完整的认识，从而增强工作的适应性。

希望通过本书较系统的学习，使学生初步具有正确选材和妥善安排工艺方案的能力，同时掌握金属冷、热加工工艺的基础知识。

本课程知识面广，概念性强，与生产实践关系密切，教学中应充分利用感性知识加强对课程内容的理解，因此应配合一定的现场参观和电化教学，有条件的可适当安排见习或实习，并在每章学完后，认真做复习题，以确保达到学习本课程的基本要求。

第1章 金属材料的性能

在机械制造中，大多数的零件都是由各种金属材料制成的。随着零件的工作条件和加工方法的不同，必然会对金属材料提出各种不同的性能要求。例如，弹簧需要材料具有良好的弹性和高的疲劳极限；刀具要求硬且耐磨；飞机零件要求材料具有强度高，质量轻和高的抗氧化性；制造容器的材料要求材料具有良好的耐腐蚀性、焊接性能和压延性能等。为了合理地选用和加工金属材料，以及充分发挥金属材料的使用性能和挖掘其性能潜力，必须充分了解和掌握金属材料的基本性能。

金属材料的性能一般分为使用性能和工艺性能。使用性能是指材料制成零件或构件后，材料在使用时所表现出来的性质和适应能力，它包括物理、化学和力学性能等，金属材料的使用性能必须保证其正常工作和一定的工作寿命；工艺性能是指材料在冷、热加工过程中所表现出来的适应能力和难易程度所必须具备的性能，它包括铸造性能、锻压性能、焊接性能、热处理性能和切削加工性能等，金属材料的工艺性能必须保证材料在加工过程中的顺利进行。材料性能特点决定了材料的加工工艺过程和材料的应用。

1.1 金属材料的物理性能和化学性能

1.1.1 物理性能

金属材料在固态时所表现出来的一系列物理现象的性能称为物理性能。它包括密度、熔点、导热性、导电性、热膨胀性和磁性等。

1. 密度

物质单位体积的质量称为该物质的密度，用符号 ρ 表示，其单位为 g/cm^3。

密度是金属材料的重要特性之一，机械工程中通常用密度来计算材料或零件毛坯的质量（$m=\rho V$）。体积相同的不同金属，金属密度越大质量也越大，金属密度越小质量也越小。

2. 熔点

金属从固态转变为液态时的最低熔化温度称为熔点。

3. 热膨胀性

一般情况下，金属材料在受热时体积增大，冷却时体积缩小，金属这种热胀冷缩的性能称为热膨胀性。利用材料的热膨胀性，使过盈配合的两零件紧固在一起或使原来紧配的两零件加热松弛而卸下；铺设铁轨时，两钢轨衔接处应留有一定的空隙，使钢轨在长度方向有伸缩的余量等。

4. 导热性和导电性

金属材料传导热量的能力称为导热性，金属材料的热导率 λ 越大，说明导热性越好。

金属材料传导电流的能力称为导电性。金属及其合金具有良好的导电性能，银的导电性能最好，铜、铝次之，故工业上常用铜、铝及其合金作导电材料，如电线、电缆、电器元件等。而导电性差、电阻率高的金属用来制造电阻器和电热元件。

1.1.2 化学性能

金属的化学性能是指金属在室温或高温下抵抗外界化学介质侵蚀的能力，主要包括耐腐蚀性和抗氧化性等。

1. 耐腐蚀性

金属材料会与其周围的介质发生化学作用而使其表面被破坏，如钢铁的生锈，铜产生铜绿等，这种现象称作锈蚀或腐蚀。

2. 抗氧化性

金属材料在高温下容易被周围环境中的氧气氧化而遭破坏，金属材料在高温下抵抗氧化作用的能力称为抗氧化性。

1.2 金属材料的力学性能

机器零件工作时都会受到外力（载荷）的作用。如行车吊运重物，钢丝绳会受到重物拉力的作用；车床加工时，导轨会受到工件、工具等重量的作用；冲模工作时会受到压力、冲击力、甚至交变外力的作用等。在这些外力作用下，材料所表现出来的一系列特性和抵抗变形和断裂的能力称为材料的力学性能。

在机械制造领域中设计、制造选用材料时，大多数以力学性能为主要依据。

1.2.1 载荷

材料在加工和使用过程中所受到的外力称载荷。按外力的作用形式，常分为静载荷、冲击载荷和交变载荷三种。

1. 静载荷

大小不变或变化很慢的载荷。如：桌上放置重量不变的箱子，桌子所受的力；机床的床头箱对机床床身的压力等。

2. 冲击载荷

突然增加或消失的载荷。如：在墙上钉钉子，钉子所受的力；空气锤锤头下落时锤杆所承受的载荷；冲压时冲床对冲模的冲击作用等。

3. 交变载荷

周期性的动载荷，如机床主轴就是在交变载荷的作用下工作的。

1.2.2 力学性能

金属材料的力学性能是指材料在各种载荷作用下表现出来的抵抗力。常用的力学性能指标有：强度、塑性、硬度、冲击韧度及疲劳强度等，它们是衡量材料性能和决定材料应用的重要指标。

1. 强度

金属材料在载荷作用下抵抗塑性变形或断裂的能力称为强度。强度愈高，材料承受的载荷愈大。依据载荷作用的方式，强度可分为抗拉强度、抗压强度、抗弯强度和抗剪强度等。不同金属材料的强度指标，可通过拉伸试验和其他力学性能试验方法测定。

（1）拉伸曲线

拉伸曲线是拉伸试验对规定的拉伸试样进行轴向拉伸，测定试验力和相应的伸长量，以确定材料力学性能的试验。

按照国标 GB 228—1987《金属拉伸试样》规定，将被测试的金属材料制成如图 1－1（a）所示的标准试样，在材料拉伸试验机上，对标准试样进行拉伸试验，即：将标准试样装夹在试验机上，然后对其逐渐施加拉伸载荷，同时连续测量力和试样相应的伸长，直至试样被拉断，可得到拉力 F 与伸长量 Δl 的关系曲线图（如图 1－2），即拉伸曲线，纵坐标表示力 F，单位为 N；横坐标表示绝对伸长量 Δl，单位为 mm。拉伸曲线反映了金属材料在拉伸过程中从弹性变形到断裂的全部力学特性。

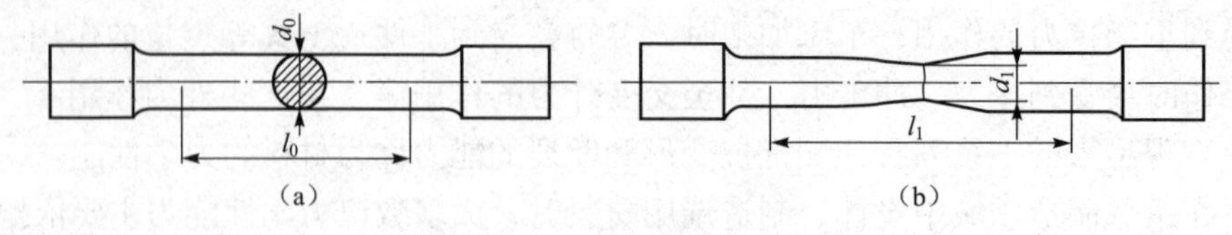

图 1－1 圆形拉伸试样

（a）拉伸前；（b）拉伸后

图 1－2 是普通低碳钢的拉伸曲线图。

由图1－2可见，拉伸过程中的几个阶段：

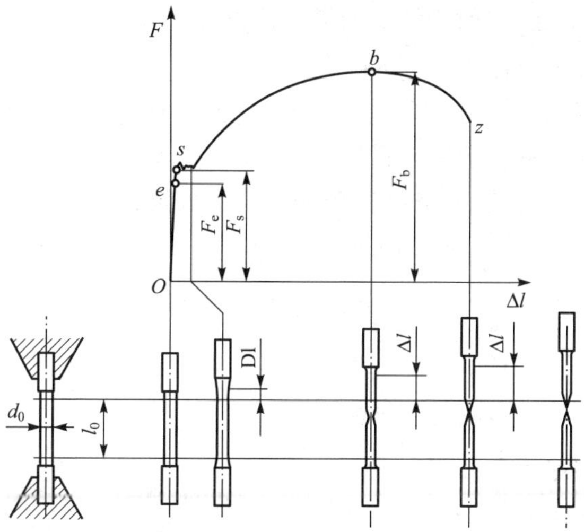

图1－2 普通低碳钢的拉伸曲线

① Oe——弹性变形阶段：试样在力作用下均匀伸长，伸长量与拉力保持正比关系，e点所对应的应力σ_e称为弹性强度或弹性极限。

② es——屈服阶段：试样所受的载荷超过e点后，材料除产生弹性变形外，开始出现塑性变形，拉力与伸长量之间不再保持正比关系，即使拉力不再增加，材料仍会伸长一定距离，即图形中的水平线段。这种现象称为“屈服”，标志着材料丧失抵抗塑性变形的能力，并产生微量的塑性变形。s点所对应的应力σ_s称为屈服强度或屈服极限。

③ sb——塑性变形阶段：试样所受的载荷超过s点后，试样的变形随拉力的增大而逐渐增大，试样发生均匀而明显的塑性变形。

④ bk——颈缩阶段：当试样所受的力达到b点后，试样在标距长度内直径出现局部的明显地变细，即“颈缩”现象。由于截面积的减小，变形集中在“颈缩”处，试样所需的拉力开始下降，在k点试样断裂。

（2）强度指标

材料在外力作用下抵抗变形与断裂的能力称为强度。

根据外力作用方式的不同，强度有多种指标，如抗拉强度、抗压强度、抗弯强度、抗剪强度和抗扭强度等，通常多以抗拉强度为代表对材料进行分析。常用的强度指标有屈服强度和抗拉强度。

① 抗拉强度σ_b：抗拉强度是指材料产生断裂现象时的最大拉应力，用σ_b表示，计算公式为：

$$\sigma_b = \frac{F_b}{S_0}$$

式中 σ_b——抗拉强度，MPa；

F_b——试样在断裂前所承受的最大外力，N；

S_0——试样原始截面积，mm^2。

抗拉强度是材料抵抗断裂的能力，σ_b 越大，材料抵抗断裂的能力越强。抗拉强度是工程技术上的主要强度指标。

② 屈服强度：屈服强度是指材料开始产生屈服现象时的最低应力，又称屈服极限，用 σ_s 表示，计算公式为：

$$\sigma_s = \frac{F_s}{S_0}$$

式中 σ_s——屈服点，MPa；

F_S——试样开始屈服时所受的外力，N；

S_0——试样原始截面积，mm^2。

屈服强度表明金属材料产生明显塑性变形的抗力，即是材料抵抗微量塑性变形的能力。σ_s 越大，其抵抗能力越强，越不易引起塑性变形，因此，它是机械设计的主要依据，也是评定金属材料优劣的重要指标。

σ_s 和 σ_b 都是材料重要的强度指标，也是零件设计的重要依据。机器零件工作时，所受的应力应不超过材料的 σ_s，否则会引起机件塑性变形；更不能在超过强度 σ_b 的条件下工作，否则会引起机件断裂而导致机器破坏。因此多数情况下，金属零件是不允许产生塑性变形的，如齿轮、连杆、轴等零件，一旦发生塑性变形就会失去原有的精度甚至报废。

2. 塑性

材料在外力的作用下，产生永久变形而不破坏的性能称为塑性。塑性指标在拉伸试验中测定的（见图1－2），常用的塑性指标是伸长率和断面收缩率。

（1）伸长率

指试样拉断后标距长度的伸长量与标距原始长度之比值的百分率，用符号 δ 表示，计算公式为：

$$\delta = \frac{l_1 - l_0}{l_0} \times 100\%$$

式中 δ——伸长率，%；

l_0——试样的原始长度，mm；

l_1——试样拉断后的标距长度，mm；见图1－1。

必须说明：同一材料的试样长度不同，测得的伸长率是不同的。长、短标准试样的伸长率分别用符号 δ_{10} 和 δ_5 表示，通常 δ_{10} 也写成 δ。

（2）断面收缩率

指试样拉断后断面面积的收缩量与试样原始截面积之比值的百分率，用符号 ψ 表示，计算公式为：

$$\psi = \frac{S_0 - S_1}{S_o} \times 100\%$$

式中 ψ——断面收缩率,%;

S_0——试样初始截面积，mm;

S_1——试样断裂后断口最小的截面积，mm^2。

断面收缩率不受试样的尺寸影响，更能可靠的反映材料的塑性大小。

δ 和 ψ 都是材料的塑性指标，δ 和 ψ 越大，则材料的塑性越好。金属材料的塑性指标在工程技术中具有重要的实际意义。

塑性好的金属可以发生大量的塑性变形而不被破坏，如零件在使用时超载，也能由于材料的塑性变形使材料强度提高而不致突然断裂，避免事故发生。许多零件在成形过程中要求材料具有较好的塑性，例如：压力加工（冲压、锻造、轧制等），汽车外壳、柴油机油箱及家用电器的外壳等，一般都是利用金属的塑性变形而加工成形的。

3. 硬度

简单地说，硬度就是材料的软硬程度。通常是指金属材料抵抗更硬物体压入其表面的能力，是金属抵抗其表面局部变形和破坏的能力。

通常，材料越硬，其耐磨性越好。机械制造业所用的刀具、量具、模具等，都应具备足够的硬度，才能保证使用性能和寿命。有些机械零件如齿轮等，也要求有一定的硬度，以保证足够的耐磨性和使用寿命。

硬度试验设备简单、测量方便，方法简单、迅速，可直接在原材料或零件表面上测试，因此被广泛应用。目前工厂中常用的硬度测量方法是压入法，主要有布氏硬度试验、洛氏硬度试验和维氏硬度试验等，使用最普遍的是布氏硬度（HB）和洛氏硬度（HR）。

（1）布氏硬度

布氏硬度试验原理如图 1－3 所示，即用直径为 D 的淬火钢球或硬质合金钢球的压头，以规定的压力 F 压入被测试样表面，保持规定时间后去除外力，在试样表面留下球形压痕。依据球面压痕单位表面积（如图 1－3（b），由尺寸 d 计算）上所承受的平均压力来测定布氏硬度值。布氏硬度常用符号 HB 表示。

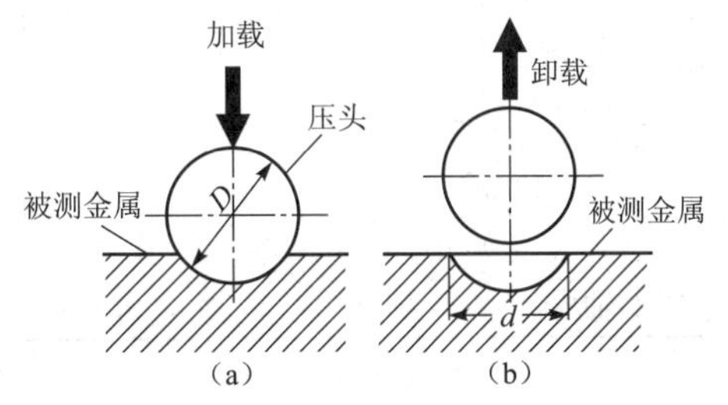

图 1－3 布氏硬度试验的原理示意图

（a）加载；（b）卸载

硬度值的测定，是在专门的布氏硬度试验机上进行，由于金属材料有硬有软，被测工件有厚有薄，有大有小，如果只采用一种标准的试验力 F 和压头直径 D，就会对某些材料和工件产生不适应的现象。国标规定了硬度试验的规范。其

压头直径 D、压力 F（载荷）和保持载荷的时间 t 的取值，见表1－1。

试验卸载后，用特制的读数显微镜量出压痕直径 d（如图1－3所示），按下列公式计算出布氏硬度值：

$$HB = 0.102F/S$$

式中 F——试验的载荷（压力），N；

S——压痕面积，mm^2。

表1－1 常用布氏硬度的规范

种类	材料	硬度范围 HBS	试样厚度 /mm	F/D^2	钢球直径 D /mm	载荷 F/kN	保持时间 t/s
黑色金属	黑色金属（如钢的退火、正火、调质状态）	145～450	6～3 4～2 <2	30	10 5 2.5	29.42（3 000 kgf） 7.355（750 kgf） 1.839（187.5 kgf）	10～15
	黑色金属	<140	>6 6～3 <3	10	10 5 2.5	9.807（1 000 kgf） 2.452（250 kgf）	10～15
有色金属	有色金属	>130	6～3 4～2 <2	30	10 5 2.5	29.42（3 000 kgf） 7.355（750 kgf） 1.839（187.5 kgf）	30
	有色金属及合金（如铜、黄铜、青铜、镁合金）	35～130	9～3 6～3 <3	10	10 5 2.5	9.807（1 000 kgf） 1.839（187.5 kgf）	30
	有色金属及合金（如铝、轴承合金）	8～35	>6 6～3 <3	2.5	10 5 2.5	2.452（250 kgf） 612.9N（62.5 kgf） 153.2N（15.6 kgf）	60

实际上，工厂在试验后，硬度值不需计算，用读数放大镜测出压痕直径 d，然后查阅已换算好的“压痕直径与布氏硬度对照表”，查出相应的布氏硬度值即可，如120 HBS、450 HBW，数值表示硬度值。

一般来说，布氏硬度值愈小，材料愈软，其压痕直径愈大、压痕深度越小；反之，布氏硬度值就愈大，材料愈硬。布氏硬度的优点是具有较高的测量精度，压痕面积大，能比较真实地反映出材料的平均性能，但不适用于测定高硬度的金属材料，也不适宜检验薄件或成品。

布氏硬度值的标记方法，按新颁布国家标准 GB 231—1984 规定，数值在前，符号在后，不表示单位，如 220 HBS。

试验常采用淬火钢球作压头，对于硬度较高的材料则要用硬质合金钢球作压头。以淬火钢球作压头，硬度符号为 HBS，适用于硬度值小于 450 HB 的金属材料，如 120 HBS，如灰铸铁、有色金属及经退火、正火和调质处理的钢材；以硬质合金钢球作压头，硬度符号为 HBW，适用于硬度值为 450 ~ 650 HBS 的金属材料，如 450 HBW。

(2) 洛氏硬度

洛氏硬度试验原理如图 1 -4 所示。它是以直径为1.588 mm的淬火钢球或顶角为 120 ℃ 的金刚石圆锥作为压头，先施加初载荷 F_0 使压头与试样表面良好接触，在施加主载荷 F，保持规定的时间后卸除主载荷，依据压入试样表面留下的深度来测定材料的硬度值，即洛氏硬度，用符号 HR 表示。材料的压痕深度愈浅，其洛氏硬度愈高；反之，洛氏硬度愈低。按下列公式计算出洛氏硬度值：

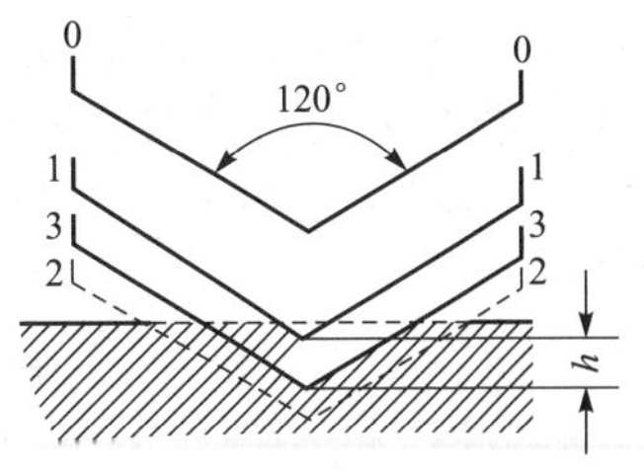

图 1 -4 洛氏硬度试验的原理示意图

$$HR = 100 - h/0.002$$

式中 h 为卸出主载荷后试样表面压痕深度，mm。

为了能用一种硬度计测定较大范围的硬度材料进行试验，硬度分别用 HRA、HRB、HRC 表示，即洛氏硬度有三种：HRA，HRB 和 HRC，其中以 HRC 应用最广泛。洛氏硬度测试规范及应用见表 1 -2。

表 1 -2 洛氏硬度测试规范

标度	压头	预载荷/N	总载荷/N	应用范围	适用的材料
HRA	120°金刚石圆锥	98.07	60 × 9.8	70 ~ 85	硬质合金、表面淬火钢等
HRB	ϕ1.588 mm 钢球	98.07	100 × 9.8	25 ~ 100	软钢、退火钢、铜合金等
HRC	120°金刚石圆锥	98.07	150 × 9.8	20 ~ 67	淬火钢、调质钢等

洛氏硬度试验的优点是操作迅速、简便，洛氏硬度值可直接从硬度计表盘上读出。由于压痕小，因此可测定较薄工件的硬度。缺点是精度差，硬度值波动较大，通常在试样的不同部位测量数次（至少三点以上），取平均值为该材料的硬度值。

生产实践中，常用布氏硬度 HBS 和洛氏硬度 HRC，主要在图纸的技术要求中提出，如 120 HBS，50 HRC 等，尤其是在模具的成型零件图中常见。

4. 冲击韧度

机械零件如活塞销、锤杆、冲模和锻模等，除在静载荷下工作外，还常承受具有更大破坏作用的冲击载荷。金属材料抵抗冲击载荷而不破坏的能力称为冲击韧度。

金属材料的冲击韧度是通过冲击试验来测定的，如图1-5所示。试验时将试样安放在试验机的机架上，使试样的缺口位于两支架中间，并背向摆锤的冲击方向。

将摆锤升高到规定高度 H_1，试验时按动开关，使摆锤从 H_1 高度自由落下，冲断试样后向另一方向回升至高度 H_2，产生摆锤的势能差 A_k，即是消耗在试样断口上的冲击吸收功，A_k 除以试样断口处的截面积 S，即得到材料的冲击韧度值 a_k。

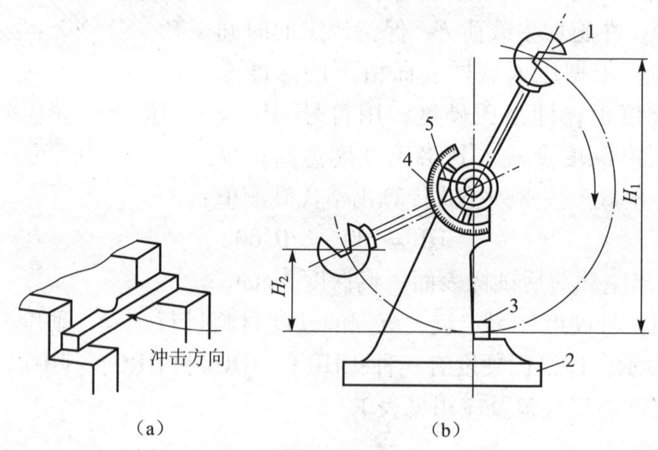

图1-5 冲击试验示意图

(a) 冲击方向；(b) 冲击试验

1—摆锤；2—机架；3—试样；4—刻度盘；5—指针

计算公式如下：

$$A_k = GH_1 - GH_2 = G(H_1 - H_2)$$

$$a_k = \frac{A_k}{S}(\mathrm{J/cm^2})$$

式中 A_k——消耗在试样上的冲击吸收功，J；

G——摆锤重力，N；

H_1——冲断试样前摆锤高度，m；

H_2——冲断试样后摆锤高度，m；

a_k——冲击韧度值，$\mathrm{J/cm^2}$；

S——试样断口的截面积（$\mathrm{cm^2}$）。

冲击吸收功主要消耗于裂纹出现至断裂的过程。冲击韧度值 a_k 的大小，反映出金属材料韧性的好坏。a_k 愈大，表示材料的韧性愈好，抵抗冲击载荷而不被破坏的能力愈大，即受冲击时不易断裂能力愈大。所以，在实际生产制造中，对于长期在冲击作用力下工作的零件，需要进行冲击韧度试验，如冲床的曲柄、空气锤的锤杆、发动机的转子等。

冲击韧度值 a_k 一般只作为选材的参考，并不直接用于强度计算的依据。

5. 疲劳强度

许多机械零件，如高速旋转的传动轴会发生突然断裂、使用频繁的弹簧会发生脆断、汽车变速齿轮会产生崩齿现象、内燃机气缸盖上的螺栓会断裂，以及轴承、叶片工作破坏现象等，常是由于金属疲劳所引起的。这是因为零件在工作中承受的是交变载荷，这种载荷的大小、作用方向随时间作周期性或无规则的变化，使金属材料内部工作时引起的应力也具有反复性和波动性。这种随时间作周期性变化的应力称为交变应力。

零件在交变载荷作用下工作时，受的应力虽然小于材料的 σ_b，甚至小于屈服点 σ_s，但经过长时间的工作在交变应力的作用下，零件表面会产生裂纹或发生突然断裂，这种现象称为材料的疲劳现象。金属材料抵抗这种疲劳破坏的能力称为疲劳强度。即指金属材料经反复的交变载荷作用而仍不致引起疲劳断裂的最大交变应力。

1.3 金属材料的工艺性能

金属材料的工艺性能是指金属材料对不同加工工艺方法的适应能力，是材料物理、化学和力学性能的综合。由金属材料到制成零件毛坯或零件成品，需要经过多道加工工序，可分为冷、热加工。具体有铸造、压力加工、焊接、切削加工和热处理等，各种加工方法对应的工艺性能性为：铸造性能、压力加工性能、焊接性能、切削加工性能和热处理工艺性能等。

材料工艺性能的好坏，直接影响零件的加工工艺方法、加工质量及生产成本，所以它也是选材和制定零件加工工艺路线时必须考虑的重要因素之一，有关工艺方面性能内容将在后续章节中详细介绍。

思考题与作业题

1. 金属材料的性能包括哪些？金属材料的物理性能和化学性能主要有哪些？
2. 何谓金属材料的力学性能？常用的力学性能指标有哪些？
3. 简述低碳钢拉伸过程中的几个变形阶段，并绘制拉伸曲线。
4. 某厂购进一批40钢材，按国家标准规定，其力学性能指标应不低于下列数值：$\sigma_s=340$ MPa，$\sigma_b=540$ MPa，$\delta=19\%$，$\psi=45\%$。验收时，用该材料制成

$d_0=10$ mm 的短试样（原始标距为 50 mm）作拉伸试验：当载荷达到 28 260 N 时，试样产生屈服现象；载荷加至 45 530 N 时，试样发生颈缩现象，然后被拉断。拉断后标距长为 60.5 mm，断裂处直径 $d_1=7.3$ mm。试检验这批钢材是否合格。

5. 测定金属材料常用的硬度方法有哪几种？试述它们的适用范围。

6. 下列硬度的标记是否恰当？写出正确的并解释数值和符号的意义。

（1）210 HBS；（2）100 HRC；（3）250 HBS20/1000/10；（4）850 HBS；（5）HBS250。

7. 下列几种材料和零件各用什么硬度方法来测定其硬度？

（1）车刀（高碳钢）、锉刀的硬度；

（2）钢材库的钢材硬度；

（3）铜或铝的硬度。

[实验一]　金属材料的硬度实验

班级________　姓名________　学号________　评分________

一、实验目的

1. 进一步加深硬度概念。

2. 简要地了解硬度计构造和作用原理。

3. 初步掌握布氏硬度计、洛氏硬度计的测定方法和操作步骤。

二、实验原理简介

1. 布氏硬度测定原理。

2. 洛氏硬度测定原理。

三、实验设备和仪器

四、实验注意事项

1. 试样表面应无氧化皮或其他污物，具有平整光洁的平面。

2. 试样测试面应保持垂直于压头的施载方向。

3. 材料试验后，压痕直径 d 必须在 $0.25\sim0.60D$ 范围之内（D 为钢球直径）。

五、试样材料和试验结果

（一）试样材料

1. 布氏硬度试验材料：HT150（灰口铸铁）。

2. 洛氏硬度试验材料：W18Cr4V（高速钢）。

（二）布氏硬度试验结果

试样		压头		载荷/N	载荷保持时间/s	压痕直径/mm			硬度值HBS
牌号	状态	材料	直径/mm			d_1	d_2	平均值	
HT150	铸态		2. 5						

(三) 洛氏硬度试验结果

试样		标尺		载荷/N		硬度值			
材料	状态	符号	压头	初载	主载	1次	2次	3次	平均
高速钢	淬火回火	HRC							

(四) 实验结果分析

六、实验的收获、建议

金属材料与非金属材料相比较，不仅具有良好的力学性能和某些物理化学性能，而且工艺性能在多方面也比较优良。不同的金属材料具有不同的力学性能，如钢的强度比铝合金高，但导电性能和导热性能不如铝；即使是同一种金属材料，在不同的条件下其性能也是不同的，如 Q235A 钢常温状态的塑性较好，低温时塑性变差。金属性能的这些差异，从本质上来说是材料内部结构的不同所决定的。因此，掌握金属及其合金内部结构以及对金属性能的影响，对于选用和加工金属材料，具有非常重要的意义。

2.1 金属的晶体结构

2.1.1 晶体与非晶体

自然界中的固态物质按其原子（或分子）的聚集状态（排列特征）可分为晶体与非晶体两大类。固态下原子（或分子）作有规则排列而形成的聚集状态，称为晶体，如纯铝、纯铁、纯铜等。原子（或分子）作无规则地无序堆积的聚集状态，称为非晶体，如松香、玻璃、沥青、石蜡等。绝大多数金属和合金在固态下都属于晶体。

2.1.2 晶体结构的基础知识

1. 晶格和晶胞

晶体内部原子是按一定的几何规律排列的。为了便于理解，把金属内部的原子近似地看成是刚性小球，则金属晶体就可看成是由刚性小球按一定几何规则紧密堆积而成的物体，如图 2－1 所示。

为了形象地描述晶体内部原子的排列规律，可以将原子抽象为一个个的几何点，用假想的线条将这些点连接起来，构成有明显规律性的空间格架。这种表示原子在晶体中排列规律的空间格架称为晶格，如图 2－2 所示。

图 2－1 晶体内部原子排列示意图

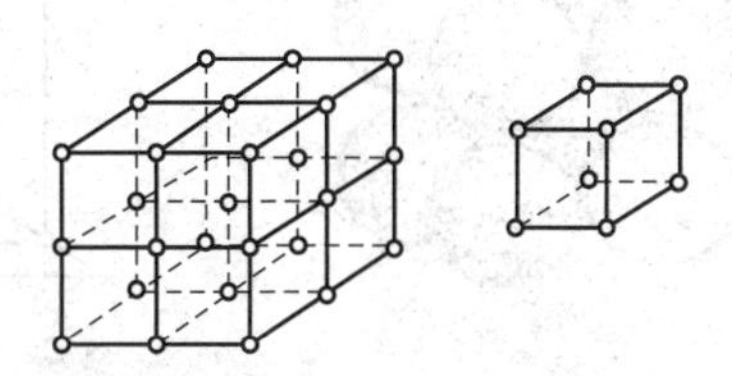

图 2－2 晶格和晶胞示意图

由于晶体中原子的排列呈规则且具有周期性变化的特点，通常从晶格中选取一个能够完全反映晶格特征的最小的几何单元来分析晶体中原子排列的规律，这个最小的几何单元称为晶胞，如图 2－2 所示。整个晶格就是由许多大小、形状和位向相同的晶胞在空间重复堆积而形成的。

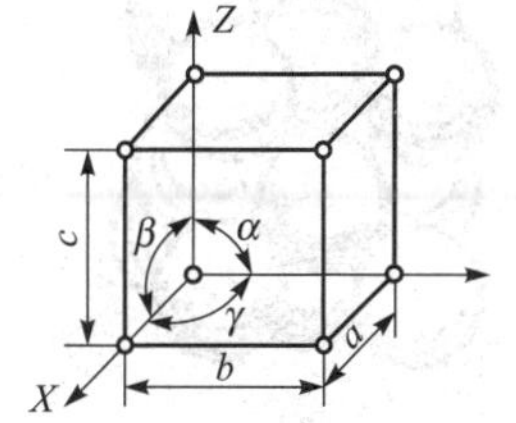

图 2－3 简单立方晶格的晶胞表示方法

2. 晶格常数

不同元素的原子半径大小不同，在组成晶胞后，晶胞大小也是不相同的。晶胞的大小和形状可用晶胞的棱边长度 a，b，c，及棱边夹角 α、β、γ 表示，如图 2－3 所示。晶胞的棱边长度称为晶格常数。当棱边 $a=b=c$，棱边夹角 $\alpha=\beta=\gamma=90°$ 时，这种晶胞称为简单立方晶胞，即晶胞在三个方向上的边长是相等的，用一个晶格常数 a 表示。

2.1.3 金属晶格的类型

工业上常用的金属中，除少数具有复杂晶体结构外，绝大多数金属都具有比较简单的晶体结构。最常见的金属晶体结构有三种类型：体心立方晶格、面心立方晶格和密排六方晶格。室温下有 85% ~90% 的金属元素具有这三种晶格类型。

1. 体心立方晶格

体心立方晶格的晶胞是一个立方体，如图 2－4 所示。在立方体的八个顶角上各有一个与相邻晶胞共有的原子，并在立方体的中心有一个原子。

由图 2－4 可见，这种晶胞在其立方体对角线方向上的原子排列是彼此紧密相接触的，故在该对角线长度方向上所分布的原子数目共 2 个。在这种晶胞中，因每个顶角上的原子是同时属于周围相邻八个晶胞所共有的，故实际上每个体心立方晶胞中仅包含有：（1/8）×8＋1 ＝2 个原子。属于这类晶格的金属有：α－Fe，Cr，Mo，W，V 等。

2. 面心立方晶格

面心立方晶格的晶胞也是立方体，如图 2－5 所示。在立方体的八个顶角上和六个面的中心处各有一个与相邻晶胞共有的原子。

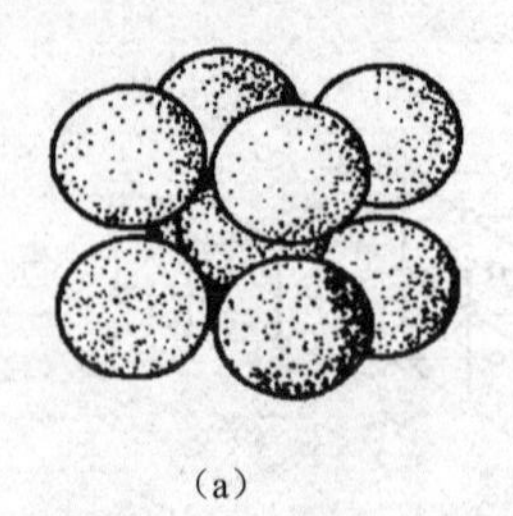
(a)

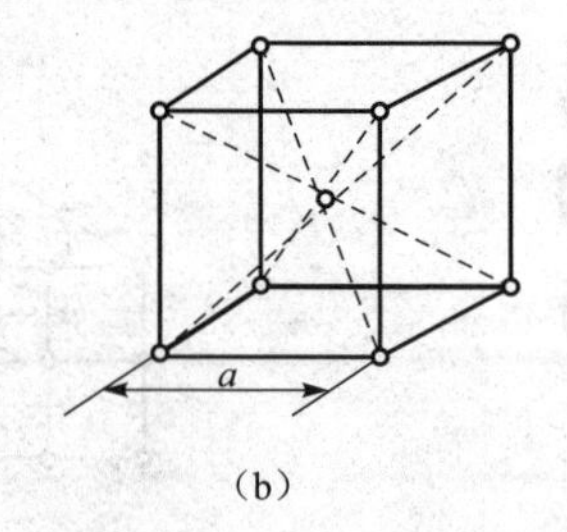

(b)

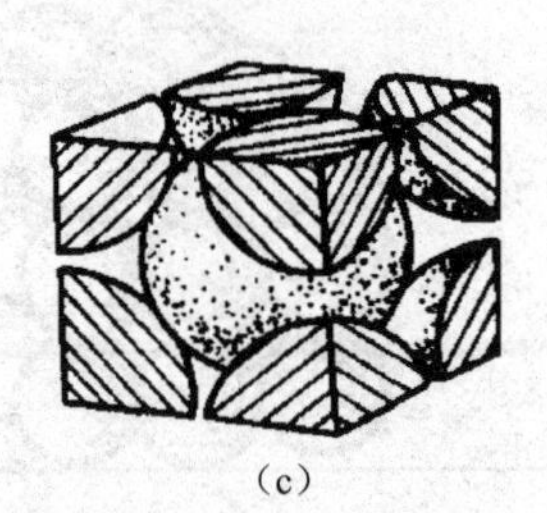
(c)

图2-4 体心立方晶胞示意图
(a) 模型；(b) 晶胞；(c) 晶胞原子数

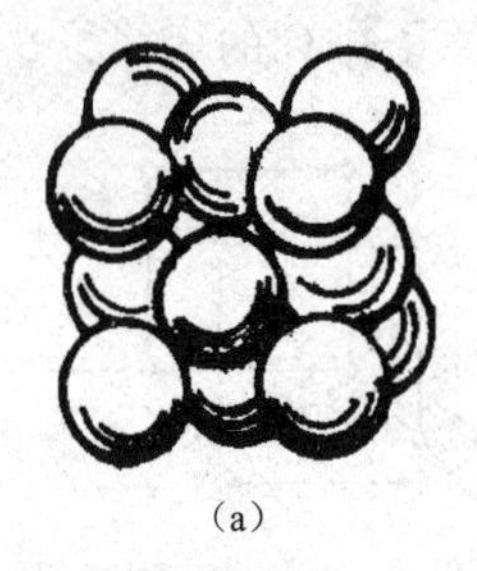
(a)

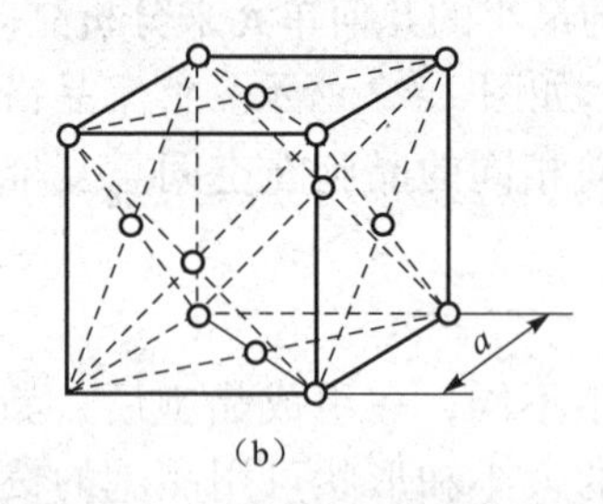

(b)

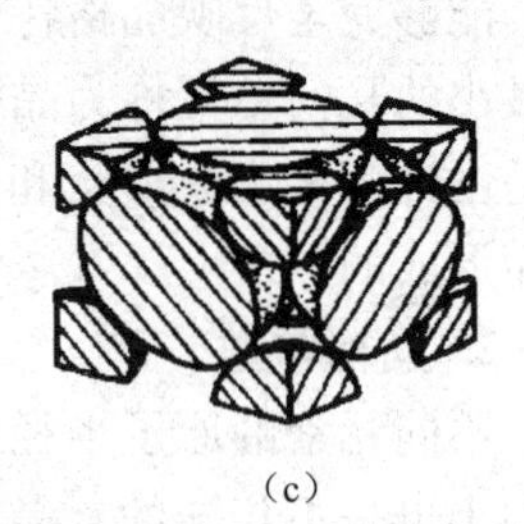
(c)

图2-5 面心立方晶胞示意图
(a) 模型；(b) 晶胞；(c) 晶胞原子数

显然，在这种晶胞中，每个面的对角线上各原子彼此紧密相互接触，又因每一面心位置上的原子是同时属于相邻两个晶胞所共有，故每个面心立方晶胞中包含有：$\frac{1}{8}\times 8+\frac{1}{2}\times 6=4$ 个原子。属于这类晶格的金属有 γ-Fe，Ni，Al，Cu，Pb 和 Au 等。

3. 密排六方晶格

密排六方晶格的晶胞是一个正六棱柱体，如图2-6所示。在上下两个面的12个顶角和上下底面中心上，各有一个与相邻晶胞共有的原子，并在上下两个

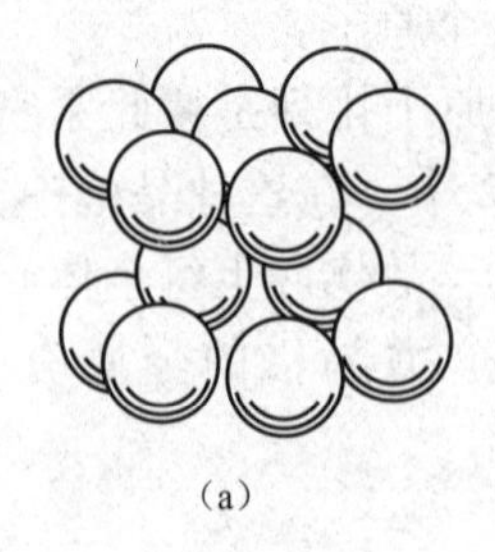
(a)

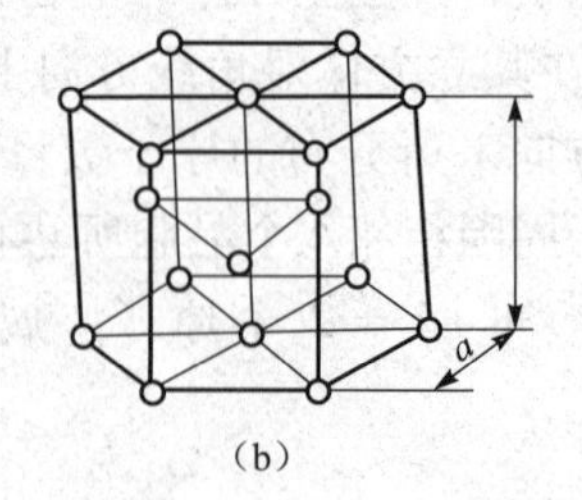

(b)

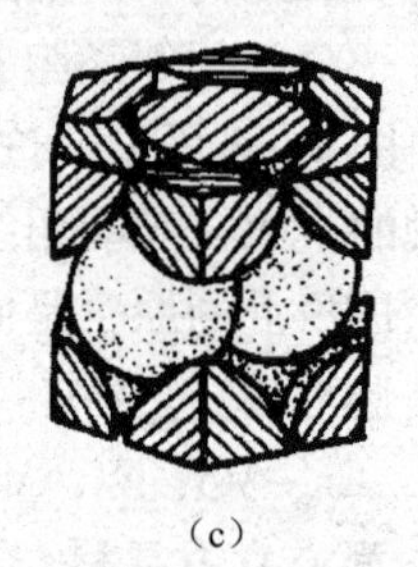
(c)

图2-6 密排六方晶胞示意图
(a) 模型；(b) 晶胞；(c) 晶胞原子数

面的中间有三个原子。晶胞原子数为：$\frac{1}{6}\times12+\frac{1}{2}\times2+3=6$。属于这类晶格的金属有：Mg、Zn、Be和Cd等。

2.1.4 金属晶体结构缺陷

实际金属并非是整个晶体为晶胞重复排列的理想结构。由于种种原因，在晶体内部某些局部区域原子的规则排列往往受到干扰而被破坏，不如理想晶体那样规则和完整。晶体中出现的各种不规则的原子堆积现象称为晶体缺陷。晶体缺陷对金属的性能影响很大。常见的晶体缺陷有以下几类：

1. 点缺陷

最常见的点缺陷有空位、间隙原子和置代原子等。晶体中某个原子脱离了平衡位置形成的空结点称为空位。在晶格的某些空隙处出现多余的原子或挤入外来原子的缺陷称为间隙原子。异类原子占据晶格的结点位置的缺陷称为置代原子。晶体中的空位、间隙原子和置代原子如图2－7所示。

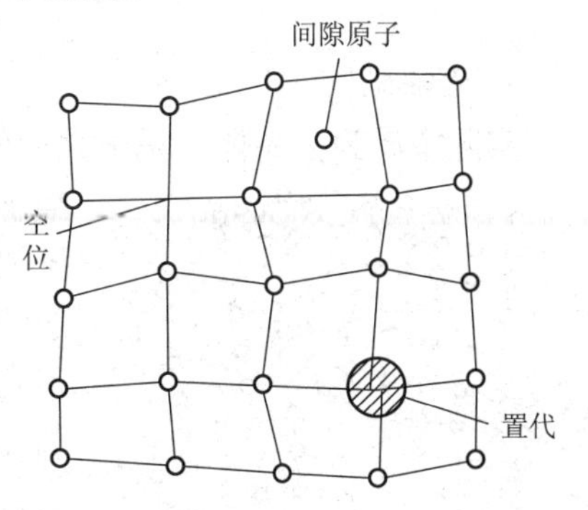

图2－7 点缺陷示意图

在空位、间隙原子和置代原子的附近，由于原子间作用力的平衡被破坏，使其周围的原子离开了原来的平衡位置，发生“撑开”或“靠拢”的现象，这种现象称为晶格畸变。

晶体中的空位、间隙原子和置代原子都处在不断的运动和变化之中。它们的运动是金属中原子扩散的主要方式之一，这对热处理过程是极为重要的。

晶格畸变的存在，使金属产生内应力，晶体发生变化，如强度、硬度的增加，体积的变化等。

因此，晶格畸变也是金属强化的手段之一。

2. 线缺陷

线缺陷主要是指在晶体中呈线状分布的位错。晶体中某处有一列或若干列原子发生有规律的错排现象称为位错。最常见的是刃型位错。

如图2－8所示，刃型位错是晶体中的原子面发生了局部的错排，规则排列的晶体中间错排了半列多余的原子面，如同刀刃一样地切入晶体，使晶体中位于*ABCD*面的上、下两部分晶体间产生了错排现象，形成位错线*EF*，在位错线附近一定范围内，晶格发生了畸变。离位错线越远，晶格畸变越小，应力也就越小。

位错引起的晶格畸变，对金属的性能影响很大。实际生产中一般采用增加位错的方法提高强度，但同时会使材料的塑性下降。位错在晶体中易于移动，金属材料的塑性变形就是通过位错运动来实现的，如冲压中弯曲、拉伸变形等。

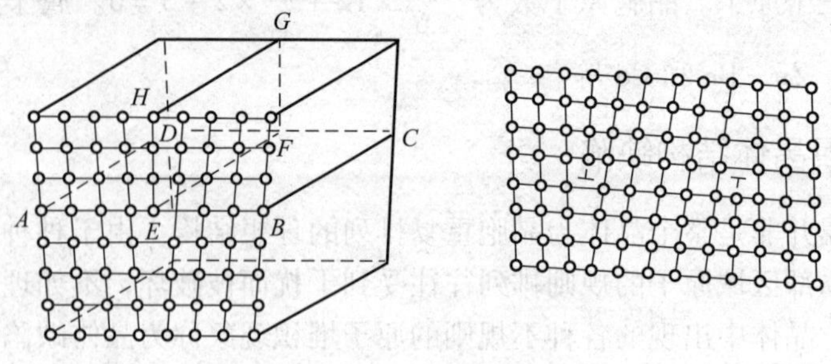

图2－8 刃型位错示意图

3. 面缺陷

实际金属为多晶体，是由大量外形不规则的小晶体即晶粒组成。每个晶粒相当于一个单晶体，如图2－9所示。晶界处的原子排列是不规则的，晶格畸变很大，原子处于不稳定的状态，因此，晶界与晶粒内部存在着一系列不同特性，如常温下晶界处有较高的强度和硬度；晶界处原子扩散速度较快；晶界处容易被腐蚀、熔点低等。

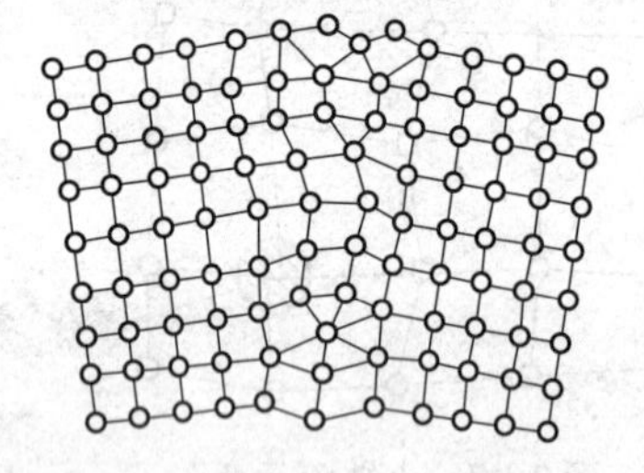

图2－9 晶界的过渡结构示意图

晶体中由于存在了空位、间隙原子、置代原子、位错、晶界及亚晶界等结构缺陷，因此造成晶格畸变，引起金属塑性变形抗力的增大，从而使金属的强度提高。

2.2 纯金属的结晶

金属的组织与结晶过程密切相关，结晶后形成的组织对金属的使用性能和工艺性能有直接的影响，因此，了解金属结晶的过程及规律，对于控制金属材料内部组织和性能是十分重要而有意义的。

2.2.1 纯金属的结晶

1. 结晶的概念

金属材料通常需要经过熔炼和铸造，经历由液态变成固态的过程而获得，这种由液态转变为固态的过程称为凝固。如果凝固的固态物质是晶体，则称这种凝固为结晶。多数金属固态下是晶体，所以金属的凝固过程可称为结晶，结晶使金属由原子不规则排列的液体转变为原子规则排列的固体。

2. 纯金属的冷却曲线及过冷度

纯金属都有一个固定的熔点（或结晶温度），高于此温度熔化，低于此温度才能结晶为晶体。金属的结晶温度和结晶过程可以通过热分析法进行研究。

如图 2－10 所示，其原理是将装有预测金属的小坩埚 2 放入电炉 1 内，加热使纯金属在坩埚内熔化，然后将热电偶 4 浸入熔化的金属液中。在纯金属的缓慢冷却过程中，每隔一定时间记录一次温度，直到冷却至室温。将记录下来的数据绘制在温度—时间坐标图中，便可获得纯金属的冷却曲线，如图 2－11 所示。

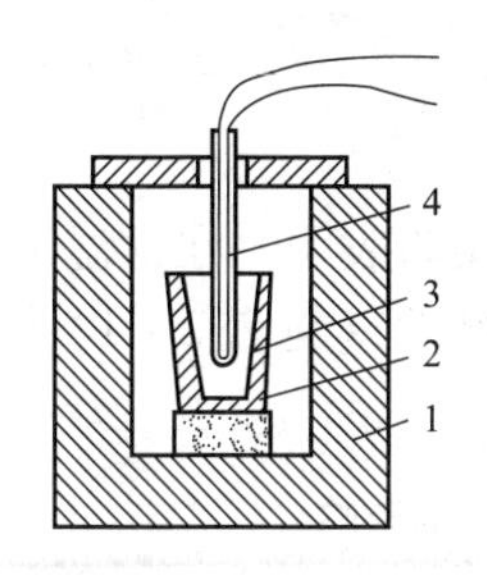

图 2－10　热分析法装置示意图

1—电炉；2—坩埚；3—金属液；4—热电偶

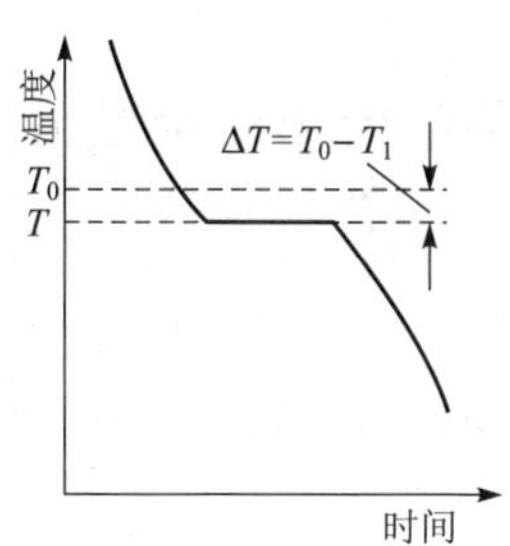

图 2－11　纯金属的冷却曲线

由冷却曲线可见，液态金属在缓慢冷却的过程中，随着冷却时间的延长，它所含的热量不断向外散失，温度也不断下降。当冷却到某一温度时，温度随时间的延长并不变化，即为冷却曲线上出现的“水平线”，“水平线”出现的原因，是由于液态金属在结晶的过程中释放出来的结晶潜热，补偿了金属散失在空气中的热量，从而保持结晶时温度不变，直到结晶完成后，由于金属继续散热使温度又重新继续下降。“水平线”即为结晶阶段，它所对应的温度就是纯金属的结晶温度。理论上金属冷却时的结晶温度（凝固点）与加热时的熔化温度二者应在同一温度，即金属的理论结晶温度（T_0）。

如图 2－11 所示，理论结晶温度 T_1 和实际结晶温度 T_0 之间存在的差值称为过冷度，以 ΔT 表示，$\Delta T=T_0-T_1$，这一现象称为“过冷现象”。金属结晶时过冷度的大小与冷却速度有关，冷却速度越快，金属的实际结晶温度越低，过冷度也就越大。

2.2.2　纯金属的结晶过程

纯金属的结晶过程发生在冷却曲线的水平线段所经历的这段时间。

如图 2－12 是金属的结晶过程示意图，是在金相显微镜下观察到的纯铁的晶粒和晶界的图像。液态金属的结晶是在一定过冷度的条件下，从液体中首先形成一些微小而稳定晶体——晶核开始的，晶核不断长大，同时新的晶核又不断地产生并相继长大成为晶体，直到它们互相接触，直到液态金属完全消失。

因此，金属结晶的过程是晶核的形成和晶核的不断长大两个基本过程，这两个过程是同时进行的。

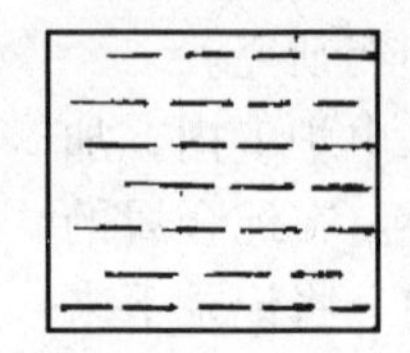
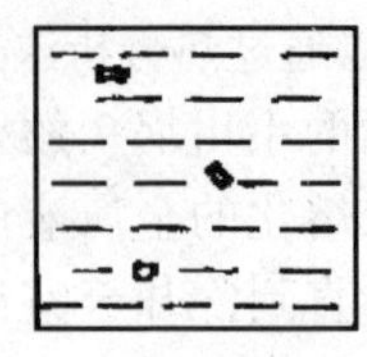
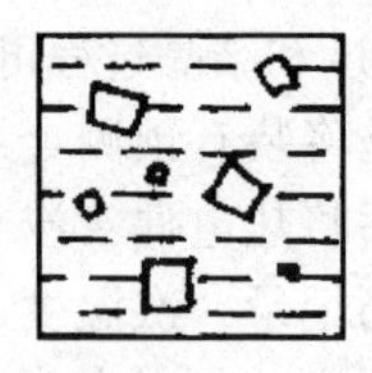

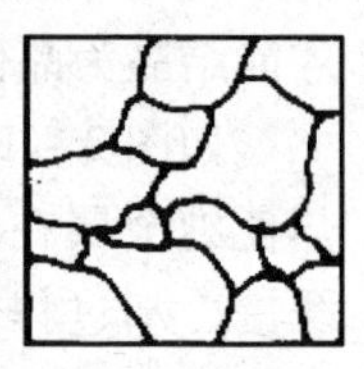

图2-12 纯金属的结晶过程

2.2.3 晶粒大小对金属力学性能的影响

金属的晶粒大小对其力学性能有重要的影响。实验表明，在常温下的细晶粒金属比粗晶粒金属具有更高的强度、硬度、塑性和韧性（见表2-1）。工业上将通过细化晶粒以提高材料强度的方法称为细晶强化。

表2-1 晶粒大小对纯铁力学性能的影响

晶粒平均直径/μm	σ_b/MPa	σ_s/MPa	δ/%
70	184	34	30.6
25	216	45	39.5
2.0	268	58	48.8
1.6	270	66	50.7

为了提高金属的力学性能，希望得到细晶粒组织，必须控制金属结晶后的晶粒大小。

从分析结晶过程可知，金属晶粒大小取决于结晶时的形核率 N（单位时间、单位体积内所形成的晶核数目）与晶核的长大速度 v（单位时间内晶核向周围长大的平均速度）。形核率 N 越高、晶核的长大速度 v 越小，则结晶后的晶粒越细小。因此，细化晶粒的根本途径是控制形核率 N 的大小及晶核的长大速度 v。

工业上，常用的细化晶粒方法有以下几种：

1. 增加过冷度

金属的形核率 N 和长大速度均随过冷度增大而增大，在很大范围内形核率 N 比晶核长大速度 v 增长得更快，因此，过冷度越大，单位体积中晶粒的数目越多，晶粒越细。增加过冷度的主要办法是加快冷却速度，实际生产中，常常采用降低铸型温度和采用导热系数大的金属铸型来提高冷却速度。此方法适用于中、小型铸件或薄壁件晶粒的细化。

2. 变质处理

变质处理是在浇注前向液态金属中加入一些细小的形核剂（又称变质剂或孕育剂），使它分散在金属液中作为人工晶核，使结晶时形核率 N 增加，从而达到细化晶粒的目的。

大型铸件或厚壁铸件，要获得很大的冷却速度是很困难的，故要得到细晶粒铸件，可进行变质处理。

3. 其他处理

在结晶时，对金属液加以机械振动、超声波振动和电磁振动等，一方面外加能量能促进形核，另一方面能打碎正在生长的树枝晶，碎晶块又可作为新的晶核，从而提供更多的结晶核心，细化晶粒。

2.2.4 金属的同素异构转变

自然界中大多数金属结晶完成后，晶格类型都不再发生变化。但少数金属如铁、锰、钴等，在结晶后随温度或压力的变化，晶格类型发生变化，金属这种在固态下晶格类型随温度或压力变化的特性称为同素异构转变。纯铁的冷却曲线如图 2－13 所示。

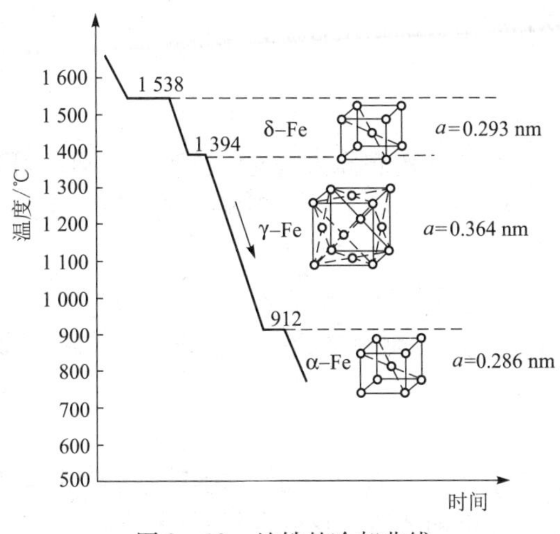

图 2－13 纯铁的冷却曲线

铁的同素异构转变可用下式表示：

$$\delta - Fe \xrightarrow{1\,394°} \gamma - Fe \xrightarrow{912°} \alpha - Fe$$

纯铁具有同素异构转变的特性，是钢铁材料通过热处理改善性能的重要依据。

同素异构转变由于晶格结构发生变化，体积也随着改变。例如将铁丝加热到一定温度时，出现收缩现象，这种收缩，事实上已经违反了人们“热胀冷缩”的传统观念。

2.3 合金的相结构

纯金属虽然具有优良的导电性、导热性能和美丽的金属光泽，得到一定的应用，但它的力学性能较差，如强度、硬度都较低，而且价格昂贵，在使用上受到很大的限制。在机械制造领域中广泛使用的金属材料是合金，如碳钢、铸铁、合金钢、黄铜和硬铝等。

合金与纯金属相比较，具有以下特性：① 通过调整成分，可大范围内改善材料的使用性能和工艺性能，以满足各种不同的要求。② 通过改变成分，可获得具有特殊物理和化学性能的材料，即功能材料。③ 一般情况下，合金的价格较低，如黄铜比纯铜经济，碳钢和铸铁比纯铁便宜。

2.3.1 合金的基本概念

1. 合金

由两种或两种以上的元素组成，以金属元素为主导（一种金属元素与其他金属元素或非金属元素），经过熔炼或其他方法结合而成的具有金属特性的材料。例如，碳钢就是由铁和碳组成的铁碳合金；普通黄铜是由铜和锌两种金属元素组成的合金。

2. 组元

组成合金的最基本的独立物质称为组元，简称元。组元可以是金属元素或非金属元素，如铁、碳、铜和锌等元素；在一定的条件下，也可以是较稳定的化合物，如 Fe_3C 等。

根据组元的数目，合金可分为二元合金、三元合金和多元合金。例如，普通黄铜就是由铜和锌两个组元组成的二元合金，硬铝是由铝、铜、镁组成的三元合金。

3. 相

合金中成分、晶体结构及性能相同的均匀组成部分称为相。液态物质称液相，固态物质称固相，如水和冰虽然化学成分相同，但物理性质不同，因此为两个相；冰可击成碎块，但还是同一个固相。

4. 组织

借助肉眼或显微镜所观察到的金属材料内部的相的组成、各相量的多少、相的形态分布和晶粒的大小等部分称组织。组织是相的构成形式，而相是组织的载体。组织可由单相组成，也可由两个或两个以上的相组成。数量、形态、大小和分布方式不同的各种相组成合金组织。

合金的性能一般由组成合金各相的成分、结构、形态、性能及各相的组合形式共同决定，组织是决定材料性能的最终关键。

2.3.2 合金的相结构

合金在液态时各组元相互溶解，只有一种液相。合金在固态时，由于各组元间的相互作用不同，可形成不同的组织。依据合金中晶体结构的特征，合金的基本相结构可分为：固溶体、金属化合物和机械混合物三类。

1. 固溶体

合金由液态结晶为固态时，一种组元的原子溶入另一组元的晶格中所形成的均匀固相。溶入的元素称为溶质，而基体元素（占主要地位）称为溶剂。固溶体的晶格类型仍然保持溶剂的晶格类型，溶入的溶质数越多，说明固溶体的溶解度越大。

根据溶质原子在溶剂中所占位置的不同，固溶体可分为置换固溶体和间隙固溶体两种。

（1）置换固溶体

溶质原子置换溶剂晶格结点上的部分原子而形成的固溶体，称为置换固溶体，如图2－14（a）所示。

（2）间隙固溶体

溶质原子溶入溶剂晶格原子间隙之中而形成的固溶体，称为间隙固溶体，如图2－14（b）所示。

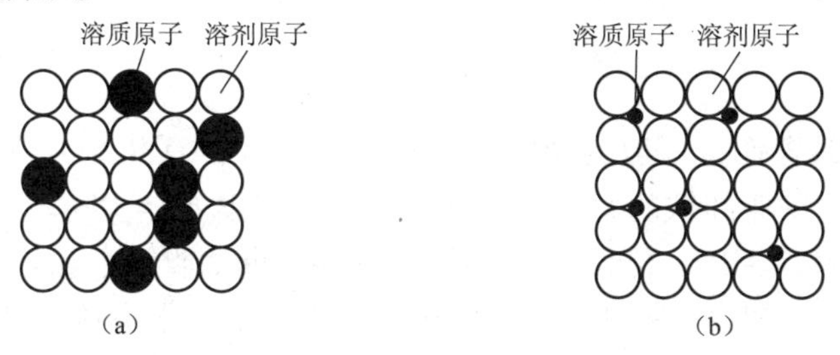

图2－14　固溶体结构示意图

（a）置换固溶体；（b）间隙固熔体

无论是置换固溶体还是间隙固溶体，由于溶质原子的溶入，都使晶体的晶格发生畸变。

晶体晶格畸变的存在使位错运动的阻力增大，从而提高了合金的强度和硬度，而塑性下降，这种现象称为固溶强化。固溶强化是提高金属材料的力学性能的重要途径之一。例如：在低合金钢中利用Mn、Si等元素来强化铁素体。

2. 金属化合物

合金组元间发生相互作用而形成的一种具有金属特性的物质称为金属化合物。金属化合物的组成一般可用化学分子式来表示，如Fe_3C、TiC、CuZn等。金属化合物的晶格类型不同于任一组元，一般具有复杂的晶体结构，具有熔点高、硬而脆的特点，在金属中主要作为强化相。当合金中出现金属化合物时，通常能提高合金的强度、硬度和耐磨性，但会降低合金的塑性和韧性，如铸铁的硬度比钢的高，但塑性较钢低，且脆。金属化合物是各类合金钢、硬质合金和许多有色金属的重要组成相。

3. 机械混合物

两种或两种以上的相按一定质量分数组成的物质称为混合物。不同的固溶体或固溶体与金属化合物等均可组成机械混合物。混合物中的各组成相既不溶解，也不化合，它们仍然保持各自的晶格结构，其力学性能取决于各组成相的性能，并由其各自形状、大小、数量、及分布而定。它比单一的固溶体或金属化合物具有更高的综合性能。通过调整混合物中各组成相的数量、大小、形态和分布状况，可以使合金的力学性能在较大范围内变化，以满足工程上对材料的多种需求。

2.4 铁碳合金

碳钢和铸铁都是以铁和碳为基本组元的铁碳合金，是工业上应用最广泛、最重要的金属材料。要熟悉并合理地选用铁碳合金，就必须了解铁与碳的相互作用、铁碳合金的成分以及组织与性能之间的关系。

2.4.1 纯铁

工业纯铁的含铁量一般为99.8%～99.9%，常含有0.1%～0.2%的杂质，其中主要是碳。工业纯铁的力学性能如下：抗拉强度$\sigma_b = 180 \sim 280$ MPa；屈服强度$\sigma_s = 100 \sim 170$ MPa；伸长率$\delta = 30\% \sim 50\%$；断面收缩率$\psi = 70\% \sim 80\%$。

可见，纯铁的塑性、韧性较好，强度、硬度很低，很少作为结构材料使用。纯铁的主要用途是利用它的铁磁性，它具有很高的磁导率，可用于要求软磁性的场合，例如：仪器仪表的铁磁芯等。

2.4.2 铁碳合金的基本组织

为了提高纯铁的强度、硬度，常在纯铁中加入少量的碳元素，由于铁和碳的相互作用，形成铁碳合金。铁碳合金中有以下几种基本组织：铁素体、奥氏体、渗碳体、珠光体和莱氏体。

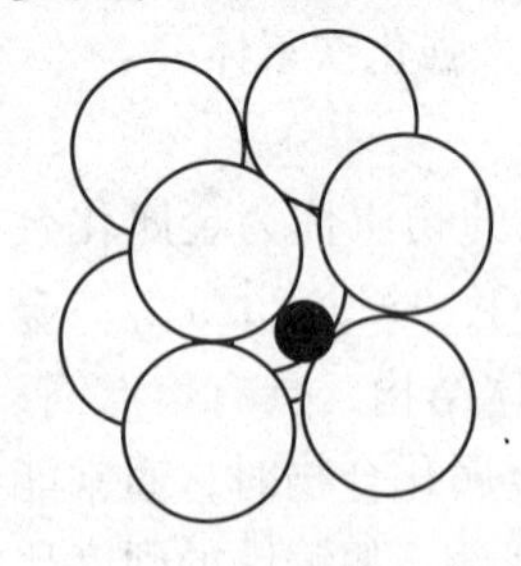

图2－15 铁素体的晶胞示意

1. 铁素体

碳溶解于α－Fe中形成的间隙固溶体称为铁素体，用符号F表示，它仍然保持α－Fe的体心立方晶格，其晶胞如图2－15所示。由于α－Fe是体心立方晶格，晶格间隙较小，因而碳在α－Fe中的溶解度很小。在727 ℃时，α－Fe中的最大溶碳量仅为$w_C = 0.021\,8\%$，随着温度的降低，α－Fe中的溶碳量逐渐减小；在室温时，碳的溶碳量约为0.000 8%，几乎等于零。由于铁素体的含碳量低，因此其性能与纯铁相似，即具有良好的塑性和韧性，而强度和硬度较低。

铁素体在 770 ℃以下具有铁磁性，在 770 ℃以上则失去铁磁性。

2. 奥氏体

碳溶解在 γ－Fe 中形成的间隙固溶体称为奥氏体，用符号 A 表示，其晶胞如图 2－16 所示。它保持 γ－Fe 的面心立方晶格结构，由于 γ－Fe 是面心立方晶格，晶格的间隙较大，故奥氏体的溶碳能力比铁素体强。在 1 148 ℃时溶碳量可达 2.11%，随着温度下降，溶解度逐渐减少，在 727 ℃时溶碳量为 0.77%。

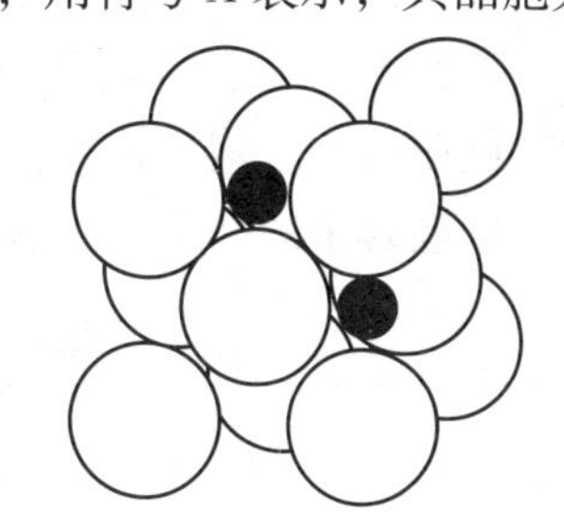

图 2－16　奥氏体的晶胞示意

奥氏体的性能与其溶碳量及晶粒大小有关，一般强度和硬度不高，但具有良好的塑性，是绝大多数钢在高温锻造和轧制时所要求的组织。奥氏体存在于 727 ℃以上的高温范围内。

3. 渗碳体

渗碳体是含碳量为 6.69% 的铁与碳的金属化合物，其化学式为 Fe_3C，渗碳体具有复杂的斜方晶体结构，如图 2－17 所示。与铁和碳的晶体结构完全不同。渗碳体的熔点约为 1 227 ℃，硬度很高，塑性很差，伸长率 δ 和冲击韧度 a_k 几乎为零，是一个硬而脆的组织。在钢中主要作为强化相存在，对钢的力学性能影响很大。

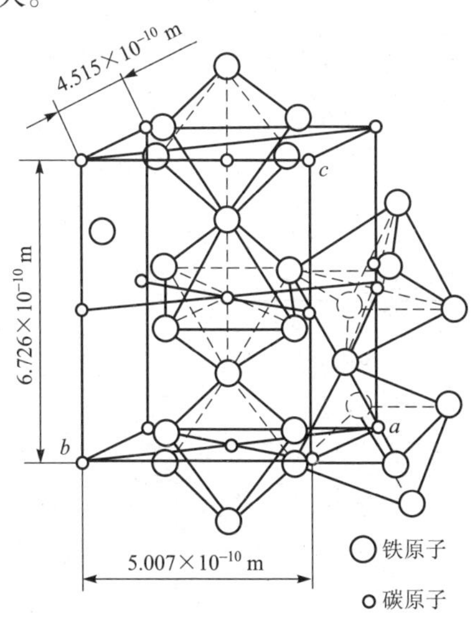

图 2－17　渗碳体的晶胞示意图

渗碳体在适当条件下（900 ℃以上温度长时间加热缓冷），能分解形成石墨：$Fe_3C \rightarrow 3Fe + C$（石墨），这一点在铸造工艺中有重要意义。

4. 珠光体

珠光体是铁素体和渗碳体的混合物，用符号 P 表示。它是渗碳体和铁素体片层相间、交替排列形成的混合物。

在缓慢冷却条件下，珠光体的含碳量为 0.77%。由于珠光体是由硬的渗碳体和软的铁素体组成的混合物，所以，其力学性能取决于铁素体和渗碳体的性能，大体上是两者性能的平均值，故珠光体的强度较高，硬度适中，具有一定的塑性，综合性能良好。

∗5. 莱氏体

莱氏体是含碳量为4.3%的铁碳合金，在1 148 ℃时，从液相中同时结晶出的奥氏体A和渗碳体Fe_3C的混合物，用符号L_d表示。由于奥氏体在727 ℃时还将转变为珠光体，所以，在室温下的莱氏体由珠光体P和渗碳体Fe_3C组成，这种混合物称为变态莱氏体，用符号L'_d来表示。莱氏体的力学性能和渗碳体相似，硬度很高，塑性很差。

铁碳合金的基本组织的机械性能见表2－2所示。

表2－2　铁碳合金基本组织的力学性能

组织名称	符号	含碳量/%	力学性能		
			σ_b/MPa	δ/%	HBS（HBW）
铁素体	F	0～0.021 8	180～280	30～50	50～80
奥氏体	A	0.021 8～2.11	—	40～60	120～220
渗碳体	Fe_3C	6.69	30	0	～800
珠光体	P	0.77	800	20～35	180
莱氏体	L_d/L'_d	4.30	—	0	>700

2.4.3　铁碳合金相图

铁碳合金相图表示在缓慢冷却（或缓慢加热）的条件下，不同成分的铁碳合金的状态或组织随温度变化的图形，如图2－18所示。

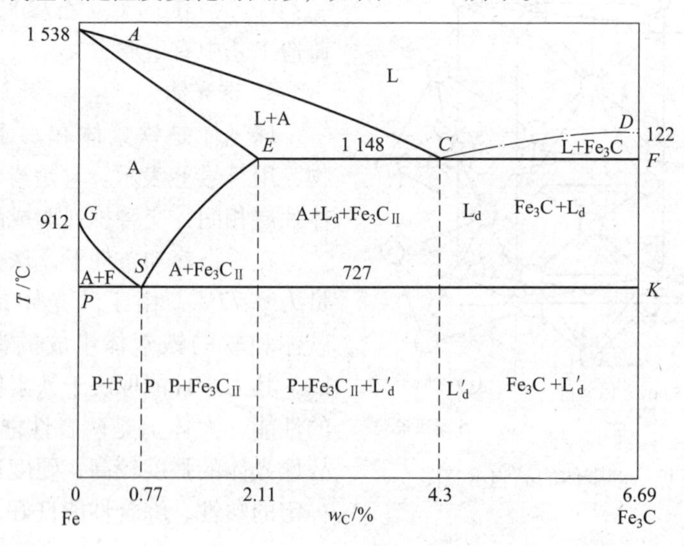

图2－18　简化的Fe－C相图

1. 铁碳合金相图的组成

为了便于研究和分析，将相图上对常温组织和性能影响很小的实用意义不大的左上角部分（液相向δ－Fe及δ－Fe向γ－Fe转变部分）以及左下角GPQ线左边部分予以省略。经简化后Fe－C相图如图2－18所示。

2. Fe－C相图中特性点、特性线的含义

（1）Fe－C相图中特性点

相图中的每一个点对应着一对成分、温度坐标，而相图中主要的几个特性点，其每一特性点则表示此对坐标有特殊含义，特性点的温度、含碳量及其物理含义，见表2－3。

表2－3 Fe－C相图中特性点

特性点	温度/℃	含碳量/%	特性点的含义
A	1 538	0	纯铁的熔点
C	1 148	4.30	共晶点1 148 ℃，L'_d＝（A＋Fe_3C）
D	1 227	6.69	渗碳体的熔点
G	912	0	纯铁的同素异构转变点α－Fe→γ－Fe
S	727	0.77	共析点As＝（F＋Fe_3C）
E	1 148	2.11	钢和铁的分界点

（2）Fe－C相图中特性线

铁碳相图中线条不少，它们是不同成分具有相同含义的临界点的连线，是组成铁碳合金相图的核心，几条主要特性线的含义见表2－4。

表2－4 Fe－C相图中特性线

特性线	含　义
ACD	液相线
AECF	固相线
ECF	共晶线*L*＝（A＋Fe_3C）
ES	常称A_{cm}线，是碳在奥氏体中的溶解度线
GS	常称A_3线
PSK	共析线，常称A_1线。As＝（F＋Fe_3C）

① *ACD*线为液相线。当温度高于此线时，任何成分的铁碳合金均呈液相状态，用L表示。金属液冷却到此线开始结晶，在*AC*线以下从液相中结晶出奥氏体，在*CD*线以下结晶出渗碳体。

② *AECF*线为固相线。当温度低于此线时，任何成分的铁碳合金均凝固为固体，即金属液冷却到此线全部结晶为固态，此线以下为固态区。

液相线与固相线之间为金属液的结晶区域。该区域内金属液与固体两相并存。

③ *ECF* 线为共晶线。当金属液冷却到此线时（1 148 ℃），将发生共晶转变，从金属液中同时结晶出奥氏体 A 和渗碳体 Fe_3C 的混合物，即莱氏体 L_d。

④ *ES* 线，又称 A_{cm} 线，是碳在奥氏体中的溶解度线。在 1 148 ℃时，碳在奥氏体中的溶解度为 2.11%（即 *E* 点含碳量）；在 727 ℃时降到 0.77%（相当于 *S* 点）。从 1 148 ℃缓慢冷却到 727 ℃的过程中，由于碳在奥氏体 A 中的溶解度减小，多余的碳将以渗碳体的形式从奥氏体 A 中析出。

⑤ *GS* 线，又称 A_3 线，冷却时从奥氏体 A 中析出铁素体 F 的开始线（或加热时铁素体转变奥氏体 A 的终止线）。奥氏体 A 和铁素体 F 的转变是铁发生同素异构转变的结果。当铁中溶入碳后，其同素异构转变开始温度则随溶碳量的增加而降低。

⑥ *PSK* 线，为共析线，又称 A_1 线。当合金冷却到此线时（727 ℃），将发生共析转变，从奥氏体 A 中同时析出铁素体 F 和渗碳体的混合物 Fe_3C，即珠光体 P。

3. 铁碳合金分类

根据铁碳合金含碳量和组织特点，铁碳合金一般可分为工业纯铁、钢和白口铁，各种类含碳量见表 2－5。

表 2－5 铁碳合金分类

合金类别	工业纯铁	钢			白口铁		
		亚共析钢	共析钢	过共析钢	亚共晶白口铁	共晶白口铁	过共晶白口铁
w_C/%	<0.021 8	0.021 8～2.110			2.11～6.69		
		<0.77	0.77	>0.77	<4.3	4.3	>4.3

2.4.4 典型铁碳合金的结晶过程分析

下面以典型铁碳合金（图 2－19）为例，分析它们的结晶过程及组织转变。

1. 共析钢（w_C 为 0.77%）

图 2－19 中合金 I 为含碳量 0.77% 的共析钢。当 I 线与 *AC* 线相交时，金属液→冷却 1 点→结晶出奥氏体 A→冷却 2 点时→结晶终了→合金全部转变为奥氏体→2 和 3 点之间温度为奥氏体的自然冷却过程→冷却到 3 点→奥氏体发生共析转变→析出铁素体和渗碳体的混合物，即珠光体。所以共析钢的室温组织是珠光体。

2. 亚共析钢（$0.0218\% < w_C < 0.77\%$）

图 2－19 中合金 II 是含碳量为 0.45% 的亚共析钢，II 线与 *AC* 线相交时，金

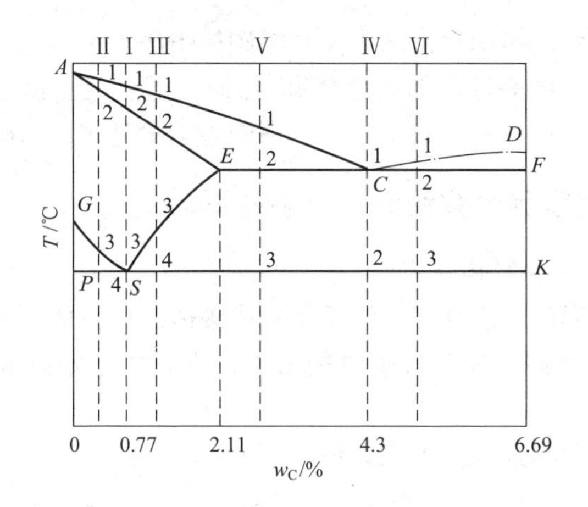

图 2 - 19 典型铁碳合金在 Fe - C 相图中位置

属液→冷却 1 点→结晶出奥氏体 A→冷却 2 点时→结晶终了→合金全部转变为奥氏体→2 和 3 点之间温度为单相奥氏体的自然冷却过程→冷却到 3 点时，与 *GS* 线相交→奥氏体中析出铁素体→随温度的下降→析出的铁素体量增多，奥氏体量减小且奥氏体的含碳量沿 *GS* 线增加→冷却 4 点时→奥氏体发生共析转变→奥氏体转变成珠光体→冷却 4 点以下→组织不再变化，即由珠光体和铁素体组成。

室温下亚共析钢的组织都由珠光体和铁素体组成。结晶过程如图 2 - 20 示。

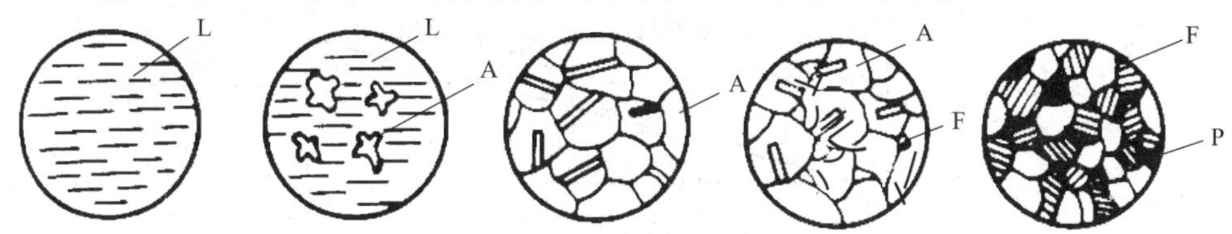

图 2 - 20 亚共析钢的结晶过程

所有的亚共析钢的结晶过程都和合金 II 相似，室温下的组织都由珠光体和铁素体组成。只因含碳量不同、珠光体和铁素体的相对量也不同，含碳量越多，钢中的珠光体数量越多。

3. 过共析钢（$0.77\% < w_C < 2.11\%$）

图 2 - 19 中合金 III 是含碳量为 1.2% 的过共析钢，III 线与 *AC* 线相交时，金属液→冷却 1 点，结晶出奥氏体 A→冷却 2 点时，结晶终了→合金全部转变为奥氏体→2 和 3 点之间温度为单相奥氏体的自然冷却过程→冷却到 3 点时，与 *ES* 线相交→奥氏体中析出渗碳体，即二次渗碳体→随温度的下降→析出的渗碳体量增多，奥氏体量减小且奥氏体的含碳量沿 *ES* 线变化→冷却 4 点时→奥氏体发生共析转变→奥氏体转变成珠光体→冷却 4 点以下→组织不再变化，即由珠光体和渗碳体组织。

室温下过共析钢的组织都由珠光体和渗碳体组成。

所有过共析钢的结晶过程都和合金 III 相似，室温组织由于含碳量不同，组织中的渗碳体和珠光体的相对量也不同。钢中含碳量越多，渗碳体也越多。

2.4.5 含碳量对铁碳合金组织和性能的影响

1. 含碳量对组织的影响

铁碳合金在室温的组织都是由铁素体和渗碳体两相组成。不同的种类的铁碳合金，其室温组织不同。随着含碳量的增加，铁素体不断减少，而渗碳体不断增多。

铁碳合金的成分与组织的关系如图2－21（a）、（b）所示。

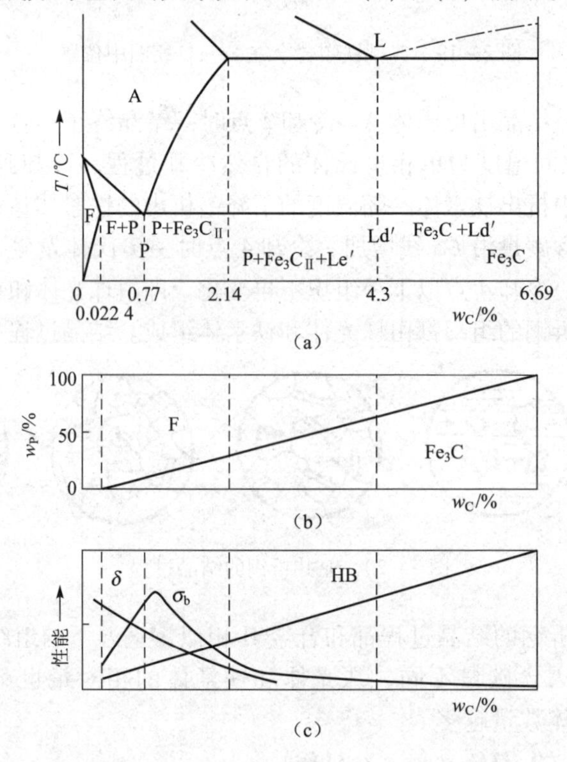

图2－21 Fe－C合金的成分与组织性能的关系

2. 含碳量对力学性能的影响

从图2－21中（b）、（c）可见，如果合金的基体是有铁素体，则渗碳体是强化相。如亚共析钢，随含碳量的逐渐增多，铁素体量不断减少，渗碳体的量不断增多且分布越均匀，因而强度、硬度上升，脆性增大，塑性、韧性下降。但是，当渗碳体的数量增加并形成网状分布时（$w_C>1.0\%$），强度明显下降，脆性增大。如果渗碳体作为合金的基体且含量很大，如白口铸铁，其韧性和塑性大大下降，因而很少在工程上直接使用。

图2－22为含碳量对钢的力学性能的影响。由上述分析和图可见，随着含碳量的增加，铁素体和渗碳体相对质量的变化，当 $w_C<1.0\%$ 时，强度、硬度呈直线上升，塑性和韧性快速下降；当 $w_C>1.0\%$ 时，因渗碳体的存在，不仅塑性和韧性进一步下降，而且强度明显下降，但硬度仍升高。

为了保证工业使用的钢具有一定的塑性和韧性，钢的 w_C 一般不超过3%～1.5%；$w_C=2.11\%$ 的白口铸铁，组织中存在大量的渗碳体，性能硬而脆，难于切削加工，一般以铸态使用，在机械加工中很少使用。

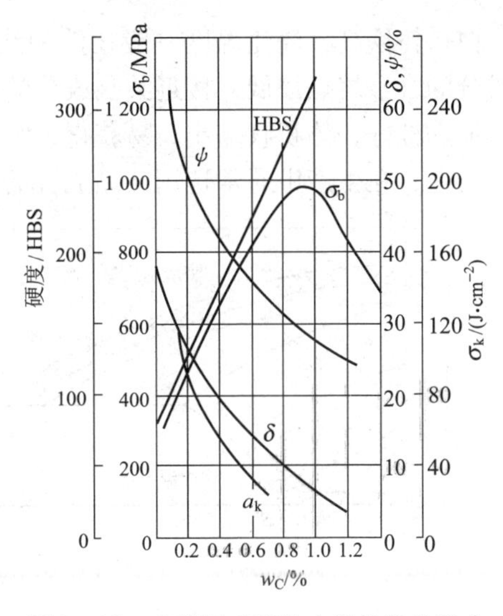

图2－22 含碳量对钢的力学性能的影响

2.4.6 铁碳合金相图的应用

铁碳合金相图是分析钢铁材料的平衡组织，主要应用在钢铁材料的选用和热加工工艺的制定两个方面。

1. 作为选材的依据

铁碳合金相图表明了钢材成分、组织的变化规律，从而可判断出不同成分的钢材的力学性能变化的特点，为选材提供了有力的依据。如需要选用塑性、韧性好的钢材，应选用含碳量小于0.25%的钢（低碳钢）；需要强度、塑性及韧性都较好的钢材材，应选用含碳量为0.25%～0.60%的（中碳钢）；而一般弹簧应选用含碳量大于0.6%的钢材（高碳钢）来制造；需要具有很高硬度和耐磨性的切削工具和测量工具，一般选用含碳量为1.0%～1.3%的钢来制造。一般机械零件和建筑结构用钢主要选用低碳钢和中碳钢。

白口铸铁因渗碳体的存在，具有很高的硬度和脆性，既难于切削加工，也不能锻造，使用受到很大的限制。但白口铸铁具有很高的抗磨力，用于制造需要耐磨而不受冲击载荷的零件或构件，如各种机床的床身，车床、铣床、磨床等的床身；也可用作力学性能要求不高的零件毛坯或尺寸也要求不高的零件，柴油机上发动机的主轴箱。

2. 作为制定热加工工艺的主要依据

（1）在铸造方面

从Fe－C相图中的液相线可以看到不同合金的熔点温度，为拟订铸造工艺、确定合适的浇注温度提供了依据。从图2－23可以看出，钢的熔点与浇注温度均比白口铸铁高，浇注温度一般在液相线以上 50 ℃ ~100 ℃；而且由图可知共晶成分的合金熔点最低，接近共晶成分的合金熔点也较低且结晶区域较小，因而铸造流动性好，体积收缩小，易获得组织致密的铸件（不易形成分散缩孔），适宜于铸造，在生产中通常选用共晶成分的合金作为铸造合金。

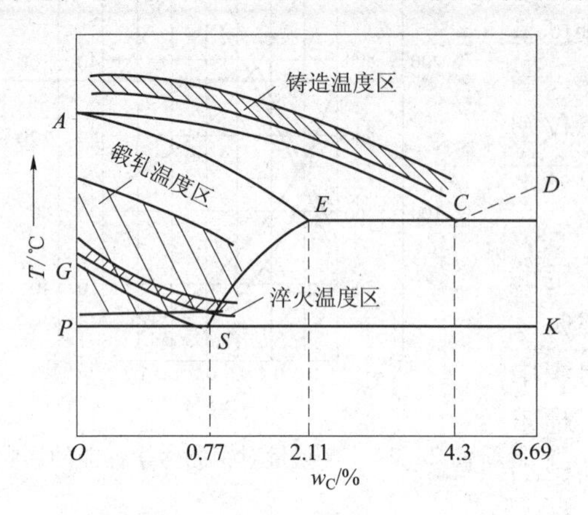

图 2-23 Fe-C 相图与热加工工艺的关系

（2）在锻造、轧制方面

由 Fe-C 相图可知，钢在高温时可以获得奥氏体组织，奥氏体组织的强度低，塑性好，因此，钢在锻造或轧制时，应选择在单相的奥氏体区的适当温度范围内进行。所以，相图可作为钢的锻造范围依据。一般始锻温度控制在固相线以下 100 ℃ ~200 ℃范围内，过高易造成钢材严重的氧化和奥氏体晶界的熔化；而终锻温度对于亚共析钢控制在 *GS* 线以上，过共析钢控制在 *PSK* 线以上，大约 800 ℃以上。温度过低，钢材的塑性变差，会导致开裂现象的发生，因此锻造过程中，应随时加热锻打钢材。如图 2-23 所示，奥氏体区域中阴影部分为不同成分碳素钢的锻造温度范围。

（3）在焊接方面

对于铁碳合金来说，含碳量越低，焊接性能越好，因此白口铸铁的焊接性能差。在焊接加工时，由于焊缝及周围的热影响区的温度不同，组织和性能会有所不同，依据相图可分析组织变化的原因，配合合理的热处理的方法，改善热影响区的不良组织，提高焊接质量。

（4）在热处理方面

各种热处理工艺与 Fe-C 相图有着密切的关系。根据对工件材料要求的不同，不同的热处理方法其加热温度的选择必须依据 Fe-C 相图，具体内容将在后续章节详细介绍。

思考题与作业题

1. 晶体与非晶体的主要区别是什么？
2. 常见的金属晶格类型有哪几种？试画出铜、铬和锌的晶格示意图。
3. 金属晶体中存在的晶格缺陷有哪些？它们对力学性能的影响如何？
4. 影响过冷度的原因是什么？

5. 晶粒大小对材料的力学性能有何影响？如何细化？

6. 何谓铁素体、奥氏体、渗碳体、珠光体和莱氏体？各自的符号是什么？它们性能特点如何？

7. 试绘制简化后的 Fe－C 相图，说明相图中主要特性点和特性线的含义。

8. 钢和白口铸铁各分为哪几类？试述它们的含碳量范围和室温组织。

9. 试述 $w_C=0.50\%$ 和 $w_C=3.0\%$、$w_C=6.0\%$ 的钢从液态冷却到室温的组织转变过程。

10. 根据 $Fe-Fe_3C$ 相图，在下表中填上不同含量的钢在所给温度时的显微组织的名称。

含碳量/%	温度/℃	显微组织	温度/℃	显微组织
0.25	800		900	
0.77	700		800	
1.2	700		800	

11. 平衡条件下，45（$w_C=0.45\%$）、T8（$w_C=0.8\%$）、T12（$w_C=1.2\%$）钢的硬度、强度和塑性有何不同？

12. 根据 $Fe-Fe_3C$ 相图含碳量对铁碳合金和性能的影响，说明产生下列现象的原因：

（1）$w_C=1.0\%$ 的钢比 $w_C=0.5\%$ 的钢硬度高；

（2）室温下，$w_C=0.8\%$ 的钢比 $w_C=1.2\%$ 的钢的强度要高；

（3）1 100 ℃，$w_C=0.4\%$ 的钢能进行锻造加工；

（4）钢铆钉一般用低碳钢制作，锉刀一般用高碳钢制作；

（5）钳工锯割 T12（$w_C=1.2\%$）的钢比锯割 20（$w_C=0.2\%$）钢费力，且锯条易磨损。

（6）绑扎物体要用低碳钢丝（08，15），而起重机吊重物却用 60 钢丝（$w_C=0.06\%$）。

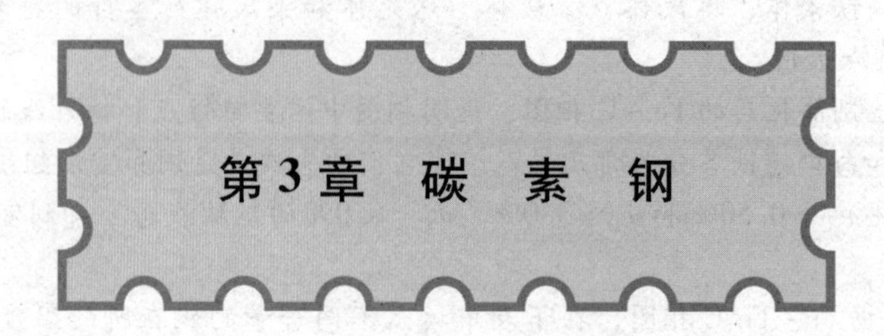

碳素钢简称碳钢，是指含碳量小于2.11%的铁碳合金，即 $Fe-Fe_3C$ 相图上处于P、E两点之间的铁碳合金。碳钢的机械性能可以满足一般机械和工具的要求，又有良好的工艺性能，且冶炼方便，价格便宜，故在建筑、交通运输及机械制造工业中得到了广泛的应用，其产量约占钢总产量的90%，地位之重要可见一斑。

*3.1 钢铁材料的生产过程概述

钢铁材料是以铁元素为主要成分，同时含有碳和其他元素的金属材料，工业上按碳的质量分数分为工业纯铁、钢和生铁三类。现代钢铁联合企业的生产流程是：高炉炼铁→铁水预处理→氧气转炉炼钢→炉外精炼→连铸→钢坯热装热送→连轧。

3.1.1 生铁的生产过程

自然界中的铁主要以铁矿石形式存在，炼铁的实质就是从铁矿石中提取铁及其有用元素形成生铁的过程。高炉炼铁过程如图3-1所示。

高炉炼铁的主要原料是铁矿石、燃料（焦炭）、熔剂（石灰石）和空气。炼铁时，把铁矿石、焦炭和石灰石按一定配比从高炉炉顶加入炉内，同时把预热过的空气从炉腹底部的进风口鼓入炉内。因为炉料由上向下落，热的气体由下向上升，它们在炉内能够充分接触，使反应得以顺利进行。铁矿石中的铁被还原出来，少量来自矿石和燃料（焦炭）中的杂质元素（如Si、Mn、S、P和C等）在高温下熔于铁里，成为生铁。铁水可直接送去炼钢或铸成生铁块，作为炼钢或铸铁的原料。

高炉生铁可分为两类：一类为铸造生铁，主要用于铸件生产，硅的质量分数较高，断口呈暗灰色；另一类为炼钢生铁，主要用作炼钢原料，硅的质量分数较低，断口呈白色。

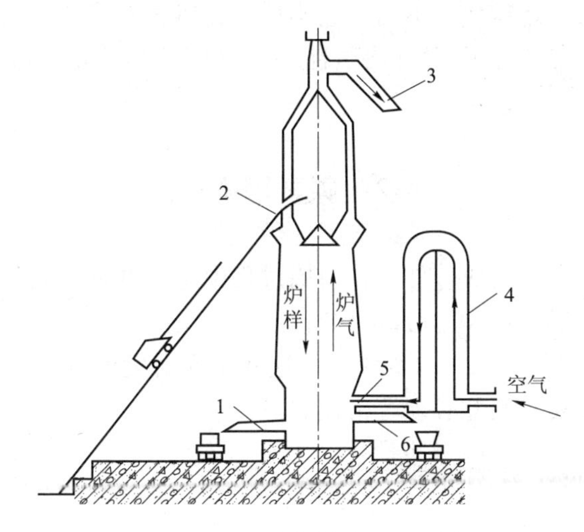

图 3-1 高炉炼铁过程示意图

1—出铁口；2—进料口；3—煤气出口；4—热风炉；5—进风口；6—出渣口

3.1.2 炼钢

炼钢的基本原料是炼钢生铁和废钢，根据工艺要求，还需加入各种铁合金或金属，以及各种造渣剂和辅助材料。利用氧化作用将碳及其他元素除到规定范围之内，就得到了钢。原材料的优劣对钢的质量有一定的影响，而炼钢设备和冶炼工艺对钢的性能也有一定的影响。所以应按钢种和质量要求正确合理地选择炼钢炉，并制订相应的冶炼工艺。

用于大量生产的炼钢炉主要有氧气转炉，高功率和超高功率电弧炉，还有平炉和普通功率电弧炉。为了满足特殊需要还应用电渣炉、感应炉、电子束炉，等离子炉等。现代炼钢工艺中，几种主要炼钢炉只是作为初炼炉，其主要功能是完成熔化和初调钢液成分和温度，而钢的精炼和合金化是在炉外精炼装备中完成的。炉外精炼是提高钢材内在质量的关键技术。多种炉外精炼技术可实现脱碳、脱硫、脱磷、脱氧、去除微量有害杂质和夹杂物等功能。

脱氧工艺及钢水脱氧程度与钢的凝固结构、钢材性能、质量有密切关系。当加入足够数量的强脱氧剂（Si，Al），使钢水脱氧良好，在钢锭模内凝固时不产生 CO 气体，钢水保持平静，这样生产的钢称镇静钢。如果控制脱氧剂种类和加入量（主要是锰）使钢液中残留一定量的氧，在凝固过程中形成 CO 气泡逸出而产生沸腾现象，这样生产的钢称沸腾钢。脱氧程度介于镇静钢和沸腾钢之间的钢，称半镇静钢。国家标准规定，普通质量非合金钢按沸腾钢、镇静钢和半镇静钢生产和供应；合金钢除个别钢种外，一般都是镇静钢。

沸腾钢由于容易生产，钢锭无缩孔，成材率高，且板材表面质量好，所以一直在钢产量中占有一定比例；但由于它不适于连铸，不能在钢包中脱硫和进行钙处理，内部质量满足不了用户对均质性和纯洁度的高要求，故产量和用途受到限制。

3.2 碳素钢概述

碳钢中除铁、碳主要成分外，在冶炼过程中还不可避免地要带入（或冶炼工艺的需要有意加入）了一些元素，如硅、锰、硫、磷、非金属夹杂物（例如 Al_2O_3 等）以及少量氧、氢、氮等气体，这些杂质对钢的性能和质量有很大的影响，通称为杂质元素，因此必须严格控制。

3.2.1 常存杂质元素对碳钢性能的影响

1. 锰

锰是炼钢时用锰铁脱氧后残留在钢中的元素。锰具有很好的脱氧能力，能还原钢中的氧化铁，改善钢的质量。锰能溶于铁素体，也能溶于渗碳体，提高钢的强度和硬度；锰还可以减少硫对钢的有害作用，降低钢的脆性。因此，锰在钢中是有益的元素，且 Mn 的含量一般为 0.25% ~0.8% 。

2. 硅

硅也是来自炼钢生铁和脱氧剂。硅的脱氧能力比锰还强，能更有效地消除氧化铁对钢的不良影响。硅能溶于铁素体，对钢有一定的强化作用，所以在钢中也是有益的元素，硅的含量一般小于 0.5% 。

3. 硫

硫是由矿石和燃料带入钢中的杂质。硫在钢中能与铁化合生成 FeS（熔点 1 190 ℃），FeS 与 Fe 再形成低熔点（985 ℃）的共晶体，分布在晶界上。当钢加热到 1 000 ℃ ~1 200 ℃进行压力加工时，由于分布在晶界上的低熔点共晶体已熔化，晶粒间的结合力被破坏，因而沿晶界发生破裂，这种现象称为热脆性。

锰与硫的亲和力比较强，能从 FeS 中夺走 S 而形成 MnS。MnS 的熔点为 1 600 ℃，比钢的热加工温度高，能有效地消除钢的热脆性，因此钢中要有适当的含锰量，严格控制含硫量，一般控制在小于 0.05% 。

4. 磷

磷是由矿石带入钢中的杂质，磷在常温下能溶于铁素体，使钢的强度、硬度增加，但塑性和韧性显著降低，给钢材在低温下使用造成潜在的威胁。这种在低温时使钢严重变脆的现象，称为冷脆。

钢中的硫和磷是有害元素，应严格控制它们的含量。但硫和磷有时也有有利的一面。例如 MnS 对断屑有利，而且起润滑作用，降低刀具磨损，所以在自动切削车床上用的易切削钢，其硫含量高达 0.15% ，用以改善钢的切削加工性，提高加工光洁度。在炮弹钢中，含磷量高，其目的在于提高钢的脆性，增加弹片的碎化程度，提高炮弹的杀伤力。

3.2.2 碳素钢的分类

钢的种类繁多，为了便于生产、使用和研究，可以按照化学成分、冶金质量和用途等对钢进行分类。

1. 按钢的含碳量分类

① 低碳钢：含碳量 $w_C \leq 0.25\%$。

② 中碳钢：含碳量 $w_C = 0.25\% \sim 0.60\%$。

③ 高碳钢：含碳量 $w_C \geq 0.60\%$。

2. 按钢的冶金质量分类

根据钢中的有害杂质元素 S、P 含量的多少可分为：

① 普通碳素钢：钢中的 S、P 含量高，$w_S \leq 0.055\%$，$w_P \leq 0.045\%$。

② 优质碳素钢：钢中的 S、P 含量应为 w_S，$w_P < 0.040\%$。

③ 高级优质碳素钢：钢中的 S、P 含量很低，$w_S \leq 0.03\%$，$w_P \leq 0.035\%$。

此外，按冶炼时脱氧程度，可将钢分为沸腾钢（脱氧不完全）、镇静钢（脱氧较完全）和半镇静钢三类。

3. 按钢的用途分类

① 碳素结构钢：主要用于制造各种机械零件和工程结构件的碳钢，其含碳量一般 $w_C < 0.7\%$。

② 碳素工具钢：主要用于制造各种刃具、模具和量具的碳素钢，其含碳量一般为 $w_C > 0.7\%$。

钢的分类命名往往是混合应用的。例如：结合质量和用途，可将钢命名为优质碳素结构钢、高级优质碳素工具钢等。

4. 按金相组织分类

按钢退火态的金相组织可分为亚共析钢、共析钢和过共析钢三种。

① 亚共析钢：含碳量 w_C（$0.021\,8\% \sim 0.77\%$）。

② 共析钢：含碳量 $w_C = 0.77\%$。

③ 过共析钢：含碳量 w_C（$0.77\% \sim 2.11\%$）

在实际使用中，在给钢的产品命名时，往往把成分、质量和用途几种分类方法结合起来，如碳素结构钢、优质碳素结构钢、碳素工具钢、高级优质碳素工具钢等。

3.3 碳素结构钢

碳素结构钢主要用于制造机械零件和工程结构件，常用于制造如齿轮、轴、螺母、弹簧等机械零件，用于制作如桥梁、船舶、建筑等工程的结构件。根据质量可分为普通碳素结构钢和优质碳素结构钢。

3.3.1 普通碳素结构钢

普通碳素结构钢的牌号由代号（Q）、屈服点数值、质量等级符号和脱氧方法符号四个部分表示。

其中，“Q”是钢材的屈服强度“屈”字的汉语拼音字首，紧跟后面的是屈服强度值，再其后分别是质量等级符号和脱氧方法。国标中规定了 A、B、C、D 四种质量等级，其中，A 级质量最差，D 级质量最好。表示脱氧方法时，沸腾钢在钢号后加“F”，半镇静钢在钢号后加“b”，特殊镇静钢在钢号后加“TZ”，镇静钢在钢号后加“Z”，其中特殊镇静钢和镇静钢则可省略不加任何字母。例如：Q235A. F 即表示屈服强度值为 235 MPa 的 A 级沸腾钢。

普通碳素结构钢的常用牌号（钢号）和化学成分、性能见表 3 – 1。

为了满足工艺性能和使用性能的要求，普通碳素结构钢含碳量一般均较低。通常以热轧状态供应，一般不经热处理强化，只保证机械性能及工艺性能便可。

由于普碳钢易于冶炼、价格低廉，性能也基本满足了一般工程构件的要求，所以在工程上用量很大。

Q195、Q215（相当于旧牌号 A1、A2 钢）有较高的延伸率，易于加工，常用做螺钉、螺母、垫圈、铆钉、炉体部件、薄板、开口销和烟囱等。

Q235 ~ Q275 具有较高的强度和一定的硬度，延伸也较大，大量用做建筑结构，轧制成工字钢、槽钢、角钢、钢板、钢管、及其他各种型材。

Q235 钢（相当于旧牌号 A3 钢）既有较高的塑性又有适中的强度，成为应用最广泛的一种普通碳素构件用钢，既可用做较重要的建筑构件、车辆及桥梁等的各种型材，又可用于制造一般的机器零件。

3.3.2 优质碳素结构钢

优质碳素结构钢中有害杂质 S、P 含量极少，出厂时既保证化学成分，又能保证机械性能，这类钢大多数用于制造机械零件，可以进行热处理以提高其机械性能。

优质碳素结构钢的牌号用两位数字（表示钢中的平均含碳量的万分之几）表示，如 45 钢，表示平均含碳量为 0.45% 的优质碳素结构钢；08 钢，表示平均含碳量为 0.08% 的优质碳素结构钢。

若为沸腾钢在钢号后面加“F”或“沸”，如 08F 或 08 沸。

优质碳素结构钢的牌号，化学成分和力学性能见表 3 – 2。

表 3－1 碳素结构钢牌号、化学成分和力学性能（GB/T 700—2006）

牌号	等级	化学成分 w/%					脱氧方法	拉伸试验													冲击试验	
		C	Mn	Si	S	P		屈服强度 σ_s/MPa 钢材厚度 δ（直径 d）/mm						抗拉强度 σ_b/MPa	伸长率 δ/% 钢材厚度 δ（直径 d）/mm						温度 t/℃	V型冲击功（纵向）A_{kv}/J
				不大于				≤16	＞16～40	＞40～60	＞60～100	＞100～150	＞150		≤16	＞16～40	＞40～60	＞60～100	＞100～150	＞150		
								不小于							不小于							不小于
Q195		0.06～0.12	0.25～0.50	0.30	0.050	0.045	F，Z	(195)	(185)	—	—	—	—	315～430	33	32	—	—	—	—	—	—
Q215	A	0.09～0.15	0.25～0.55	0.30	0.050	0.045	F，b，Z	215	205	195	185	175	165	335～450	31	30	29	28	27	26		
	B				0.045																20	27
Q235	A	0.14～0.22	0.30～0.65	0.30	0.050	0.045	F，b，Z	235	225	215	205	195	185	370～500	26	25	24	23	22	21	—	—
	B	0.12～0.20	0.30～0.70		0.045																20	27
	C	≤0.18	0.35～0.80		0.040	0.040	Z														0	
	D	≤0.17			0.035	0.035	TZ														－20	
Q255	A	0.18～0.28	0.40～0.70	0.30	0.050	0.045	Z	255	245	235	225	215	205	410～540	24	23	22	21	20	19	—	—
	B				0.045																20	27
Q275		0.28～0.38	0.50～0.80	0.35	0.050	0.045	Z	275	265	255	245	235	225	490～610	20	19	18	17	16	15	—	—

表 3－2 优质碳素结构钢的牌号、化学成分、力学性能（GB/T 699—1999）

牌号	化学成分 w/%						力学性能						
	C	Si	Mn	Gr	Ni	Cu	屈服点 σ_s/MPa	抗拉强度 σ_b/MPa	断后伸长率 /%	断面收缩率 /%	冲击吸收功 A_K/J	硬度 ≤HBS	
				不小于			不小于					未热处理	退火钢
05F	≤0.05	≤0.03	≤0.04	0.1	0.3	0.25	—	—	—	—	—	—	—
08F	0.05～0.11	≤0.03	0.25～0.50	0.25	0.3	0.25	175	295	35	60	—	131	—
08	0.05～0.11	0.17～0.37	0.35～0.65	0.1	0.3	0.25	195	325	33	60	—	131	—
10F	0.07～0.13	≤0.07	0.25～0.50	0.15	0.3	0.25	190	320	33	55	—	137	—
10	0.07～0.14	0.17～0.37	0.35～0.65	0.25	0.3	0.25	205	335	31	55	—	137	—
15F	0.12～0.18	≤0.07	0.25～0.50	0.25	0.3	0.25	205	355	29	55	—	143	—
15	0.12～0.18	0.17～0.37	0.35～0.65	0.25	0.3	0.25	225	375	27	55	—	143	—
20F	0.17～0.24	≤0.07	0.25～0.50	0.25	0.3	0.25	230	390	27	55	—	156	—
20	0.17～0.23	0.17～0.37	0.35～0.65	0.25	0.3	0.25	245	410	25	55	—	156	—
25	0.22～0.29	0.17～0.37	0.50～0.80	0.25	0.3	0.25	275	450	23	50	72	170	—
30	0.27～0.34	0.17～0.37	0.50～0.80	0.25	0.3	0.25	295	490	21	50	63	179	—
35	0.32～0.44	0.17～0.37	0.50～0.80	0.25	0.3	0.25	315	530	20	45	55	197	—
40	0.37～0.45	0.17～0.37	0.50～0.80	0.25	0.3	0.25	335	570	19	45	47	217	187
45	0.42～0.50	0.17～0.37	0.50～0.80	0.25	0.3	0.25	355	600	16	40	39	229	197
50	0.47～0.55	0.17～0.37	0.50～0.80	0.25	0.3	0.25	375	630	14	40	31	241	207
55	0.52～0.60	0.17～0.37	0.50～0.80	0.25	0.3	0.25	380	645	13	35	—	255	217
60	0.57～0.65	0.17～0.37	0.50～0.80	0.25	0.3	0.25	400	675	12	35	—	255	229
65	0.62～0.70	0.17～0.37	0.50～0.80	0.25	0.3	0.25	420	695	10	30	—	255	229

08F 钢、10F 钢的含碳量很低，硅、锰含量也很低，塑性好。一般轧制成薄钢板或带钢供应，主要用来制造冷冲压零件，如汽车外壳、仪器、仪表外壳等。

15 钢、20 钢主要用于渗碳件，经渗碳热处理后，使工件表面有高硬度、高耐磨性，而心部仍保持很高的韧性。用于承受冲击载荷及易磨损条件下工作的零件，如小模数渗碳齿轮等，也用于冷变形零件和焊接件。

30~55 钢属中碳钢，经调质热处理后，有良好的综合机械性能，主要用于受力零件，如轴类、连杆等，也可经表面淬火处理，提高其表面硬度和耐磨性，如齿轮类零件等。

60 以上的钢属于高碳钢，其强度、硬度较高，主要用于制造强度高、弹性好的零件，如弹簧、板簧等。

3.4 碳素工具钢

碳素工具钢是用于制造刃具、模具、量具及其他工具的钢，因大多数工具都要求高硬度和高耐磨性，故碳素工具钢的含碳量都为 $w_C > 0.7\%$，而且都是优质或高级优质钢。

碳素工具钢的牌号在汉语拼音字母“T”或汉字“碳”后面加上数字表示，数字表示钢中平均含碳量的千分之几，如 T8 钢，表示平均含碳量为 0.8% 的碳素工具钢，若为高级优质钢，则在钢后面再加字母“A”。如 T12A，表示平均含碳量 $w_C = 1.2\%$ 的高级优质碳素工具钢。碳素工具钢的牌号、含碳量、性能和用途见表 3-3。

表 3-3　碳素工具钢的牌号、化学成分、力学性能和用途（GB/T 1288—2088）

牌号	化学成分 $w/\%$					硬度			用途举例
	C	Mn	Si	S	P	退火状态	试样淬火		
				不大于		HBS 不大于	淬火温度 $t/℃$ 和冷却剂	HRC 不小于	
T7 T7A	0.65 ~0.74	≤0.40	≤0.35	0.030 0.020	0.035 0.030	187	800~820 水	62	常用于制造能承受振动、冲击，并且在硬度适中情况下有较好韧性的工具，如錾子、冲头、木工工具、大锤等

续表

牌号	化学成分 w/%					硬度			用途举例
	C	Mn	Si	S	P	退火状态	试样淬火		
				不大于		HBS 不大于	淬火温度 t/℃ 和冷却剂	HRC 不小于	
T8 T8A	0.75 ~0.84	≤0.40	≤0.35	0.030 0.020	0.035 0.030	187	780~800 水	62	常用于制造要求有较高硬度和耐磨性的工具，如冲头、木工工具、剪切金属用的剪刀等
T9	0.85 ~0.94	≤0.40	≤0.35	0.030	0.035	192	760~780 水	62	用于制造要求有一定硬度和韧性的工具，如冲模、冲头、錾岩石用錾子等
T10 T10A	0.95 ~1.04	≤0.40	≤0.35	0.030 0.020	0.035 0.030	197	760~780 水	62	用于制造耐磨性要求较高、不受剧烈振动、具有一定韧性及具有锋利刃口的各种工具，如刨刀、钻头、丝锥、手锯锯条、拉丝模、冷冲模等
T11	1.05 ~1.14	≤0.40	≤0.35	0.030	0.035	207			
T12 T12A	1.15 ~1.24	≤0.40	≤0.35	0.030 0.020	0.035 0.030	207	760~780 水	62	用于制造不受冲击、要求高硬度的各种工具，如丝锥、锉刀、刮刀、铰刀、板牙、量具等

各种牌号的碳素工具钢淬火后的硬度相差不大，但随着含碳量的增加，钢的耐磨性增加，而韧性降低。因此，不同牌号的工具钢在用途上有所区别，如T7、T8钢，一般用于承受一定冲击的工具，如锄头、冲头、凿子等；T9、T10、T11钢，用于承受冲击较小并且要求高硬度、高耐磨性的工具，如手工锯条、丝锥、板牙等；而T12、T13钢主要用于不受冲击的工具，如锉刀、刮刀等。高级优质碳素工具钢由于含有害杂质少，热处理性能较好，因此适于制造重要的要求较高的工具。

*3.5 铸 钢

铸钢的含碳量为0.15%～0.6%。一般用来制造形状复杂、难以进行锻造或切削加工，且机械性能要求较高的零件。

工程用铸钢牌号的表示是在数字前冠以“ZG”（“铸钢”的汉语拼音字母），数字表示其机械性能指标。第一组数字代表屈服强度值，第二组数字代表抗拉强度值。如ZG200－400表示为$\sigma_s \geqslant 200$ MPa，$\sigma_b \geqslant 400$ MPa的铸钢。

铸钢广泛地用于制造重型机械的某些零件，如轧钢机机架、水压机横梁，锻锤砧座等，但由于铸钢的铸造性能不佳，炼钢设备昂贵，故近来有以球墨铸铁代替铸钢的趋势。

铸钢的化学成分，力学性能和应用举例见表3－4。

表3－4 铸钢的牌号、化学成分、力学性能和用途（GB 11352—1989）

<table>
<tr><th rowspan="3">牌号</th><th colspan="5">主要化学成分 w/%</th><th colspan="4">室温力学性能</th><th rowspan="3">用途举例</th></tr>
<tr><th>C</th><th>Si</th><th>Mn</th><th>P</th><th>S</th><th>σ_s ($\sigma_{0.2}$) /MPa</th><th>σ_b /MPa</th><th>δ/%</th><th>ψ/%</th></tr>
<tr><th colspan="5">不大于</th><th colspan="4">不小于</th></tr>
<tr><td>ZG200－400</td><td>0.20</td><td>0.50</td><td>0.80</td><td colspan="2">0.04</td><td>200</td><td>400</td><td>25</td><td>40</td><td>有良好的塑性、韧性和焊接性。用于受力不大、要求韧性好的各种机械零件，如机座、变速箱壳等</td></tr>
</table>

续表

牌号	主要化学成分 w/%					室温力学性能				用途举例
	C	Si	Mn	P	S	σ_s ($\sigma_{0.2}$) /MPa	σ_b /MPa	δ/%	ψ/%	
	不大于					不小于				
ZG230 -450	0.30	0.50	0.90	0.04		230	450	22	32	有一定的强度和较好的塑性、韧性，焊接性良好。用于受力不大、要求韧性好的各种机械零件，如砧座、外壳、轴承盖、底板、阀板、阀体、犁柱等
ZG270 -500	0.40	0.50	0.90	0.04		270	500	18	25	有较高的强度和较好的塑性，铸造性良好，焊接性尚好，切削性好。用作轧钢机机架、轴承座、连杆、箱体、曲轴、缸体等
ZG310 -570	0.50	0.60	0.90	0.04		310	570	15	21	强度和切削性良好，塑性、韧性较低。用于载荷较高的零件，如大齿轮、缸体、制动轮、辊子等
ZG340 -640	0.60	0.60	0.90	0.04		340	640	10	18	有高的强度、硬度和耐磨性，切削性良好，焊接性较差，流动性好，裂纹敏感性较大。用作齿轮、棘轮等

思考题与作业题

1. 为什么在碳钢中要严格控制硫、磷含量？而在易切削钢中硫、磷含量又要适当的提高？

2. 说明下列钢号属于哪类钢？并注明其符号及数字的含义。

   20、45、60、Q235A、T8、T12、ZG270－500。

3. 各举一实例，说明下列钢号的主要用途。

   08F、0195、25、60、T7、T10、ZG200－400。

4. 一块低碳钢和一块白口铸铁，形状大小都一样，如何迅速区分开来？

热处理是通过加热、保温和冷却固态金属来改变其内部组织结构，从而获得所需性能的一种工艺，在各种金属材料中，钢的热处理应用最为广泛，效果最为明显，因此，本章重点探讨钢的热处理。

热处理所能达到的目的是多方面的：它不仅可以强化金属材料、充分发挥其内部潜力、提高或改善工件的使用性能和加工工艺性，而且还是提高加工质量、提高工件和刀具的使用寿命、节约材料、降低成本的重要手段。简单地说，正确地选用热处理将取得良好的经济效益，所以，机械、交通、能源以及航天航空等工业部门的大多数零部件和一些工程构件，都需要通过热处理来提高产品的质量和性能。例如，机床工业60%~70%的零件、汽车和拖拉机70%~80%的零件、飞机的几乎所有零件都要热处理。

对于不同性能要求所采用的热处理工艺是不同的。根据加热和冷却方法的不同大致可分为：

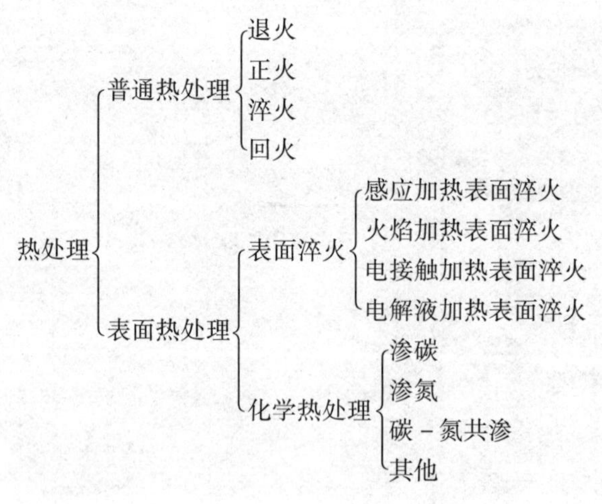

热处理的方法虽然很多，但都是由加热、保温和冷却三个阶段组成的，通常用热处理工艺曲线表示，如图4－1所示。

因此，要了解各种热处理工艺方法，必须首先研究钢在加热（包括保温）

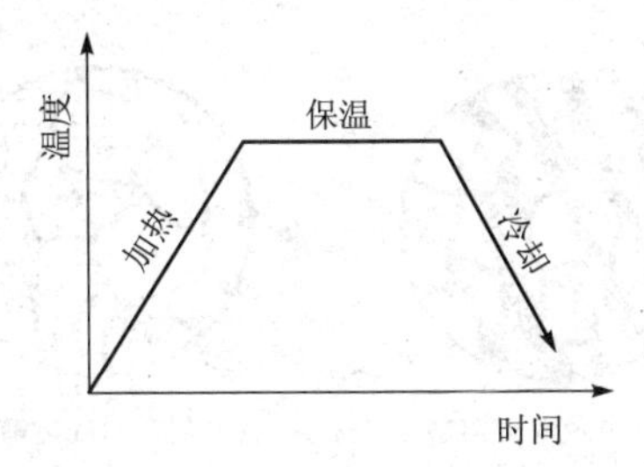

图 4-1 热处理工艺曲线示意图

和冷却过程中组织变化的规律。

4.1 钢在加热时的转变

由 $Fe-Fe_3C$ 相图可知，A_1、A_3、A_{cm} 是碳钢在极其缓慢加热和冷却时的相变温度线，因此这些线上的点都是平衡条件下的相变点。但在实际生产中，加热和冷却并不是极其缓慢的，因此实际发生组织转变的温度与 A_1、A_3、A_{cm} 有一定偏离，如图 4-2。

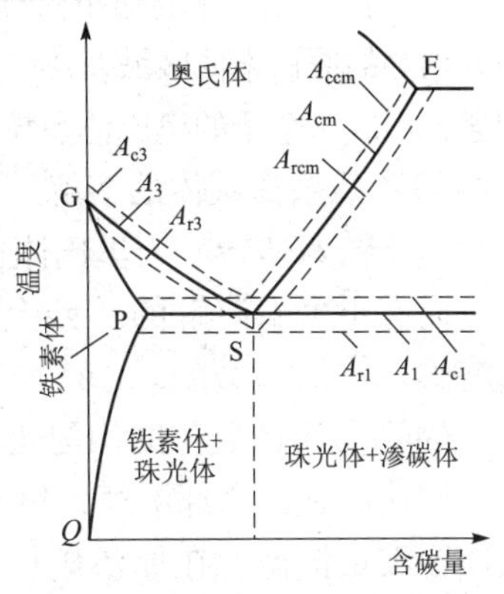

图 4-2 加热和冷却时相图上各相变点的位置

通常把加热时的实际临界温度标以字母“c”，如 A_{c1}、A_{c3}、A_{ccm}；而把冷 A_{r1}、A_{r3}、A_{rcm} 等。

应当指出：加热和冷却时的实际转变温度，对于具体某一钢种来说并不是一成不变的，它受到加热速度和冷却速度的影响。加热或冷却速度越大，实际转变温度离平衡临界温度越远。

4.1.1 奥氏体的形成

热处理时，首先把钢加热到一定温度。一般情况下，都是把钢加热到使其全部或部分组织转变成均匀的奥氏体，这称为钢的奥氏体化。

1. 奥氏体的形成

以共析钢为例，加热时奥氏体的形成实质是：

$F(w_C=0.0218\%)+Fe_3C(w_C=6.69\%)\rightarrow A(w_C=0.77\%)$

奥氏体转变过程可分为四步进行，如图 4-3 所示。

(1) 奥氏体晶核的形成

奥氏体晶核优先在铁素体和渗碳体相界面上产生，这是由于相界面处原子排列比较紊乱，处于能量较高状态，而且奥氏体含碳量介于铁素体和渗碳体之间，

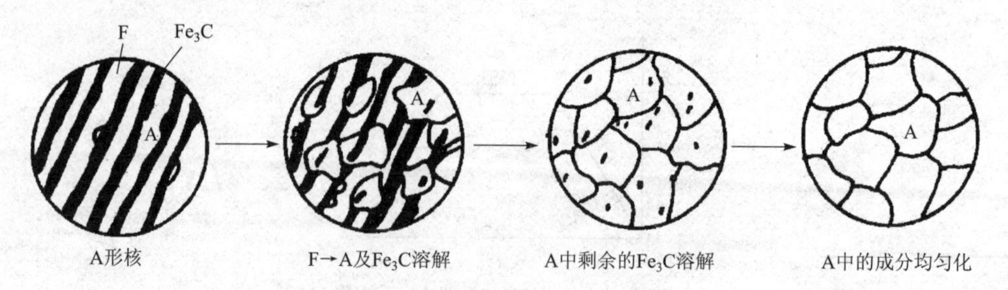

图4-3 共析钢中奥氏体形成过程示意图

故在两相的相界面处为奥氏体的形核提供了条件。

(2) 奥氏体晶核的长大

奥氏体晶核形成后，它的一侧与渗碳体相接，另一侧与铁素体相接。随着铁素体的转变（铁素体区域的缩小），以及渗碳体的溶解（渗碳体区域缩小），奥氏体不断向其两侧的原铁素体区域及渗碳体区域扩展长大，直至铁素体完全消失，奥氏体彼此相遇，形成一个个的奥氏体晶粒。

(3) 残余渗碳体的溶解

由于铁素体转变为奥氏体速度远高于渗碳体的溶解速度，在铁素体完全转变之后尚有不少未溶解的“残余渗碳体”存在，还需一定时间保温，让渗碳体全部溶解。

(4) 奥氏体成分的均匀化

即使渗碳体全部溶解，奥氏体内的成分仍不均匀，在原铁素体区域形成的奥氏体含碳量偏低，在原渗碳体区域形成的奥氏体含碳量偏高，还需保温足够时间，让碳原子充分扩散，奥氏体成分才可能均匀。

由上可知，热处理的保温，不仅是为了将工件热透，而且也是为了获得成分均匀的奥氏体组织，以便冷却后能得到良好的组织和性能。

4.1.2 奥氏体晶粒的长大及其控制措施

奥氏体晶粒的大小对冷却转变后钢的性能有很大影响，热处理加热时，若获得细小、均匀的奥氏体，则冷却后钢的力学性能就好。因此，工程上往往希望得到细小而成分均匀的奥氏体晶粒，为此可以采用以下途径：

1. 合理选择加热温度和保温时间

加热温度越高，保温时间越长，奥氏体晶粒长得越大。在保证奥氏体成分均匀情况下选择尽量低的奥氏体化温度和较短的保温时间。

2. 快速加热到较高的温度

当加热温度确定后，加热速度要快，使形成的奥氏体来不及长大而冷却得到细小的奥氏体晶粒。

3. 钢中加入一定量合金元素

大多数合金元素均能不同程度的阻碍奥氏体晶粒长大，尤其是与碳结合力较强的合金元素（如铬、钼、钨、钒等），由于它们在钢中形成难溶于奥氏体的碳化物，分布在晶粒边界上，阻碍奥氏体晶粒的长大。

4. 选用加热时奥氏体长大倾向较小的“本质细晶粒度”钢

工业生产中，用铝脱氧的钢为本质细晶粒度钢。其原因是铝与钢中的氧、氮化合，形成极细的氧化物和氮化物，分布在奥氏体晶界上，能阻碍奥氏体晶粒的长大。

*4.2 钢在冷却时的转变

同一种钢加热到奥氏体状态后，由于之后的冷却速度不一样，其转变产物在组织和性能上有很大差别，见表 4-1。

研究奥氏体冷却转变常用等温冷却转变曲线，即 TTT 曲线（过冷奥氏体在一定温度下随时间变化组织转变情况）及连续冷却转变曲线，即 CCT 曲线（过冷奥氏体依冷却速度变化组织转变情况），这两条曲线揭示了过冷奥氏体转变的规律，为钢的热处理奠定了理论基础。

表 4-1 45 钢加热到 840 ℃后，在不同条件下冷却后的力学性能

冷却方法	σ_b/MPa	σ_s/MPa	δ/%	ψ/%	HRC
炉冷	519	272	32.5	49.3	15~18
空冷	670~720	333	15~18	45~50	18~24
油冷	882	608	18~20	48	40~50
水冷	1 100	706	7~8	12~14	52~60

4.2.1 过冷奥氏体的等温转变

1. 过冷奥氏体等温冷却转变曲线（C 曲线）

图 4-4 是共析钢的 TTT 曲线，也称 C 曲线。

图中左边一条曲线为转变开始线；右边一条曲线为转变终止线；M_S 线表示奥氏体向马氏体转变的开始线；M_f 表示马氏体转变终了线。在 A_1 线上部为奥氏体稳定区；转变开始线左边是奥氏体转变准备阶段，称为过冷奥氏体区，也称“孕育区”；转变开始线和转变终止线之间为奥氏体和转变产物混合区；转变终止线右边为转变产物区。

在图中，大约 550 ℃左右，曲线出现一个拐点，俗称“鼻尖”，此处的孕育区最短，过冷奥氏体最不稳定，转变速度最快。符号 A'表示残余奥氏体，它是指工件淬火冷却至室温后残存的奥氏体。

2. 过冷奥氏体等温冷却转变产物的组织形态及性能

从C曲线可知，随过冷奥氏体等温转变温度的不同，其转变特性和转变产物的组织也不同。一般可将过冷奥氏体转变分为高温转变、中温转变和低温转变。

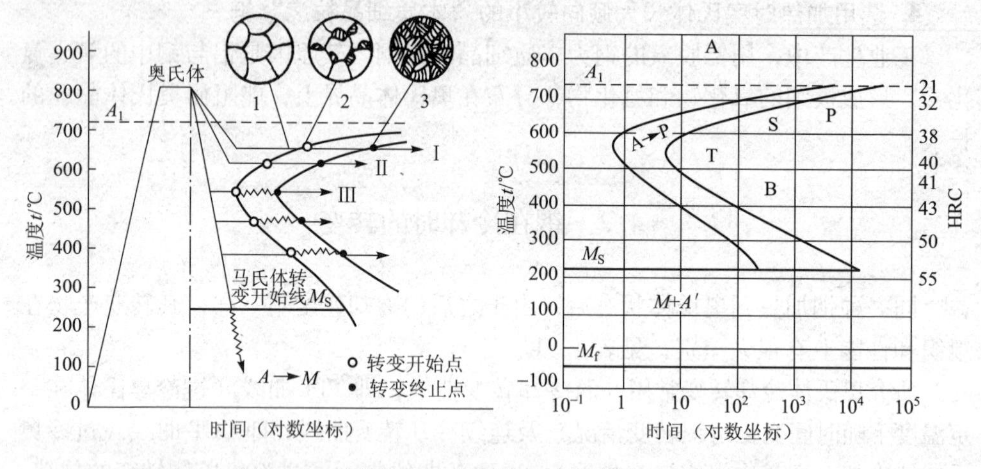

图4-4 共析钢过冷奥氏体等温转变图（C曲线）

（1）高温转变（珠光体型转变）

在温度A_1以下至550 ℃左右的温度范围内，因转变温度高，奥氏体中的碳原子和铁原子都能充分扩散，形成的组织属于珠光体类型，是铁素体与渗碳体两相组成的相间排列的层片状的机械混合物组织。在此转变温度范围内，由于过冷度不同，所得到的珠光体层片厚薄不同，而且它们之间的性能也不相同。根据片层的厚薄不同，这类组织又可细分为三种，分别称为P（珠光体）、S（索氏体）和T（托氏体），见表4-2。

表4-2 共析钢过冷奥氏体等温转变温度与转变组织的特征

转变温度范围	转变产物	代表符号	组织形态	层片间距/μm	转变产物硬度(HRC)
A_1 ~650 ℃	珠光体	P	粗片状	0.3	<25
650 ℃ ~600 ℃	索氏体	S	细片状	0.1~0.3	25~35
600 ℃ ~550 ℃	托氏体	T	极细片状	0.1	35~40
550 ℃ ~350 ℃	上贝氏体	$B_上$	羽毛状	—	40~45
350 ℃ ~M_S	下贝氏体	$B_下$	黑片（针）状	—	45~50
M_S ~M_f	马氏体	M	板条状	—	40左右
			片状	—	>55

(2) 中温转变(贝氏体型转变)

过冷奥氏体在 550 ℃ ~ M_S(马氏体转变开始温度)的转变称为中温转变,由于转变温度较低,原子扩散能力逐渐减弱,其转变产物属于贝氏体型,所以也叫贝氏体转变。贝氏体用符号“B”表示,它仍是由铁素体与渗碳体组成的机械混合物,但其形貌与渗碳体的分布与珠光体型不同,硬度也比珠光体型的高。

根据贝氏体的组织形态和形成温度区间的不同又可将其划分为上贝氏体($B_{上}$)与下贝氏体($B_{下}$)。上贝氏体的形成温度为 550 ℃ ~350 ℃,它的硬度比同样成分的下贝氏体低,韧性也比下贝氏体差,所以上贝氏体的机械性能很差,脆性很大,强度很低,基本上没有实用价值。下贝氏体的形成温度为 350 ℃ ~ M_S,它有较高的强度和硬度,还有良好的塑性和韧性,具有较优良的综合机械性能,是生产上常用的组织。获得下贝氏体组织是强化钢材的途径之一。贝氏体的组织特征见图 4-5(a),图 4-5(b),贝氏体的性能特征见表 4-2。

(3) 低温转变(马氏体型转变)

当转变温度低于 M_S 以下时,由于转变温度很低,只有 γ-Fe 向 α-Fe 的晶格转变,铁、碳原子均不能进行扩散。碳将全部固溶在 α-Fe 的晶格中,这种含过饱和碳的固溶体称为马氏体,用符号 M 表示。

根据组织形态的不同,马氏体可分为低碳马氏体(板条状)及高碳马氏体(片状)两种(见图 4-5(c),(d))。由于碳的过饱和而导致晶格严重畸变,增加了塑性变形抗力,特别是含碳高时更为明显。因此,高碳马氏体硬而脆,硬度可达 65 HRC 左右。而板条状低碳马氏体硬度虽然低些,但具有较高的强度、良好的韧性和塑性。

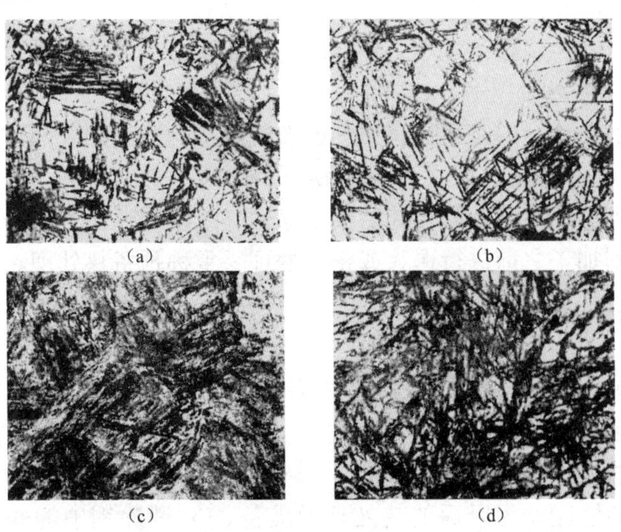

图 4-5 共析钢转变产物显微组织

(a) 上贝氏体 $B_{上}$;(b) 下贝氏体 $B_{下}$;(c) 板条状马氏体;(d) 片状马氏体

此外，马氏体转变具有不完全性，不能100%完成，最后总有少量残余奥氏体存在。这种残余奥氏体不稳定，具有自发转变成铁素体和渗碳体的倾向，是造成淬火钢组织、尺寸不稳定的主要原因，故淬火钢必须及时回火以消除这种不稳定因素。

4.2.2 过冷奥氏体的连续冷却转变

在生产实践中，过冷奥氏体大多是在连续冷却过程中发生转变的，如在炉内、空气里、油或水槽中冷却。因此，研究过冷奥氏体连续冷却转变对制定热处理工艺更具有现实意义。

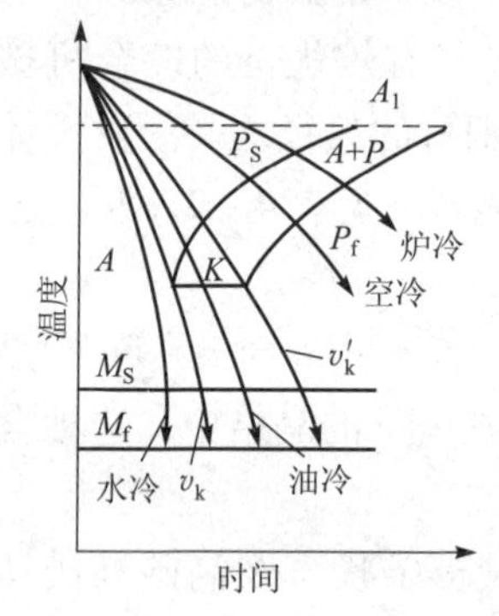

图4-6 共析钢过冷奥氏体连续冷却转变曲线

图4-6是共析钢过冷奥氏体连续冷却转变曲线示意图。图中 P_S 线是过冷奥氏体转变为珠光体型组织的开始线；P_f 线是过冷奥氏体全部转变为珠光体型组织的终了线。两线之间为转变的过渡区；K 线为珠光体转变的终止线。v_k 称为上临界冷却速度，它是得到全部马氏体组织的最小冷却速度，又称临界冷却速度。v'_k 称为下临界冷却速度，它是得到全部珠光体组织的最大冷却速度。当冷却速度小于 v'_k 时，连续冷却转变得到珠光体组织；而冷却速度大于 v'_k 而小于 v_k 时，连续冷却转变将得到珠光体＋马氏体组织。

临界冷却速度越小，奥氏体越稳定，因而即使在较慢的冷却速度下也会得到马氏体。这对淬火工艺操作具有十分重要的意义。

4.3 钢的退火和正火

机械零件的毛坯一般是通过铸造、锻造或焊接的方法加工而成的，这些毛坯往往不同程度存在着晶粒粗大、加工硬化、内应力较大等缺陷。为了克服铸、锻、焊后所留下的一系列缺陷，为后续工序做好组织和性能上的准备，一般在毛坯生产后，切削加工之前进行退火或正火处理，常称预备热处理。

4.3.1 钢的退火

退火是将钢件加热到相变温度 A_{c3}（或 A_{c1}）以上的一定温度，经适当保温并缓慢冷却（一般随炉冷却）的一种工艺。

退火的目的在于① 降低钢的硬度，以利于切削加工及冷变形加工。② 细化晶粒，改善钢的性能，为以后的热处理做准备。③ 消除钢中的残余内应力，以防止变形和开裂。

退火的种类很多，常用的主要有如下几种类型：

1. 完全退火

完全退火是将亚共析钢件加热到 A_{c3} 以上 20 ℃ ~40 ℃，保温一定时间，然后随炉缓慢冷却，以获得近于平衡组织的热处理工艺。

完全退火主要用于亚共析钢的铸件、锻件、焊接件等。过共析钢不宜采用完全退火，因为加热到 A_{ccm} 线以上退火后，二次渗碳体以网状形式沿奥氏体晶界析出，使钢的强度和韧性显著降低，也使以后的热处理如淬火容易产生淬火裂纹。

2. 球化退火

将过共析钢加热到 A_{c1} 以上 20 ℃ ~30 ℃，保温一定时间，并缓慢冷却的工艺。这种工艺主要适用于共析钢或过共析钢制造的刃具、模具及量具等工件，目的是让其中的碳化物球化（粒化）和消除网状的二次渗碳体，降低钢的硬度，以利于切削加工，因此叫做球化退火。

对于存在严重网状二次渗碳体的过共析钢，应先进行一次正火处理，打破渗碳体网，然后再进行球化退火。

3. 去应力退火

一些铸铁件、焊接件和变形加工件会残存很大的内应力，为了消除由于变形加工以及铸造、焊接过程引起的残余内应力而进行的退火称为去应力退火，又称低温退火。

去应力退火是将工件随炉缓慢加热到 500 ℃ ~650 ℃（$<A_{c1}$），保温一定时间后，随炉缓慢冷却的一种热处理工艺。

4.3.2 钢的正火

正火是将钢件加热到临界温度以上，保温后空冷的热处理工艺。亚共析钢的正火加热温度为 A_{c3} 以上 30 ℃ ~50 ℃；而过共析钢的正火加热温度则为 A_{ccm} 以上 30 ℃ ~50 ℃。

正火与退火的主要区别是正火冷却速度稍快，得到的组织较细小，强度和硬度有所提高，操作简便，生产周期短，成本较低。

几种退火与正火的加热温度范围如图 4-7 所示。部分退火与正火工艺曲线如图 4-8 所示。

正火主要应用于以下几个方面：

（1）改善切削加工性能

对于低碳钢或低碳合金钢，正火可提高其硬度，防止“粘刀”现象，从而改善切削加工性能。

（2）消除网状二次渗碳体（强化）

对于过共析钢，正火加热到 A_{ccm} 以上，可使网状二次渗碳体充分溶解到奥氏体中，空冷时，先共析碳化物来不及析出，则消除了网状碳化物组织，同时细化了珠光体，使强度提高。

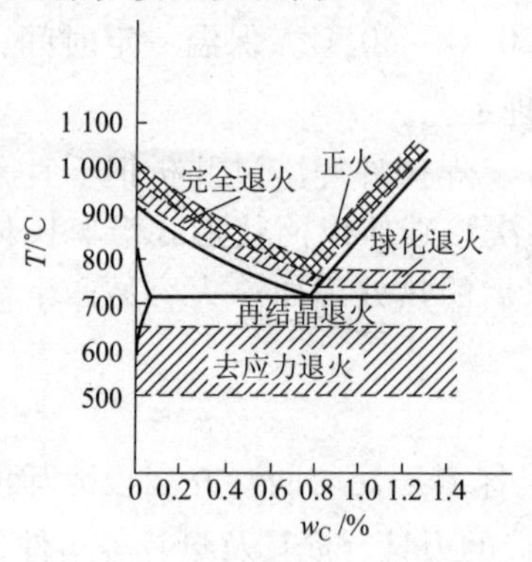

图4-7 几种退火与正火的加热温度范围

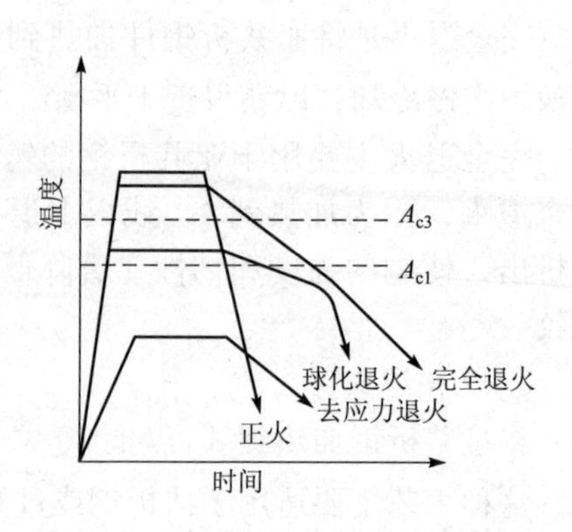

图4-8 部分退火与正火工艺曲线

(3) 细化晶粒

对于中碳钢，正火可使晶粒细化，且可降低加工表面的粗糙度。若用它代替退火，可以得到满意的机械性能，并能缩短生产周期，降低成本。

(4) 作为最终热处理

对于机械性能要求不高的结构钢零件，经正火后所获得的性能即可满足使用要求，可用正火作为最终热处理。

4.3.3 钢的退火与正火的选择

在机械零件、工模具等加工中，退火与正火一般作为预先热处理被安排在毛坯生产之后或半精加工之前。

退火与正火在某种程度上虽然有相似之处，但在实际选用时仍应从以下三个方面考虑:

(1) 从切削加工性考虑

从实践经验得知，钢件的硬度为170~260 HBS时，切削加工性能较好。因此，低碳钢或低碳合金钢，宜正火提高其硬度，防止“粘刀”现象，而高碳钢宜球化退火降低硬度，以利于切削加工。

(2) 从使用性能考虑

若零件的性能要求不太高时，可采用正火作为最终热处理；对于一些大型或重型零件，当淬火有开裂危险时，也采用正火作为最终热处理；对于一些形状复杂的零件和大型铸件，宜用退火，以防止正火产生较大的内应力而发生裂纹。

(3) 从经济上考虑

由于正火比退火操作简便，生产周期短、效率高、成本较低，故在可能的条件下应尽量以正火代替退火。

4.4 钢的淬火

淬火是将钢件加热到 A_{c3}（或 A_{c1}）以上的适当温度，保温后以大于 v_k 的速度快速冷却，以获得马氏体或贝氏体组织的热处理工艺叫淬火。因此淬火的目的就是为了获得马氏体，提高钢的机械性能。淬火是钢的最重要的热处理工艺，也是热处理中应用最广的工艺之一。

应当指出：淬火后的钢很脆，需与适当的回火工艺相配合，才能使钢具有不同的力学性能，以满足各类零件或工具的使用要求。

4.4.1 淬火工艺

1. 淬火加热温度

钢的淬火加热温度可按 $Fe-Fe_3C$ 相图来选定，如图 4-9 所示。亚共析钢淬火加热温度一般在 A_{c3}以上 30 ℃ ~50 ℃，得到单一细晶粒的奥氏体，淬火后为均匀细小的马氏体和少量残留奥氏体。如果温度过高，会因为奥氏体晶粒粗大而得到粗大的马氏体组织，使钢的机械性能恶化，特别是使塑性和韧性降低；如果淬火温度低于 A_{c3}，淬火组织中会保留未熔铁素体，由于铁素体的存在，使钢的强度硬度下降。

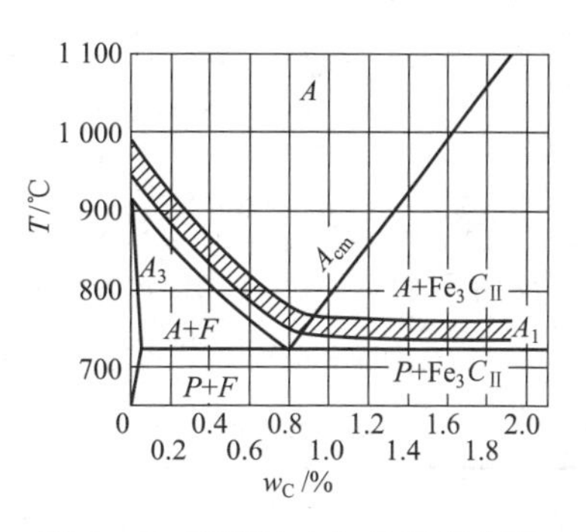

图 4-9 碳钢淬火加热温度范围

共析钢和过共析钢的淬火加热温度为 A_{c1}以上 30 ℃ ~50 ℃，由于渗碳体的存在，使钢的硬度和耐磨性提高。若加热温度低于 A_{c1}点，则组织没发生相变，达不到淬火目的。

实际生产中，淬火加热温度的确定，尚需考虑工件形状尺寸、淬火冷却介质和技术要求等因素。

2. 淬火加热时间的确定

加热时间包括升温和保温时间。加热时间受工件形状尺寸、装炉方式、装炉量、加热炉类型、加热介质等影响。加热时间通常根据经验公式估算或通过实验确定。生产中往往要通过实验确定合理的加热及保温时间，以保证工件质量。

3. 淬火冷却介质的选择

工件进行淬火冷却所用的介质称为淬火冷却介质。为保证工件淬火后得到马氏体组织，同时又要避免产生变形和开裂必须正确选择淬火介质。

由 C 曲线可知：理想的淬火冷却介质应保证：650 ℃以上由于过冷奥氏体较稳定，因此冷却速度可慢些，以减小工件内外温差引起的热应力，防止变形；650 ℃ ~400 ℃范围内，由于过冷奥氏体很不稳定（尤其 C 曲线鼻尖处），只有

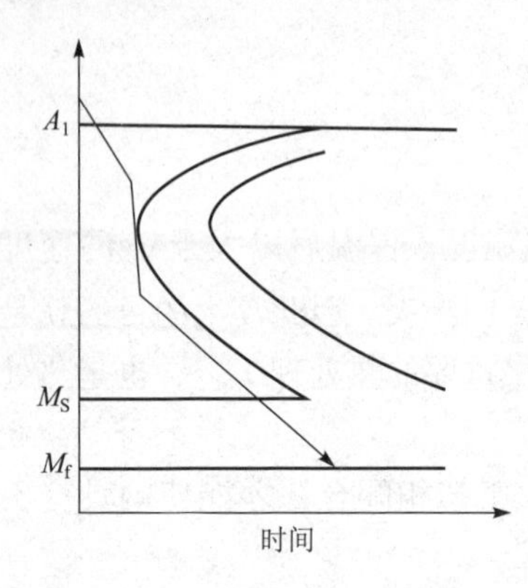

图4－10 理想的淬火冷却速度

冷却速度大于马氏体临界冷却速度 v_k，才能保证过冷奥氏体在此区间不形成珠光体；300 ℃～200 ℃范围内应缓冷，以减小热应力和相变应力，防止产生变形和开裂。理想的淬火冷却速度如图4－10 所示。

但是到目前为止，还没有找到一种十分理想的淬火冷却介质。这是一个具有挑战性的研究领域，我国热处理工作者在该领域已做了不少有益的尝试。

生产中，常用的淬火冷却介质有水、油、碱或盐溶液。这些介质的冷却性能如表4－3 所示。

表4－3 常用冷却介质的冷却能力

淬火用冷却介质	在下列温度范围内的冷却速度/（℃·s^{-1}）	
	650 ℃～550 ℃	300 ℃～200 ℃
180 ℃水	600	270
26 ℃水	500	270
50 ℃水	100	270
18 ℃的 w＝10% NaOH 水溶液	1 200	300
18 ℃的 w＝10% NaCl 水溶液	1 100	300
矿物油	150	30

由表可见，水的冷却特性在 650 ℃～550 ℃范围内冷却速度很快，但在 300 ℃～200 ℃范围内需要慢冷时，其冷却速度又相对较大，易引起淬火开裂。但因水价廉安全，故常用于形状简单的碳钢件的淬火。淬火时随着水温升高，冷却能力降低，故使用时应控制水温低于 40 ℃。为提高水在 650 ℃～550 ℃范围内的冷却能力，常加入少量（5%～10%）的盐（或碱）制成盐（或碱）水溶液。盐水溶液对钢件有一定的腐蚀作用，淬火后必须清洗干净，主要用于形状简单的低、中碳钢件淬火。碱浴对工件、设备及操作者腐蚀性大，主要用于易产生淬火裂纹工件的淬火。

矿物油在 300 ℃～200 ℃范围内的冷却速度比水小，有利于减小工件变形和开裂，但油在 650 ℃～550 ℃范围内冷却速度却过低，常导致工件不能淬硬，因此只能用于合金钢的淬火，使用时油温应控制在 40 ℃～100 ℃范围内。

4.4.2 淬火冷却方法

选择适当的淬火方法同选用淬火介质一样，可以保证在获得所要求的淬火组织和性能条件下，尽量减小淬火应力，减少工件变形和开裂倾向。

1. 单液淬火

它是将加热到奥氏体状态的工件放入一种淬火介质中一直冷却到室温的淬火方法（见图4-11 曲线 a）。这种方法操作简单，容易实现机械化，通常形状简单尺寸较大的碳钢件在水中淬火，合金钢件则在油中淬火。

2. 双液淬火

它是将钢件加热到奥氏体化后，先浸入冷却能力强的介质中，在组织即将发生马氏体转变时立即转入冷却能力弱的介质中继续冷却的淬火工艺（如图4-11 曲线 b）。例如先水后油、先水后空气等，此种方法操作时，如能控制好工件在水中停留的时间，就可有效地防止淬火变形和开裂，但要求有较高的操作技术。主要用于形状复杂的高碳钢件和尺寸较大的合金钢件。

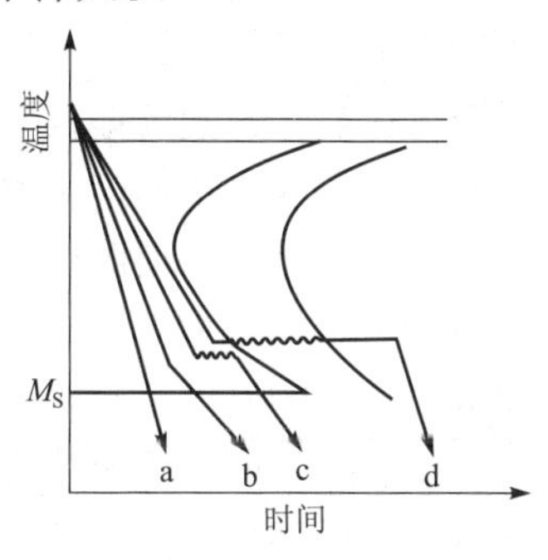

图4-11 常用淬火方法的冷却示意图

3. 分级淬火

它是将奥氏体状态的工件首先淬入略高于钢的 M_s 点的盐浴或碱浴炉中保温，当工件内外温度均匀后，再从浴炉中取出空冷至室温，完成马氏体转变（见图4-11 曲线 c）。此法操作目的在于减少工件内外的温度差，以减少淬火应力。主要用于截面尺寸较小（直径或厚度 <12 mm）、形状较复杂工件的淬火。

4. 等温淬火

它是将奥氏体化后的工件在稍高于 M_S 温度的盐浴或碱浴中冷却并保温足够时间，从而获得下贝氏体组织的淬火方法（如图4-11 曲线 d）。此法淬火后应力和变形很小，但生产周期长，效率低。主要用于形状复杂、尺寸要求精确，并要求有较高强韧性的小型工模具及弹簧的淬火。

4.4.3 钢的淬透性和淬硬性

钢的淬透性是指奥氏体化后的钢在淬火时获得淬硬层（也称为淬透层）深度的能力，其大小用钢在一定条件下淬火获得的淬硬层深度来表示。淬透性是钢的重要热处理工艺性能，也是选材和制定热处理工艺规程时的重要依据之一。

影响淬透性的主要因素是化学成分，除钴和铝（$>2\%$）以外，所有溶于奥氏体中的合金元素都能不同程度提高淬透性。另外，奥氏体的均匀性、晶粒大小及是否存在第二相等因素都会影响淬透性。

钢的淬透性和淬硬性是两个不同的概念。淬硬性是指以钢在理想条件下，进行淬火硬化所能达到的最高硬度来表征的材料特性。淬火后硬度值越高，淬硬性越好。淬硬性主要取决于马氏体的含碳量，合金元素含量对淬硬性没有显著影响，但对淬透性却有很大影响，所以淬透性好的钢，其淬硬性不一定高。

*4.4.4 钢的淬火缺陷及其预防

在热处理生产中，因淬火工艺控制不当，常会产生下列缺陷：硬度不足、硬度分布不均匀、过热和过烧、氧化和脱碳、变形与开裂等。

1. 硬度不足

经淬火后零件硬度偏低的主要原因是：材料含碳量低，淬火加热温度过低、保温时间不足或冷却速度不够时，会造成硬度低于所要求的数值。这种现象称为硬度不足。加热时表面脱碳也是造成硬度不足的原因。

这种由于热处理不当造成的缺陷可以重新通过正确的热处理方法来消除。但因脱碳而造成的硬度不足则无法补救。

2. 过热与过烧、氧化和脱碳

过热是指工件加热温度偏高或保温时间过长使晶粒过度长大，造成力学性能显著降低的现象。过热可用1~2次正火或退火来消除。

过烧是指工件加热温度过高，致使晶界氧化和局部熔化的现象。过烧无法挽救，只能报废。

氧化是指金属加热时，介质中的氧、二氧化碳和水蒸气与金属反应生成氧化物的过程。脱碳是指加热时，由于介质和钢铁表层碳的作用，表层含碳量降低的现象。加热温度越高，保温时间越长，氧化现象越明显，脱碳越严重。氧化和脱碳使钢材损耗，降低工件表层硬度、耐磨性和疲劳强度，增加淬火开裂倾向。为防止氧化和脱碳，常采用可控气氛热处理、真空热处理或用脱氧良好的盐浴炉加热。如果在以空气为介质的电炉中加热，需在工件表面涂上一层涂料或向炉内加入适量起保护作用的木炭或滴入煤油等；另外，还应正确控制加热温度和保温时间。

3. 变形与开裂

热处理时工件形状和尺寸发生的变化称为变形。变形很难避免，通常是将变形量控制在允许范围内。开裂是不允许的，工件开裂后只有报废。

变形和开裂是由应力引起的。工件由热应力和组织应力引起的变形如图4-12所示。

图4-12 工件淬火变形示意图

为了减小变形，防止开裂应采用以下措施：

(1) 正确选用零件材料

对于形状复杂要求变形小的零件要选用淬透性较好的合金钢。如某汽车厂生产的发动机连杆，原用 40 钢水淬有微裂纹，后改用淬透性好的 40MnB 钢油淬，则防止了微裂纹的产生，保证了连杆的质量。

（2）做到零件结构设计合理

① 尽量避免尖角或棱角、减少台阶。零件的尖角和棱角处易产生应力集中，常引起淬火开裂。一般应设计成圆角或倒角，如图 4－13 所示。

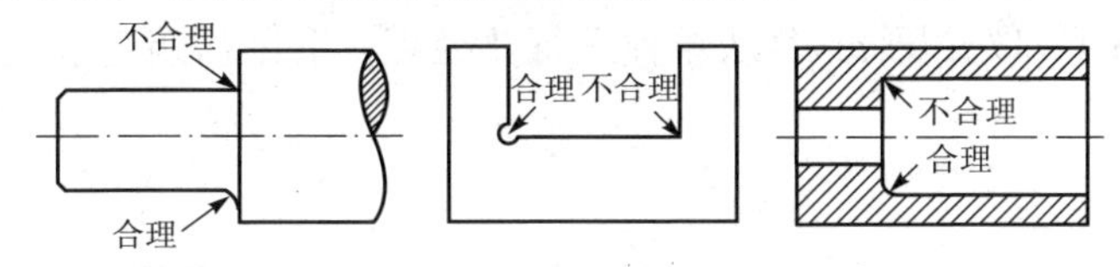

图 4－13 避免尖角和棱角

② 零件外形应尽量简单，避免厚薄悬殊的截面。截面厚薄悬殊的零件，在热处理时由于冷却不均匀，易产生变形和开裂。为使壁厚尽量均匀，并使截面均匀过渡，可采取开工艺孔（图 4－14（a）），加厚零件截面过薄处，合理安排孔洞和槽的位置（图 4－14（b）），变盲孔为通孔（图 4－14（c））等措施。

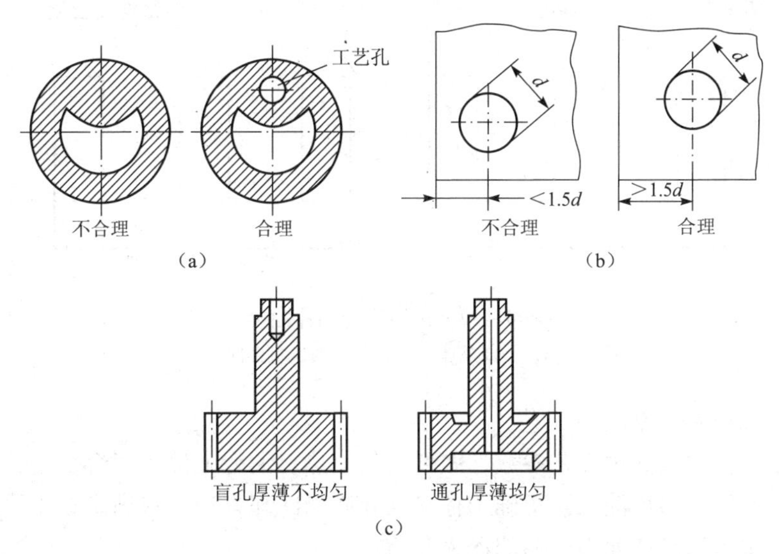

图 4－14 避免厚薄悬殊的截面

（a）开工艺孔；（b）合理安排孔洞位置；（c）变盲孔为通孔

③ 尽量采用对称结构

若零件形状不对称，会使应力分布不均匀，易产生变形。如图 4－15 所示，镗杆截面要求渗氮后变形极小，原设计在镗杆一侧开槽，热处理后弯曲变形很大，改在两侧开槽（所开槽应不影响镗杆使用性能），使镗杆呈对称结构，可显著减小热处理变形。

④ 尽量采用封闭结构

如图4-16所示，为减小热处理变形，头部槽口处应留有工艺筋，使夹头的三瓣夹爪连成封闭结构，待热处理后再将槽磨开。

⑤ 尽量采用组合结构

对热处理易变形的零件或工具，应尽量采用组合结构。如山字形硅钢片冲模，若做成整体（图4-17（a）），热处理变形较大（图中点画线），如改为四块组合件（图4-17（b）），每块单独进行热处理，磨削后组合装配，可避免整体变形。

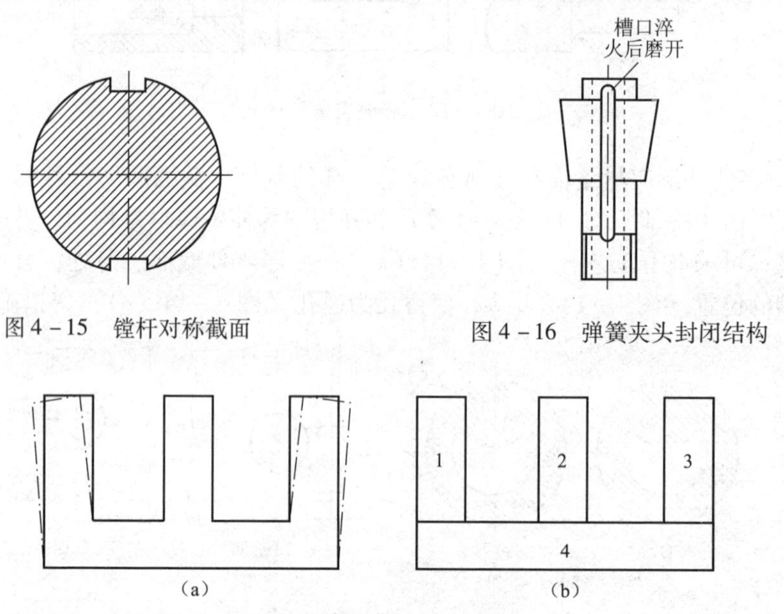

图4-15　镗杆对称截面

图4-16　弹簧夹头封闭结构

图4-17　山字形硅钢片冲模

（a）做成整体；（b）做成四块组合件

（3）正确制定热处理工艺

选择正确的热处理工艺参数，做到均匀加热。大型工件、高合金钢工件应采用预热，然后再加热淬火。正确选择淬火介质和冷却方法，在满足技术要求的条件下，尽量选用冷却能力较弱的淬火介质。

4.5　钢的回火

回火一般是紧接淬火以后的热处理工艺，回火是淬火后再将工件加热到 A_{c1} 温度以下某一温度，保温后再冷却到室温的一种热处理工艺。

淬火后的钢铁工件处于高的内应力状态，不能直接使用，必须即时回火，否则会有工件断裂的危险。淬火后回火的目的在于可减小和消除淬火时产生的应力和脆性，以防止工件开裂和变形；减少或消除残余奥氏体，以稳定工件尺寸；调整工件的内部组织和性能，以满足工件的使用要求。淬火与回火常作为零件的最终热处理。

*4.5.1 钢在回火时的转变

淬火后的组织（马氏体和少量残留奥氏体）是不稳定的，在回火过程中将逐渐向稳定组织转变。根据转变发生的过程和形成的组织，回火可分为四个阶段：

（1）马氏体分解（小于200 ℃）

100 ℃以上回火时，马氏体中过饱和的碳原子以ε碳化物的形式析出，使马氏体中碳的过饱和程度逐渐降低，这种马氏体和ε碳化物的回火组织称为回火马氏体。此阶段钢的淬火内应力有所减小，韧性改善，但硬度并未明显降低。

（2）残留奥氏体分解（200 ℃～300 ℃）

残留奥氏体从200 ℃开始分解，到300 ℃左右基本结束，转变为下贝氏体。在此温度范围内，马氏体仍在继续分解，因而淬火应力进一步减小，硬度无明显降低。

（3）碳化物转变（250 ℃～400 ℃）

250 ℃以上ε碳化物逐渐向稳定的渗碳体转变，到400 ℃全部转变为高度弥散分布的、极细小的粒状渗碳体。因ε碳化物不断析出，此时α相的含碳量降到平衡成分，即实际上已转变成铁素体。这种针状铁素体和粒状渗碳体组成的混合组织，称为回火托氏体。

（4）渗碳体的聚集长大与α相的再结晶（400 ℃以上）

温度高于400 ℃后，α相逐渐发生再结晶，同时渗碳体颗粒不断聚集长大。当温度高于500 ℃后时，形成块状铁素体与球状渗碳体的混合组织，称为回火索氏体。不同回火组织的性能特点如表4－4所示。

表4－4 不同回火组织的性能特点

回火组织	形成温度	组织特征	性能特征
回火马氏体	150 ℃～350 ℃	极细的ε碳化物分布在马氏体基体上	强度、硬度高，耐磨性好，硬度一般为58～64 HRC
回火托氏体	350 ℃～500 ℃	细粒状渗碳体分布在针状铁素体基础上	弹性极限、屈服极限高，具有一定的韧性，硬度一般为35～45 HRC
回火索氏体	500 ℃～650 ℃	粒状渗碳体分布在多边形铁素体基体上	综合机械性能好，强度、塑性和韧性好，硬度一般为25～35 HRC

4.5.2 回火方法及其应用

实际生产中，根据钢件的性能要求，按照淬火后的回火温度范围，一般将回火分为三类。

（1）低温回火（150 ℃～250 ℃）

回火后的组织是回火马氏体。具有高的硬度（58～64 HRC）和高的耐磨性；内应力有所降低，韧性有所提高。这种回火方法主要用于各种工具、滚动轴承、渗碳件和表面淬火件等要求硬而耐磨的零件。

（2）中温回火（350 ℃～500 ℃）

回火后的组织是回火托氏体。具有较高的弹性极限和屈服强度，具有一定的韧性和硬度。这种回火方法主要用于弹性元件及热锻模。

（3）高温回火（500 ℃～650 ℃）

回火后的组织为回火索氏体。具有强度、硬度、塑性和韧性都较好的综合力学性能。广泛用于汽车、拖拉机、机床等机械中的重要结构零件如连杆、曲轴等。通常将淬火和高温回火相结合的热处理称为调质处理。

应当指出：工件回火后的硬度主要与回火温度和回火时间有关，而回火后的冷却速度对硬度影响不大。实际生产中，回火件出炉后通常采用空冷。

4.5.3 回火脆性

回火过程中，冲击韧性不一定总是随回火温度的升高而不断提高。有些钢在某一温度范围回火时，其韧性比在较低温度回火时反而显著下降，这种脆化现象称为回火脆性。

1. 低温回火脆性

淬火钢在250 ℃～350 ℃范围内回火时出现的脆性叫做低温回火脆性，也叫第一类回火脆性。几乎所有的钢都存在这类脆性。这是一种不可逆回火脆性，目前尚无有效办法完全消除这类回火脆性。所以一般都不在250 ℃～350 ℃这个温度范围内回火。

2. 高温回火脆性

淬火钢在500 ℃～650 ℃范围内回火时出现的脆性称为高温回火脆性，也称为第二类回火脆性。这种脆性主要发生在含Cr、Ni、Si、Mn等合金元素的结构钢中。此类回火脆性是可逆的，加入Mo、V等合金元素或回火后快冷可避免这类回火脆性产生。

4.6 钢的表面热处理

表面热处理是指为改变工件表面的组织和性能，仅对工件表层进行的热处理工艺。钢的表面热处理有两大类：一类是表面淬火热处理，通过对零件表面快速加热及快速冷却使零件表层获得马氏体组织，从而增强零件的表层硬度，提高其抗磨损性能。另一类是化学热处理，通过改变零件表层的化学成分，从而改变表层的组织，使其表层的机械性能发生变化。

4.6.1 表面淬火

按加热方式可分为感应加热、火焰加热、电接触加热和电解加热等。

1. 火焰加热表面淬火

火焰加热淬火是用乙炔－氧或煤气－氧等火焰直接加热工件表面，然后立即喷水冷却，以获得表面硬化效果的淬火方法（见图4－18）。火焰加热温度很高（约2 000 ℃以上），能将工件迅速加热到淬火温度，通过调节烧嘴的位置和移动速度，可以获得不同厚度的淬硬层。淬硬层深度一般为2～6 mm。

火焰淬火操作简便，设备简单，成本低，灵活性大。但加热温度不易控制，工件表面易过热，淬火质量不稳定。主要用于单件、小批生产以及大型零件（如大模数齿轮、大型轴类等）的表面淬火。

2. 感应加热表面淬火

（1）感应加热的基本原理

如图4－19所示，感应线圈通以交流电时，就会在它的内部和周围产生与交流频率相同的交变磁场。若把工件置于感应磁场中，则其内部将产生感应电流并由于电阻的作用被加热。感应电流在工件表层密度最大，而心部几乎为零，这种现象称为集肤效应。电流透入工件表层的深度主要与电流频率有关。加热器通入电流，工件表面在几秒钟之内迅速加热到远高于 A_{c3} 以上的温度，接着迅速冷却工件（例如向加热了的工件喷水冷却）表面，在零件表面获得一定深度的硬化层。

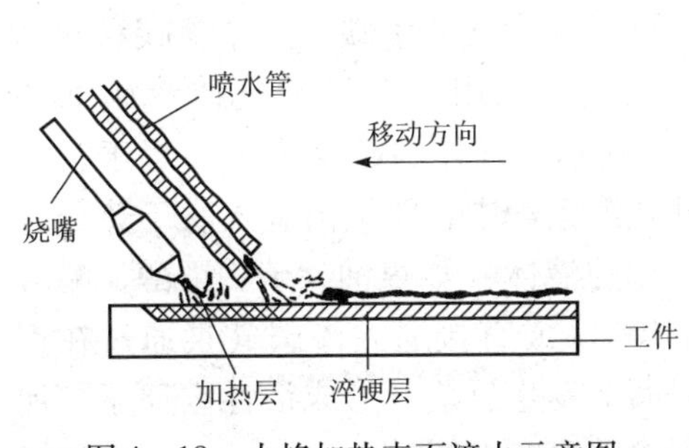

图4－18 火焰加热表面淬火示意图

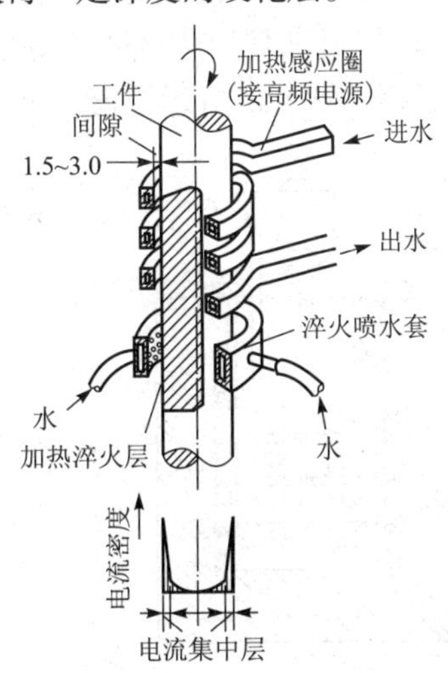

图4－19 感应加热淬火示意图

(2) 感应加热表面淬火的特点

与普通淬火相比，感应加热表面淬火具有以下主要特点：一是加热温度高，升温快。这是由于感应加热速度很快（一般只需几秒至几十秒）。二是工件表层易得到细小的马氏体，因而硬度比普通淬火提高2～3 HRC，且脆性较低。三是工件表层存在残余压应力，因而疲劳强度较高。四是工件表面质量好。这是由于加热速度快，没有保温时间，工件不易氧化和脱碳，且由于内部未被加热，淬火变形小。五是生产效率高，便于实现机械化、自动化。

淬硬层深度也易于控制。

表面淬火一般适用于中碳钢和中碳合金钢，如45、40Cr、40MnB等。这些钢经预先热处理（正火或调质处理）后再表面淬火，心部有较高的综合机械性能，表面也有较高的硬度和耐磨性。另外，铸铁也是适合于表面淬火的材料。

4.6.2 钢的化学热处理

化学热处理是指将工件置于适当的活性介质中加热、保温，使一种或几种元素渗入其表层，以改变化学成分、组织和性能的热处理工艺。

化学热处理的基本过程是：活性介质在一定温度下通过化学反应进行分解，形成渗入元素的活性原子；活性原子被工件表面吸收，即活性原子溶入铁的晶格形成固溶体，或与钢中某种元素形成化合物；被吸收的活性原子由工件表面逐渐向内部扩散，形成一定深度的渗层。

目前常用的化学热处理有：渗碳、渗氮、碳氮共渗等。

1. 钢的渗碳

渗碳就是将低碳钢放入高碳介质中加热、保温，以获得高碳表层的化学热处理工艺。渗碳的主要目的是提高零件表层的含碳量，以便大大提高表层硬度，增强零件的抗磨损能力，同时保持心部的良好韧性。与表面淬火相比，渗碳主要用于那些对表面有较高耐磨性要求，并承受较大冲击载荷的零件，如齿轮、活塞销等。渗碳用钢为低碳钢及低碳合金钢，如20、20Cr、20CrMnTi、20CrMnMo、18Cr2Ni4W等。

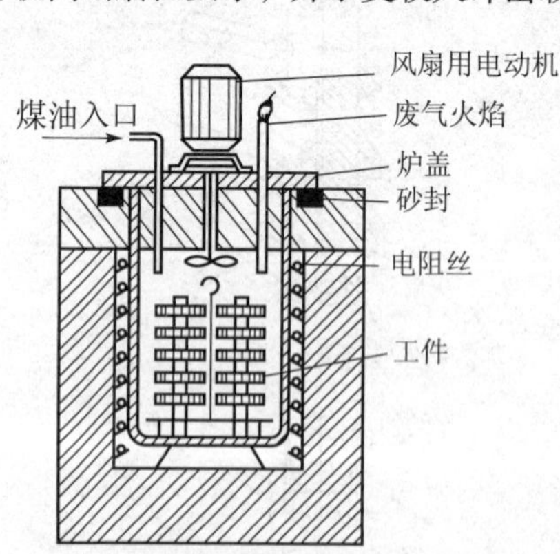

图4-20 气体渗碳示意图

根据使用时渗碳剂的不同状态，渗碳方法可以分为气体渗碳、固体渗碳和液体渗碳三种，应用最广泛的气体渗碳如图4-20所示，气体渗碳是将工件置于密封的井式渗碳炉中，向炉内滴入易于热分解和气化的液体（如煤油、苯、甲醇、醋酸乙酯等），或直接通入渗碳气氛通过在钢的表面上发生反应，形成活性碳原子。加热到渗碳温度（900 ℃～950 ℃），上述液体或气体在高温下分解产生活性碳原子并被工件表面吸收而溶于高温奥氏体中，并向工件内部扩散形成一定深度的渗碳层。渗碳后，工件表面含碳量可达0.85%~1.05%。

渗碳只改变了工件表层的化学成分，性能仍达不到外硬内韧的要求。因此还需进行淬火才能达到硬度要求。

表4-5是不同渗碳温度下，不同渗碳时间的渗层厚度。

表4-5 气体渗碳时渗碳层厚度与保温时间的关系

保温时间/h	渗层厚度/mm				保温时间/h	渗层厚度/mm			
	850 ℃	900 ℃	950 ℃	1 000 ℃		850 ℃	900 ℃	950 ℃	1 000 ℃
1	0.4	0.53	0.74	1.00	9	1.12	1.60	2.23	3.05
2	0.53	0.76	1.04	1.42	10	1.17	1.70	2.36	3.20
3	0.63	0.94	1.30	1.75	11	1.22	1.78	2.46	3.35
4	0.77	1.07	1.50	2.00	12	1.30	1.85	2.50	3.35
5	0.84	1.24	1.68	2.26	13	1.35	1.93	2.61	3.68
6	0.91	1.32	1.83	2.46	14	1.40	2.00	2.77	3.81
7	1.00	1.42	1.98	2.55	15	1.45	2.10	2.81	3.92
8	1.04	1.52	2.11	2.80	16	1.50	2.13	2.87	4.06

2. 钢的渗氮（氮化）

渗氮工艺又叫氮化。它的主要目的是提高零件表层含氮量以增强表面硬度和耐磨性、提高疲劳强度和抗蚀性。

氮化后零件表面硬度比渗碳的还高，耐磨损性能很好，疲劳强度高，但脆性较大。氮化层还具有一定的抗蚀性能。氮化后零件变形很小，通常不需再加工，也不必再热处理强化。适合于要求处理精度高、冲击载荷小、抗磨损能力强的零件，如一些精密零件、精密齿轮都可用氮化工艺处理。

近年来发展出来一种快速深层氮化的新工艺，它是利用离子氮化的轰击效应和快速扩散的作用提高氮化速度。它采用周期性渗氮和时效的方法，可以大大提高渗氮速度和渗氮层深度。如25Cr2MoVA钢渗氮10 h，离子氮化渗氮层深只有0.4 mm，而快速深层氮化层深达到1 mm，且性能也得到提高。

3. 碳氮共渗

碳氮共渗是同时向零件渗入C、N两种元素的化学热处理工艺，也称为氰化处理。碳氮共渗后要进行淬火、低温回火。共渗层表面组织为回火马氏体、粒状碳氮化合物和少量残留奥氏体。渗层深度一般为0.3~0.9 mm。气体碳氮共渗用钢，大多为低碳或中碳钢，低合金钢。

气体碳氮共渗与渗碳相比，具有温度低、时间短、变形小、硬度高、耐磨性好、生产率高等优点。主要用于机床和汽车上的各种齿轮、蜗轮、蜗杆和轴类等零件。

*4.7 热处理新技术简介

4.7.1 形变热处理

形变热处理是指将塑性变形和热处理有机结合在一起，以提高工件力学性能的复合热处理方法。它能同时达到形变强化和相变强化的综合效果，可显著提高钢的综合力学性能。形变热处理方法较多，按形变温度不同分为：低温形变热处理和高温形变热处理。

低温形变热处理是将钢件奥氏体化保温后，快冷至 A_{c1} 温度以下（500 ℃ ~ 600 ℃）进行大量（50% ~75%）塑性变形，随后淬火、回火。其主要特点是在保证塑性和韧性不下降的情况下，能显著提高强度和耐回火性，改善抗磨损能力。例如，在塑性保持基本不变情况下，抗拉强度比普通热处理提高 30 ~ 70 MPa，甚至可达 100 MPa。此法主要用于刀具、模具、板簧，飞机起落架等。

高温形变热处理是将钢件奥氏体化，保持一定时间后，在较高温度下进行塑性变形（如锻、轧等），随后立即淬火、回火。其特点是在提高强度的同时，还可明显改善塑性、韧性，减小脆性，增加钢件的使用可靠性。但形变通常是在钢的再结晶温度以上进行，故强化程度不如低温形变热处理大（抗拉强度比普通热处理提高 10% ~30%，塑性提高 40% ~50%），高温形变热处理对材料无特殊要求。此法多用于调质钢和机械加工量不大的锻件，如曲轴、连杆、叶片、弹簧等。

4.7.2 表面气相沉积

气相沉积按其过程本质不同分为化学气相沉积（CVD）和物理气相沉积（PVD）两类。

1. 化学气相沉积（CVD）

化学气相沉积是将工件置于炉内加热到高温后，向炉内通入反应气（低温下可气化的金属盐），使其在炉内发生分解或化学反应，并在工件上沉积成一层所要求的金属或金属化合物薄膜的方法。

碳素工具钢、渗碳钢、轴承钢、高速工具钢、铸铁、硬质合金等材料均可进行气相沉积。化学气相沉积法的缺点是加热温度较高，目前主要用于硬质合金的涂覆。

2. 物理气相沉积（PVD）

物理气相沉积是通过蒸发或辉光放电、弧光放电、溅射等物理方法提供原子、离子，使之在工件表面沉积形成薄膜的工艺。此法包括蒸镀、溅射沉积、磁控溅射、离子束沉积等方法，因它们都是在真空条件下进行的，所以又称真空镀膜法，其中离子镀发展最快。

进行离子镀时，先将真空室抽至高度真空后通入氩气，并使真空度调至 1～10 Pa，工件（基板）接上 1～5 kV 负偏压，将欲镀的材料放置在工件下方的蒸发源上。当接通电源产生辉光放电后，由蒸发源蒸发出的部分镀材原子被电离成金属离子，在电场作用下，金属离子向阴极（工件）加速运动，并以较高能量轰击工件表面，使工件获得需要的离子镀膜层。

CVD 法和 PVD 法在满足现代技术所要求的高性能方面比常规方法有许多优越性，如镀层附着力强、均匀，质量好，生产率高，选材广，公害小，可得到全包覆的镀层，能制成各种耐磨膜（如 TiN、TiC 等）、耐蚀膜（如 Al、Cr、Ni 及某些多层金属等）、润滑膜（如 MoS_2、WS_2、石墨、CaF_2 等）、磁性膜、光学膜等。另外，气相沉积所适应的基体材料可以是金属、碳纤维、陶瓷、工程塑料、玻璃等多种材料。因此，在机械制造、航空航天、电器、轻工、原子能等方面应用广泛。例如，在高速工具钢和硬质合金刀具、模具以及耐磨件上沉积 TiC、TiN 等超硬涂层，可使其寿命提高几倍。

4.7.3 激光热处理

激光热处理是利用高能量密度的激光束，对工件表面扫描照射，使其在极短时间内被加热到相变温度以上，停止扫描照射后，热量迅速传至周围未被加热的金属，加热处迅速冷却，达到自行淬火的目的。

激光热处理具有加热速度极快（千分之几秒至百分之几秒）；不用冷却介质，变形极小；表面光洁，不需再进行表面加工就可直接使用；细化晶粒，显著提高工件表面硬度和耐磨性（比常规淬火表面硬度高 20% 左右）；对任何复杂工件均可局部淬火，不影响相邻部位的组织和表面质量；可控性好等优点。主要用于精密零件的局部表面淬火。

4.7.4 真空热处理

真空热处理是指在低于 1×10^5 Pa（通常是 10^{-1}～10^{-3} Pa）的环境中进行加热的热处理工艺。它包括真空淬火、真空退火、真空回火和真空化学热处理（真空渗碳、渗铬等）等。

真空热处理的工件不产生氧化和脱碳；升温速度慢，工件截面温差小，热处理变形小；因金属氧化物、油污在真空加热时分解，被真空泵抽出，使工件表面光洁，提高了疲劳强度和耐磨性；劳动条件好。但设备较复杂，投资较高。目前多用于精密工模具、精密零件的热处理。

4.7.5 可控气氛热处理

可控气氛热处理是指在炉气成分可控制的炉内进行的热处理。其目的是减少和防止工件在加热时氧化和脱碳，提高工件表面质量和尺寸精度；控制渗碳时渗碳层的含碳量，且可使脱碳的工件重新复碳。

4.8 热处理技术条件与工序位置

4.8.1 热处理技术条件

根据零件性能要求，在零件图样上应标出热处理技术条件，其内容包括：最终热处理方法（如调质、淬火、回火、渗碳等）以及应达到的力学性能判据等，作为热处理生产及检验时的依据。

力学性能判据一般只标出硬度值。例如，调质 220 ~ 250 HBS，淬火回火 40 ~ 45 HRC。对于力学性能要求较高的重要件，如主轴、齿轮、曲轴、连杆等，还应标出强度、塑性和韧性判据，有时还要对金相组织提出要求，对于渗碳或渗氮件应标出渗碳或渗氮部位、渗层深度，渗碳淬火回火或渗氮后的硬度等。表面淬火零件应标明淬硬层深度、硬度及部位等。

在图样上标注热处理技术条件时，可用文字和数字简要说明，也可用标准的热处理工艺代号。

4.8.2 热处理工序位置安排

合理安排热处理工序位置，对保证零件质量和改善切削加工性能有重要意义。热处理按目的和工序位置不同，分为预先热处理和最终热处理，其工序位置安排如下：

1. 预先热处理工序位置

预先热处理包括：退火、正火、调质等。一般均安排在毛坯生产之后，切削加工之前，或粗加工之后，半精加工之前。

（1）退火、正火工序位置

主要作用是消除毛坯件的某些缺陷（如残留应力、粗大晶粒、组织不均等），改善切削加工性能，或为最终热处理作好组织准备。

退火、正火件的加工路线为：

毛坯生产→退火（或正火）→机械粗加工

（2）调质工序位置

调质主要目的是提高零件综合力学性能，或为以后表面淬火作好组织准备。

调质工序位置一般安排在粗加工后，半精或精加工前。若在粗加工前调质，则零件表面调质层的优良组织有可能在粗加工中大部分被切除掉，失去调质的作用。

调质工件的加工路线一般为：

下料→毛坯生产（锻造）→正火（或退火）→机械粗加工（留余量）→调质→半精加工（或精加工）

生产中，灰铸铁件、铸钢件和某些无特殊要求的锻钢件，经退火、正火或调质后，已能满足使用性能要求，不再进行最终热处理，此时上述热处理就是最终热处理。

2. 最终热处理工序位置

最终热处理包括：淬火、回火、渗碳、渗氮等。零件经最终热处理后硬度较高，除磨削外不宜再进行其他切削加工，因此工序位置一般安排在半精加工后，磨削加工前。

（1）淬火工序位置

淬火分为整体淬火和表面淬火两种。

① 整体淬火工序位置、整体淬火件加工路线一般为：

下料→锻造→退火（或正火）→粗加工、半精加工（留磨量）→淬火、回火（低、中温）→磨削

② 表面淬火工序位置、表面淬火件加工路线一般为：

下料→锻造→退火（或正火）→粗加工→调质→半精加工（留磨量）→表面淬火、低温回火→磨削

为降低表面淬火件的淬火应力，保持高硬度和耐磨性，淬火后应进行低温回火。

（2）渗碳工序位置

渗碳分为整体渗碳和局部渗碳两种。对局部渗碳件，在不需渗碳部位采取增大原加工余量（增大的量称为防渗余量）或镀铜的方法。待渗碳后淬火前切去该部位的防渗余量。

渗碳件（整体与局部渗碳）的加工路线一般为：下料→锻造→正火→粗、半精加工（留防渗余量或镀铜）→渗碳→淬火、低温回火→磨削

（3）渗氮工序位置

渗氮温度低，变形小，渗氮层硬而薄，因此工序位置应尽量靠后，通常渗氮后不再磨削，对个别质量要求高的零件，应进行精磨或研磨或抛光。为保证渗氮件心部有良好的综合力学性能，在粗加工和半精加工之间进行调质。为防止因切削加工产生的残留应力，使渗氮件变形，渗氮前应进行去应力退火。

4.8.3 热处理工艺应用举例

本章主要介绍了热处理强化方法，概括起来可分为两大类：一是经淬火并低

温回火形成高碳、中低碳的回火马氏体。其中主要有：

① 高碳钢进行淬火，如多数刀具、冷作模具。

② 中碳钢的表面加热淬火并低温回火，适合于轴类及部分齿轮零件。

③ 低碳钢（包括低碳合金钢）的渗碳或碳氮共渗再淬火并低温回火。

下面举几个例子说明热处理的应用：

（1）蜗杆（图4－21）

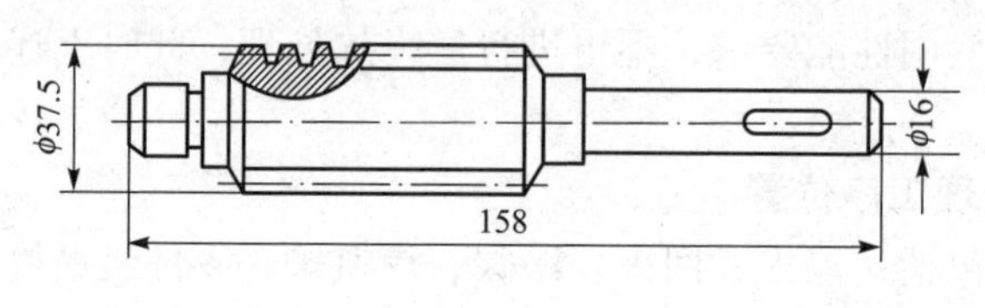

图4－21 蜗杆

蜗杆主要用于传递运动和动力，要求齿部有较高的强度、耐磨性和精度保证，其余各部分要求有足够的强度和韧性。

材料：45钢

热处理技术条件：齿部50～55 HRC，其余各部分220～250 HBS

加工制作工艺如下：下料→锻造成毛坯→退火→粗车机加工→调质→半精加工→高频感应加热淬火→低温回火→研磨→入库

蜗杆制作过程中有两道中间热处理工序，锻造之后毛坯件退火采用的完全退火，目的是消除锻造应力，均匀成分，消除带状组织，细化晶粒，调整硬度以便切削。半精加工之前的调质热处理只能安排在粗加工之后，绝不能安排在粗加工之前，否则达不到调质目的。这里的调质有两个重要目的：一是赋予蜗杆较好的综合机械性能，这个目的在后面的高频感应加热淬火是达不到的，二是调整好表层组织，为随后的表面淬火作好组织准备。高频感应加热淬火并低温回火，属于最终热处理，使蜗杆齿部具有高的硬度和抗磨损能力。

（2）锥度塞规（图4－22）

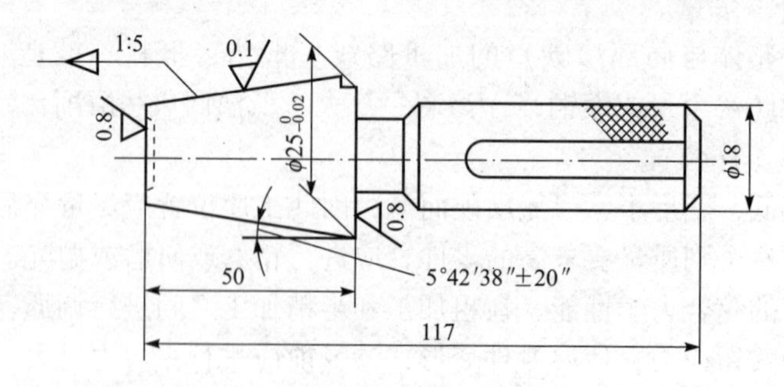

图4－22 锥度塞规

锥度塞规是用于检测锥孔尺寸的量具，要求锥部有较高的耐磨性、尺寸稳定性和良好的切削加工性。

材料：T12 钢

热处理技术条件：锥部 60～65 HRC

加工路线：下料→锻造→正火→球化退火→粗加工、半精加工→锥部淬火、回火→稳定化处理→精磨

塞规制作过程中，锻造之后毛坯件先正火再球化退火目的是消除网状渗碳体组织，降低硬度以便切削加工。锥部淬火并低温回火，属于最终热处理，使锥部具有高的硬度和抗磨损能力。稳定化处理是指稳定尺寸，消除残余应力，为使工件在长期工作的条件下形状和尺寸保持在规定范围内而进行的一种热处理工艺。

（3）解放牌汽车变速箱齿轮，模数 $m=4$（图 4－23）

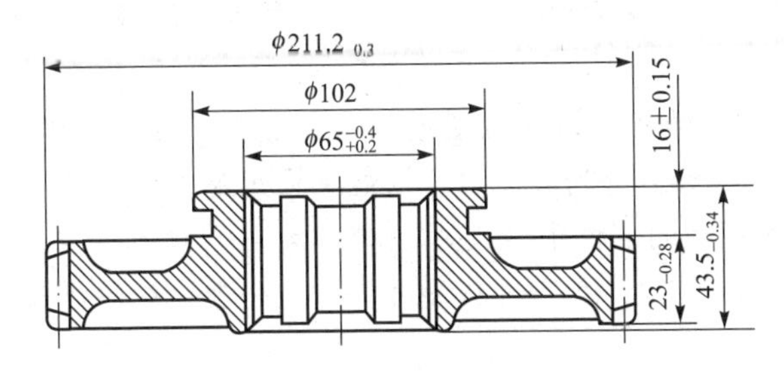

图 4－23 解放牌汽车变速箱齿轮

材料：20 CrMoTi 钢

热处理技术条件：要求齿面耐磨（58～62 HRC），心部的强度和韧性要求不高（30～45 HRC）加工路线：下料→锻造→正火→粗车并铣齿成型→精铣齿轮→渗碳淬火、低温回火→研磨→入库。

正火是中间热处理，目的是降低锻造应力、调整硬度，防止“粘刀”。渗碳淬火并低温回火是最终热处理，目的是增强齿轮的抗磨损性能。

思考题与作业题

1. 钢在热处理加热时为什么希望获得较细小均匀的奥氏体组织？如何保证获得以上组织？

2. 正火和退火的主要区别是什么？生产中应从哪几方面综合考虑正火和退火的选择？

3. 确定下列钢件的预备热处理工艺，并说明其目的。

（1）经冷轧后的 15 钢板；（2）ZG270－500 的铸钢齿轮；（3）锻造过热的 60 钢坯；（4）具有片状珠光体的 T12 钢坯。

4. 指出下列零件正火的主要目的和正火后的组织。

(1) 20 钢齿轮，(2) 45 钢小轴，(3) T12 钢锉刀。

5. 一批45 钢试件（尺寸 ϕ15 mm×10），因晶粒大小不均匀，需采用下列退火处理。

(1) 缓慢加热到700 ℃，保温足够时间，随炉冷至室温；(2) 缓慢加热到820 ℃，保温足够时间，随炉冷至室温；(3) 缓慢加热到1 100 ℃，保温足够时间，随炉冷至室温。试问若想得到大小均匀的细小晶粒，哪种工艺较合适？为什么？

6. 将45 钢和 T12 钢分别加热到 700 ℃、770 ℃、840 ℃淬火，试问这些淬火温度是否正确？为什么 45 钢在 770 ℃淬火后的硬度远低于 T12 钢在 770 ℃淬火？

7. 为什么淬火钢回火后的性能主要取决于回火温度，而不是取决于冷却速度？

8. 为什么淬火后的钢一般都要进行回火？按回火温度不同，回火分为哪几种？指出各种温度回火后得到的组织、性能及应用范围。

9. 在一批45 钢制的螺栓中（要求头部热处理后硬度为43～48 HRC）混入少量20 钢和 T12 钢，若按45 钢进行淬火、回火处理，试问能否达到要求？分别说明为什么？

10. 现有低碳钢和中碳钢齿轮各一个，为使齿面有高硬度和耐磨性，试问各应进行何种热处理？并比较它们经热处理后在组织和性能上有何不同？

11. 试分析以下几种说法是否正确？为什么？

(1) 过冷奥氏体的冷却速度越快，钢冷却后的硬度越高；

(2) 钢经淬火后处于硬脆状态；

(3) 钢中合金元素含量越多，则淬火后硬度越高；

(4) 共析钢经奥氏体化后，冷却所形成的组织主要取决于钢的加热温度；

(5) 同一种钢材在相同加热条件下，水淬比油淬的淬透性好，小件比大件的淬透性好；

12. 用 T10 钢制造刀具，要求淬硬到 60～64 HRC。生产时误将 45 钢当成 T10 钢，按 T10 钢加热淬火，试问能否达到要求？为什么？

13. 甲、乙两厂同时生产一批45 钢零件，硬度要求为 220～250 HBS。甲厂采用调质，乙厂采用正火，均可达到硬度要求，试分析甲、乙两厂产品的组织和性能差异。

14. 指出下列工件的淬火及回火温度，并说明回火后得到的组织和大致硬度。

(1) 45 钢小轴（要求综合力学性能好）；

(2) 60 钢弹簧；

(3) T12 钢锉刀。

15. 什么是化学热处理，化学热处理包括那些基本过程？常用的化学热处理方法有哪几种？

16. 渗碳后的零件为什么必须淬火和回火？淬火、回火后材料表层与心部性能如何？

17. 常见的热处理缺陷有哪些？如何减小和防止？

18. 图4－24为C616车床主轴，选用45钢锻造毛坯，要求整体具有良好的综合性能，硬度为220～250 HBS，内锥孔和外锥体硬度为45～50 HRC，花键部分硬度为48～50 HRC。

生产过程中，加工工艺为：下料→锻造→热处理→机械粗加工→热处理→机械半精加工→内锥孔和外锥体的局部热处理→粗磨（外圆、锥孔、外锥体）→铣花键→花键热处理→精磨（外圆、锥孔、外锥体）→入库。试写出上述各热处理工序的方法，并讨论其作用。

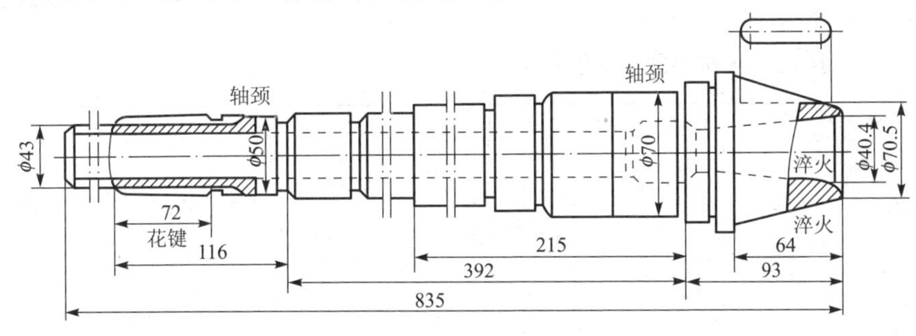

图4－24　C616车床主轴

19. 用T8钢制造丝锥，要求硬度60 HRC以上，其加工路线为：

锻造→热处理→切削加工→热处理→磨削

试回答下列问题：

（1）各热处理工序的名称及其作用；

（2）制定最终热处理工艺规范（温度、冷却介质）；

*（3）各热处理后的显微组织。

20. 在重载荷工作的镗床镗杆，精度要求很高，并在滑动轴承中运转，镗杆表面应有高硬度（70 HRC以上），心部应有较好的综合力学性能，选用38CrMoAl钢。试为其选择热处理方法，并写出简明的加工路线。

21. 简述几种热处理新技术有何优点？

[实验二]　碳素钢的热处理试验

一、实验目的

1. 初步培养设计实验的概念。

2. 掌握热处理加热温度的选定原则。
3. 了解热处理冷却速度对钢组织和性能的影响。
4. 了解回火温度对淬火钢组织和性能的影响。

二、实验原理简介（略）

三、实验设备和仪器

箱式电阻炉、硬度试验机、45 钢试样、T10 钢试样、直尺、水桶等。

四、实验注意事项

1. 试样在装炉加热之前要先测试硬度，并且装炉速度要快。
2. 试样出炉冷却操作要快，并搅动试样，促使其均匀冷却。
3. 处理后的试样先用布擦干净后再用砂纸打去氧化皮，然后测试硬度。
4. 由于回火温度较低，保温时间相应的要长一些。
5. 实验结果中的各项硬度值，必须有 3 个测试点数据的平均。

五、实验结果

（一）退火、正火和淬火的实验结果

试样材料	工艺类别	热处理工艺			硬度/HRC	
		加热温度	保温时间/s	冷却方式	热处理前	热处理后
45 钢	退火					
45 钢	正火					
45 钢	淬火					
T10 钢	淬火					

（二）淬火钢回火工艺及回火后硬度

试样材料	淬火后硬度	回火工艺类型	回火工艺			回火处理后硬度/HRC
			加热温度	保温时间/s	冷却方式	
45 钢						
45 钢						
45 钢						
T10 钢						
T10 钢						
T10 钢						

（三）热处理结果分析

五、实验收获、问题和建议

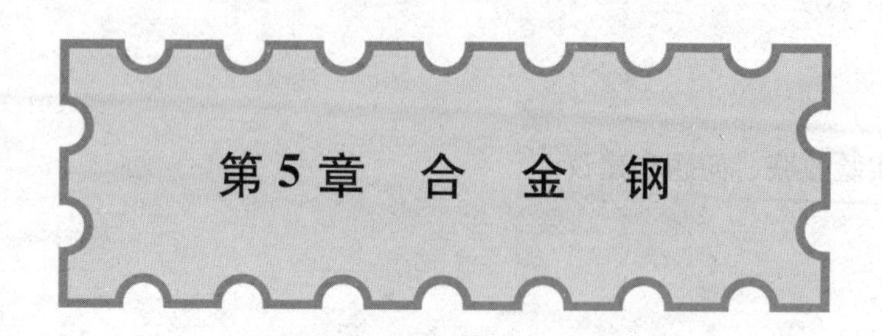

第5章 合 金 钢

合金钢与碳钢同属于黑色合金。碳钢虽然具有良好的工艺性能，价格低廉，应用广泛，但淬透性低，强度较低，难以满足工业生产对钢的更高要求。

于是人们往碳钢中有目的地加入某些元素，使得到的合金具有所需的性能。这种在碳钢中加入一种或几种合金元素所得到的钢种，称为合金钢。

与碳钢相比，合金钢的淬透性好、强度高，有的还具有某些特殊的物理和化学性能。尽管它的价格高一些，某些加工工艺性能差一些，但因其具备特有的优良性能，如耐高温、耐腐蚀，高耐磨性等，在某些用途中，合金钢是唯一能满足工程需要的材料。因此，合理使用合金钢，既能保证使用性能的要求，又能产生良好的经济效益。

向钢中加入的合金元素可以是金属元素，也可以是非金属元素。常用的有：锰、硅、铬、镍、钨、钼、钒、钴，钛、铌、铝、铜、硼、氮和稀土元素等，其中大多数元素（除铬之外）在我国资源丰富，这为我国使用和发展合金钢创造了十分有利的条件。

5.1 合金钢的分类和牌号

合金钢的品种很多，为了便于生产、管理和选用。必须对其进行科学的分类、命名和编号。钢编号的原则主要有两条：

① 根据编号可以大致看出该钢的成分。

② 根据编号可大致看出该钢的用途。

我国的钢材编号是采用国际化学元素符号和汉语拼音字母并用的原则。即钢号中的化学元素采用国际化学元素符号表示，如 Si、Mn、Cr、W 等。其中只有稀土元素，由于其含量不多，但种类不少，不易一一分析出来，因此用“Re”表示其总含量 。而产品名称、用途和浇铸方法等则采用汉语拼音字母表示。

5.1.1 合金钢的分类

1. 按合金元素含量分类

低合金钢：合金元素总含量 <5%。

中合金钢：合金元素总含量：5% ~10%。

高合金钢：合金元素总含量 >10%。

2. 按主要用途分类

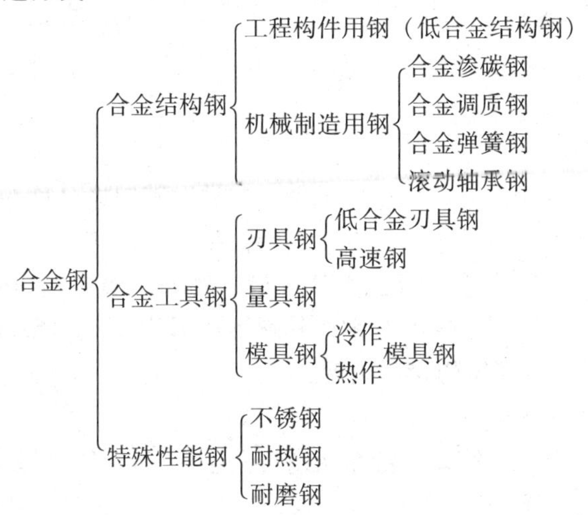

在给合金钢命名时，往往把成分、质量和用途等几种分类方法结合起来，如高级优质合金结构钢、合金工具钢、高速工具钢等。

5.1.2 合金钢的牌号表示方法

按照国家标准的规定，合金钢的牌号采用“数字 + 合金元素符号 + 数字”的方法来表示。

1. 合金结构钢

前两位数字表示钢的平均含碳量，以万分数计。合金元素符号后的数字为该元素平均含量的百分数，若合金元素含量小于 1.5% 时，编号中只注明元素符号，一般不标明含量；当含量为 1.5% ~2.5%、2.5% ~3.5%…时，则相应地用 2，3，…来表示。例如 60Si2Mn，表示平均含碳量小于 0.6%、含硅量为 2%、含锰量 >1.5% 的合金结构钢。

高级优质合金结构钢钢号末尾加“A”，如 38CrMoAlA 表示平均含碳量为 0.38%，含铬量、含钼量、含铝量均为 <1.5% 的高级优质合金结构钢。

2. 合金工具钢

以“一位数字（或没有数字） + 元素 + 数字 + …”表示。其编号方法与合金结构钢大体相同，区别在于含碳量的表示方法，当碳含量 ≥1.0% 时，则不予标出。如平均含碳量小于1.0%时，则在钢号前以千分之几表示它的平均含碳量，如9CrSi钢，平均含碳量为0.9%，主要合金元素为铬 、硅，含量都小于1.5%。Cr12表示平均含碳量为≥1%，铬含量为12%左右的合金工具钢。

3. 特殊性能钢

牌号表示法与合金工具钢相同，只是在不锈钢中，当平均含碳量<0.1%时，前面加“0”表示；平均含碳量≤0.03%时前面加“00”表示。例如0Cr13，表示含碳量小于0.1%，含铬量为13%的不锈钢。

4. 高级优质合金钢

高级优质合金结构钢在其牌号尾部加符号“A”表示。合金工具钢均属高级优质钢，故不标“A”。

5. 专门用途钢

这类钢是指某些用于专门用途的钢种。它是以其用途名称的汉语拼音第一个字母表示该钢的类型，以数字表明其含碳量；化学元素符号表明钢中含有的合金元素，其后的数字标明合金元素的大致含量。例如，铆螺用30CrMnSi钢，其牌号表示为ML30CrMnSi。锅炉用20钢，其牌号表示为20g。16MnR表示含碳量为0.16%，含锰量小于1.5%的容器用钢。

*5.2 合金元素在钢中的作用

合金元素在钢中的作用，不外是与钢中的铁和碳两个基本组元发生作用以及合金元素间的相互作用。合金元素的存在将影响钢的组织和相变过程，从而影响钢的性能。

5.2.1 形成合金固溶体，产生固溶强化

大多数合金元素都能不同程度地溶于铁素体（或奥氏体）中，形成合金铁素体（奥氏体）。由于合金元素与铁的晶格类型和原子半径的差异，合金元素的溶入将引起不同程度的晶格畸变，产生不同程度的固溶强化，使强度、硬度提高，而塑性和韧性下降。只有Ni比较特殊，在一定范围内（不超过5%）能显著强化铁素体的同时又能提高韧性。

5.2.2 形成合金碳化物，产生弥散强化

在钢中形成碳化物的元素有Fe、Mn、Cr、Mo、W、V、Nb、Zr、Ti等（按与碳的亲和力由弱到强依次排列）。这些元素不但与碳形成碳化物，也可以溶解于铁素体（或奥氏体）中。这些元素在两相中的分配比例，和它们对碳的亲和力强弱有关，亲和力越强，则越多地形成碳化物，且形成的碳化物也越稳定。

合金碳化物有合金渗碳体和特殊碳化物两种类型。弱碳化物形成元素（如 Mn）或较弱碳化物形成元素（如 Cr、W 等）在钢中含量不多时，一般倾向于溶入渗碳体而形成合金渗碳体，如 $(Fe、Mn)_3C$、$(Fe、Cr)_3C$ 等。合金渗碳体的硬度和稳定性都略高于渗碳体。

强碳化物形成元素（如 V、Nb、Ti 等）或较强碳化物形成元素在钢中含量足够高时，就形成与渗碳体晶格完全不同的特殊碳化物，如 VC、TiC 等。这些碳化物具有更高的熔点、硬度和耐磨性，并且更为稳定，在淬火加热时要加热到较高温度才能分解并溶于奥氏体；保温时间较碳素钢更长才能使奥氏体充分均匀化；回火加热到较高温度才能从马氏体中析出。当碳化物在钢中呈弥散分布时，能显著提高钢的强度、硬度和耐磨性，而不降低韧性。这就是工具钢中常加入碳化物形成元素的原因。

合金元素与碳的相互作用具有重要的实际意义。一方面它关系到所形成的碳化物的种类、性能和在钢中的分布，另一方面对碳的扩散速度也有较大的影响。而所有这些都直接影响到钢的性能，使钢得以强化并赋予某些特殊性能。当合金碳化物以弥散质点在钢中分布时，将显著提高钢的强度、硬度和耐磨性，而不降低韧性，这就是弥散强化。

5.2.3 阻碍奥氏体的晶粒长大，产生细晶强化

除镍和钴外，大多数合金元素，特别是稳定性高的碳化物以及 Al_2O_3 等细小质点以弥散分布在奥氏体晶界上时，能强烈地阻碍奥氏体晶粒的长大，因此，合金钢（除锰钢外）淬火加热时不易过热，有利于获得细马氏体，产生细晶强化。另一方面，由于不易过热，有利于提高淬火加热温度，使更多的合金元素溶入奥氏体中，从而达到改善钢的淬透性和其他机械性能的目的，更好地发挥合金元素的有益作用。

5.2.4 提高钢的淬透性，保证马氏体强化

大多数合金元素（除 Co 和 Al 外）溶入奥氏体时都能增加过冷奥氏体的稳定性，从而使 C 曲线位置右移，降低了钢的临界冷却速度，提高了钢的淬透性。因此，与碳钢相比，合金钢淬火能使较大截面的工件获得均匀一致的组织，从而获得较高的机械性能；对复杂的合金钢工件，可用冷却能力较强的淬火剂（如熔盐等）淬火，从而减少工件淬火时的变形和开裂。

提高淬透性作用最大的元素是 Mo、Mn、Cr，其次是 Ni。微量的 B（$<0.005\%$）能显著提高钢的淬透性。

5.2.5 提高钢的回火稳定性

淬火钢在回火时抵抗硬度下降的能力称为钢的回火稳定性。由于合金元素溶

入了马氏体中，阻碍了原子的扩散。使马氏体在回火过程中不易分解，碳化物不易析出。因此，合金钢回火时硬度下降较慢，其回火稳定性较高。合金钢若与碳钢在相同温度下回火，则合金钢的强度和硬度将比碳钢高。

提高回火稳定性较强的合金元素有钒、硅、钼、钨等。

5.2.6 产生二次硬化

某些合金钢在回火时在某温度范围出现硬度不降反而回升的现象，称为二次硬化。产生二次硬化的原因是：含钒，钼、钨等强碳化物形成元素的合金钢在高温回火时，析出了与马氏体保持共格关系并高度弥散分布的特殊碳化物（W_2C、Mo_2C、VC、TiC 等）。

高的回火稳定性和二次硬化使合金钢具有很好的高温强度和红硬性。红硬性是指合金在高强下保持高硬度（≥60 HRC）的能力，这种性能对于高速切削刀具及热变形模具等具有重要意义。

5.2.7 对钢的加工工艺性能、工艺参数产生影响

金属的铸造性能是指金属铸造时的流动性、收缩性、偏析倾向等方面的综合工艺性能，由于合金元素对相变过程产生影响，一般使铸造性变差。

金属的锻造性主要取决于金属在锻造时的塑性及变形抗力，大多数合金钢，特别是含大量碳化物形成元素的合金钢，锻造性明显下降。

金属的焊接性能中主要有焊接区的硬度和焊后开裂的敏感性。硫、磷、碳等元素使焊接性恶化，而钛、锆、铌、钒可使其改善。但总的来说，合金钢的焊接性能不如碳钢。

合金钢的强韧性一般较高，故大多数合金钢的切削性能比碳钢差。但适量的硫、磷、铝等元素能促使断屑和产生润滑作用，改善切削加工性，即所谓“易切削钢”。

合金元素对热处理工艺的影响是多方面的：由于合金元素使 $Fe-Fe_3C$ 相图发生变化，改变了临界点温度，增加了组织稳定性，导致了合金钢热处理时的加热温度较碳钢高，保温时间较碳钢长（锰除外），从而能保证更多合金元素溶入奥氏体中，并仍保持其组织细化；合金元素能提高淬透性（钴除外），提高回火稳定性以及产生二次硬化，但部分合金元素也导致回火脆性产生的不利影响。

5.2.8 对钢的特殊性能产生影响

由于所加合金元素的种类及含量的不同，将对钢的某些特殊性能产生不同程度的影响。比如：提高耐蚀性，提高抗氧化性，提高高温强度，影响电磁性等，在此不一一详述。

由上可知，合金元素最重要的作用是提高了钢的淬透性，保证了钢的马氏体强化。合金元素的强化作用必须通过淬火与回火的热处理才能得到充分发挥，也就是说，合金钢优良的力学性能主要表现在热处理之后。

5.3 合金结构钢

合金结构钢按用途可分为两类：一类是用于桥梁、建筑、船舶、车辆、高压容器等工程结构的工程用钢；另一类是主要用来制造各种机械零件的机械制造用钢。前者是在碳素结构钢的基础上加入少量合金元素和减少硫、磷含量制造而成；后者是在优质或高级优质碳素结构钢的基础上加入一些合金元素制造而成，

5.3.1 工程结构用合金钢

工程结构用合金钢为低合金结构钢。

工程结构的一般特点是尺寸大，需冷弯及焊接成形。有些工程结构形状复杂，所用钢材又大多在热轧或正火状态下使用，且长期于低温或暴露于一定环境介质中，因此，要求钢材具有：① 较高的强度；② 较好的塑性和韧性；③ 良好的焊接性；④ 较低的缺口敏感性。

1. 低合金高强度结构钢（普低钢）

低合金高强度结构钢是在低碳钢的基础上加入少量的 Mn、Si 等元素（一般其总含量小于 5%）。由于合金元素的强化作用，这类钢比相同含碳量的碳素结构钢的强度（特别屈服强度）高得多，所以 1t 低合金高强度钢可顶1.2~2.0 t 普通碳素结构钢使用，从而可减轻构件重量，提高使用的可靠性并节约钢材。同时由于含碳量低，还具有良好的塑性、韧性、可焊性和冷加工变形性，在大气和海水中具有一定的耐腐蚀性能，且由于合金元素含量少，价格低廉。

低合金高强度结构钢大多数在热轧空冷状态下使用，加工成构件后不再进行热处理。

这类钢主要用来制造各种要求强度较高的工程结构，例如桥梁、船舶、车辆、高压容器、起重运输和农机等领域。如用 Q345 代替 Q235，一般可节约钢材 20%~30% 以上。用低合金结构钢代替碳素结构钢将是我国钢铁生产的方向之一。

目前，我国生产的低合金高强度结构钢品种较多。1994 年，我国对低合金结构钢标准进行了一次修订，并对其牌号、质量等级作了新的规定。常用牌号、力学性能和用途以及新、旧标准对比等，见表 5-1、表 5-2。

表 5-1 低合金高强度结构钢的成分和性能

牌号	质量等级	厚度（直径）/ mm				σ_b/MPa	δ_5/%	冲击吸收功 A_{KV}（纵向）/J				180°弯曲试验 d = 弯心直径，a = 试样厚度，钢材厚度（直径）/mm	
		<16	>16 ~ 35	>35 ~ 50	>50 ~ 100			+20℃	0℃	-20℃	-40℃		
		σ_s ≥/MPa						≥				<16	<16 ~ 100
Q295	A	295	275	255	235	390 ~ 570	23		—	—	—	$d=2a$	$d=3a$
	B	295	275	255	235	390 ~ 570	23	34				$d=2a$	$d=3a$
Q345	A	345	325	295	275	470 ~ 630	21					$d=2a$	$d=3a$
	B	345	325	295	275	470 ~ 630	21	34				$d=2a$	$d=3a$
	C	345	325	295	275	470 ~ 630	22		34			$d=2a$	$d=3a$
	D	345	325	295	275	470 ~ 630	22			34		$d=2a$	$d=3a$
	E	345	325	295	275	470 ~ 630	22				27	$d=2a$	$d=3a$
Q390	A	390	370	350	330	490 ~ 650	19					$d=2a$	$d=3a$
	B	390	370	350	330	490 ~ 650	19	34				$d=2a$	$d=3a$
	C	390	370	350	330	490 ~ 650	20		34			$d=2a$	$d=3a$
	D	390	370	350	330	490 ~ 650	20			34		$d=2a$	$d=3a$
	E	390	370	350	330	490 ~ 650	20				27	$d=2a$	$d=3a$
Q420	A	420	400	380	360	520 ~ 680	18					$d=2a$	$d=3a$
	B	420	400	380	360	520 ~ 680	18	34				$d=2a$	$d=3a$
	C	420	400	380	360	520 ~ 680	19		34			$d=2a$	$d=3a$
	D	420	400	380	360	520 ~ 680	19			34		$d=2a$	$d=3a$
	E	420	400	380	360	520 ~ 680	19				27	$d=2a$	$d=3a$
Q460	C	460	440	420	400	550 ~ 720	17		34			$d=2a$	$d=3a$
	D	460	440	420	400	550 ~ 720	17	—		34		$d=2a$	$d=3a$
	E	460	440	420	400	550 ~ 720	17				27	$d=2a$	$d=3a$

表 5-2 新旧低合金高强度钢标准牌号对照和用途举例

新标准	旧 标 准	用 途 举 例
Q295	09MnV，9MnNb，09Mn2，12Mn	车辆的冲压件、冷弯型钢、螺旋焊管、拖拉机轮圈、低压锅炉气包，中低压化工容器、输油管道、储油罐、油船等
Q345	12MnV，14MnNb，16Mn，18Nb，16MnRE	船舶、铁路车辆、桥梁、管道、锅炉、压力容器、石油储罐、起重及矿山机械、电站设备厂房钢架等
Q390	15MnTi，16MnNb，10MnPNbRE，15MnV	中高压锅炉汽包、中高压石油化工容器、大型船舶、桥梁、车辆、起重机及其他较高载荷的焊接结构件等
Q420	15MnVN，14MnVTiRE	大型船舶、桥梁、电站设备、起重机械、机车车辆、中压或高压锅炉及容器及其大型焊接结构件等
Q460	—	可淬火加回火后用于大型挖掘机、起重运输机械、钻井平台等

2. 易切削结构钢

在钢中加入某一种或几种合金元素，使其切削加工性能优良，这种钢称为易切削钢。该类钢主要用于自动切削机床的切削加工件。

易切削性的高低代表材料被切削的难易程度。由于材料的切削过程比较复杂，难以用单一参数来评定，一般按刀具寿命、切削抗力大小、加工表面粗糙度和切屑排除难易程度来衡量，且以上各项参数的重要程度因切削加工的类别不同而有所不同。如对粗车而言，刀具寿命是主要的，但对精车来说，表面粗糙度最为关键。如果是自动车床，从工作效率及安全生产来考虑，则切削形态就十分重要。

（1）易切削钢的化学成分

一般加入易切削钢的合金元素有硫、铅、磷及微量的钙等。

（2）常用易切削钢

常用易削钢的牌号、成分、力学性能及用途，如表 5-3 所示。易削钢的牌号前冠以“Y”或“易”字样，含 Mn 较高者，在钢号后标出“Mn”或锰。

表5-3 常用易削钢的牌号、成分、力学性能及用途（GB 8731—1988）

牌号	化学成分 w/%						力学性能（热轧）				用途举例
	C	Si	Mn	S	P	其他	σ_b/MPa	δ_5/%	φ/%	HBS	
								不小于		不大于	
Y12	0.08~0.16	0.15~0.35	0.70~1.00	0.10~0.20	0.08~0.15	—	390~540	22	36	170	双头螺柱，螺钉、螺母等一般标准紧固件
Y12Pb	0.08~0.16	≤0.15	0.70~1.10	0.15~0.25	0.05~0.10	Pb 0.15~0.35	390~540	22	36	170	同Y12钢，但切削加工性提高
Y15	0.10~0.18	≤0.15	0.80~1.20	0.23~0.33	0.05~0.10	—	390~540	22	36	170	同Y12钢，但切削加工性显著提高
Y30	0.27~0.35	0.15~0.35	0.70~1.00	0.08~0.15	≤0.06	—	510~655	15	25	187	强度较高的小件，结构复杂，不易加工的零件，如纺织机、计算机上的零件
Y40Mn	0.37~0.45	0.15~0.35	1.20~1.55	0.20~0.30	≤0.05	—	590~735	14	20	207	要求强度、硬度较高的零件，如机床丝杠和自行车、缝纫机上的零件
Y45Ca	0.42~0.50	0.20~0.40	0.60~0.90	0.04~0.08	≤0.04	Ca 0.002~0.006	600~745	12	26	241	同Y40Mn钢，齿轮、轴

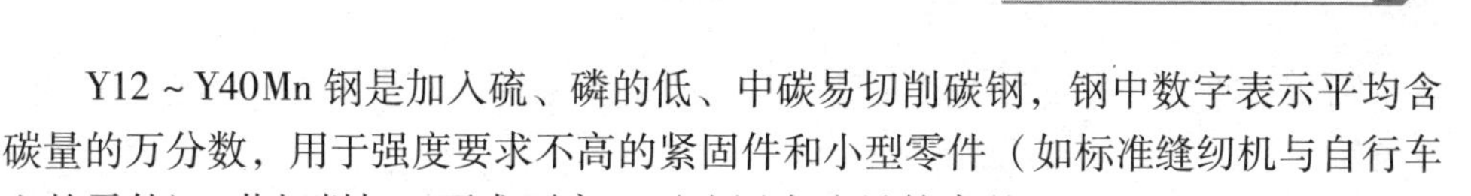

Y12～Y40Mn 钢是加入硫、磷的低、中碳易切削碳钢，钢中数字表示平均含碳量的万分数，用于强度要求不高的紧固件和小型零件（如标准缝纫机与自行车上的零件）。若切削加工要求更高，可选用含硫量较高的 Y15。Y40Mn 可用于制造车床丝杠。

通常，易切削钢可进行渗碳、淬火或调质、表面淬火等热处理来提高其使用性能，所有易切削钢的锻造性能和焊接性能都不好，选用时应注意。

易切削钢的成本高于碳钢，主要用于制造力学性能要求不高的小型零件，并且只有大批量生产时才能获得较好的经济效益。

5.3.2 机械结构用合金钢

机械结构用合金钢主要用于制造各种机械零件，如轴类零件、齿轮、弹簧和轴承等所用的钢种，也称为机器制造用钢。按其用途可分为渗碳钢、调质钢、弹簧钢、滚动轴承钢等。

1. 合金渗碳钢

（1）用途

合金渗碳钢通常是指经渗碳淬火、低温回火后使用的合金钢。合金渗碳钢主要用于制受强烈冲击载荷和摩擦磨损的机械零件。如汽车、拖拉机中的变速齿轮，内燃机上的凸轮轴、活塞销等。

（2）性能特点

工作表面具有高硬度、高耐磨性，而零件心部具有良好的塑性和韧性。

（3）成分特点

① 低碳。碳的质量分数一般在 0.10%～0.25%之间，低含碳量保证了淬火后零件心部具有足够的塑性、韧性。

② 主要合金元素是 Cr，还可加入 Ni、Mn、B、W、Mo、V、Ti 等元素。其中，Cr、Ni、Mn、B 的主要作用是提高淬透性，使大尺寸零件的心部淬回火后有较高的强度和韧性；少量的 W、Mo、V、Ti 等能形成细小、难溶的碳化物，以阻止渗碳过程中高温、长时间保温条件下晶粒长大。在零件表层形成的合金碳化物还可提高渗碳层的耐磨性。

（4）热处理特点

渗碳钢的热处理一般是渗碳后直接淬火，而后低温回火。热处理使表层获得高碳回火马氏体，硬度一般为 58～64 HRC，满足耐磨的要求，而心部的组织是低碳马氏体，保持较高的韧性，满足承受冲击载荷的要求。

（5）常用钢种

表 5－4 列出了常用合金渗碳钢的牌号、热处理、力学性能和用途。按照渗碳钢的淬透性大小，可分为三类：

① 低淬透性渗碳钢。典型钢种为 20Cr，渗碳淬火后，心部强韧性较低，只

适于制造受冲击载荷较小、截面尺寸不大的耐磨零件，如活塞销、凸轮、滑块、小齿轮等。

② 中淬透性渗碳钢。这类钢淬透性较好，淬火后心部强度高。典型钢种为20CrMnTi，主要用于制造承受中等载荷、要求足够冲击韧性和耐磨性的汽车、拖拉机齿轮等零件。为了节约铬，常用20Mn2B或20MnVB钢代替20CrMnTi钢。

③ 高淬透性渗碳钢。这类钢含有较多的Cr、Ni等合金元素，淬透性极好。主要用于制造大截面、承受重载荷的重要耐磨件，如飞机、坦克中的曲轴、大模数齿轮等。常用牌号有20Cr2Ni4钢。

表5－4 常用渗碳钢的牌号、力学性能和用途（GB/T 3077—1999）

类别	钢号	热处理/℃				力学性能			毛坯尺寸/mm	用途举例
		渗碳	预备热处理	淬火	回火	σ_b/MPa	σ_s/MPa	δ/%		
低淬透性	15	930	890±10空	770～800水	200	≥500	≥300	15	<30	活塞销、套筒等
	20Mn2	930	850～870	770～800油	200	820	600	10	25	小齿轮，小轴，活塞销
	20Cr	930	880水、油	800水、油	200	850	550	10	15	齿轮、小轴、活塞销
	20MnV	930	—	880水、油	200	800	600	10	15	同上，也作锅炉、高压容器管道等
	20CrV	930	880	800水、油	200	850	600	12	15	齿轮、小轴、顶杆、活塞销、耐热垫圈
中淬透性	20CrMn	930	—	850油	200	950	750	10	15	齿轮、轴、蜗杆、摩擦轮
	20CrMnTi	930	830油	860油	200	1 100	850	10	15	汽车、拖拉机上的变速箱齿轮
	20MnTiB	930	—	860油	200	1 150	950	10	15	代20CrMnTi
	20SiMnVB	930	850～880油	780～800油	200	≥1 200	≥1 000	≥10	15	代20CrMnTi

续表

类别	钢号	热处理/℃				力学性能			毛坯尺寸/mm	用途举例
		渗碳	预备热处理	淬火	回火	σ_b/MPa	σ_s/MPa	δ/%		
高淬透性	18Cr2Ni4WA	930	950 空	850 空	200	1 200	850	10	15	大型渗碳齿轮和轴类零件
	20Cr2Ni4	930	880 油	780 油	200	1 200	1 100	10	15	同上
	15CrMn2SiMo	930	880 ~ 920 空	860 油	200	1 200	900	10	15	大型渗碳齿轮、飞机齿轮

2. 合金调质钢

(1) 用途

合金调质钢是指经调质处理，即淬火 + 高温回火后使用的钢。合金调质钢主要用于制造在重载荷下同时又受冲击载荷作用的一些重要结构零件，如汽车后桥半轴、连杆、高强度螺栓以及各种轴类零件。它是机械结构用钢的主体。

(2) 性能特点

要求零件具有高强度、高韧性相结合的良好综合力学性能。

(3) 成分特点

① 中碳。碳的质量分数一般在 0.25% ~0.5% 之间；含碳量在这一范围内可保证钢的综合性能，含碳量过低，则影响钢的强度指标，含碳量过高则韧性显得不足。

② 主要合金元素是 Cr、Ni、Mn、Si、Mo、B 等，主要作用是提高淬透性、加入 W、Mo、V、Ti 等元素可形成稳定的合金碳化物，阻止奥氏体晶粒长大，细化晶粒及防止回火脆性。

(4) 热处理特点

调质钢的最终热处理为淬火后高温回火（即调质处理），回火温度一般为 500 ℃ ~650 ℃。热处理后的组织为回火索氏体。要求表面有良好耐磨性的，则可在调质后进行表面淬火或氮化处理。

调质钢在退火或正火状态下使用时，其力学性能与相同含碳量的碳钢相差不大，只有通过调质，才能获得优于碳钢的性能，见表 5 -5。

表5-5 调质钢正火、调质之后的力学性能比较

热处理方法	牌号	热处理工艺	力学性能			
			σ_b / MPa	σ_s / MPa	δ/%	A_k/ J
正火	40	870 ℃空冷	580	340	19	48
	40Cr	860 ℃空冷	740	450	21	72
调质	40	870 ℃水淬 660 ℃回火	620	450	20	72
	40Cr	860 ℃油淬 550 ℃回火	960	800	13	68

（5）常用钢种

表5-6列出了常用合金调质钢的牌号、热处理、力学性能和用途。按淬透性的高低，调质钢大致可以分为三类：

表5-6 常用调质钢的牌号、热处理、力学性能和用途（GB/T 3077—1999）

类别	钢 号	热处理/℃		力学性能（不小于）				用途举例
		淬火	回火	σ_s /MPa	σ_b /MPa	δ /%	a_k /（J·cm^{-2}）	
低淬透性钢	45	840	600	355	600	16	50	主轴、曲轴、齿轮、柱塞等
	45Mn2	840 油	550 水油	750	900	10	60	直径60 mm以下时，与40Cr相当，制造万向节头轴、蜗杆、齿轮、连杆等
	40Cr	850 油	500 水油	800	1 000	9	60	重要调质件，如齿轮，轴，曲轴，连杆螺栓等
	35SiMn	900 水	590 水油	750	900	15	60	除要求低温（-20 ℃以下）韧性很高外，可全面代40Cr作调质件
	42SiMn	880 水	590 水	750	900	15	60	与35SiMn相同，并可作表面淬火件
	40MnB	850 油	500 水油	800	1 000	10	60	取代40Cr

续表

类别	钢号	热处理/℃		力学性能（不小于）				用途举例
		淬火	回火	σ_s /MPa	σ_b /MPa	δ /%	a_k /（J·cm^{-2}）	
中淬透性钢	40CrMn	840 油	520 水油	850	1 000	9	60	代 40CrNi、42CrMo 作高速高载荷而冲击不大的零件
	40CrNi	820 油	500 水油	800	1 000	10	70	汽车、拖拉机、机床、柴油机的轴、齿轮、连接机件螺栓、电动机轴
	42CrMo	850 油	580 水油	950	1 100	12	80	代含 Ni 较高的调质钢，也作重要大锻件用钢，机车牵引大齿轮
中淬透性钢	30CrMnSi	880 油	520 水油	900	1 100	10	50	高强度钢，高速载荷砂轮轴、齿轮、轴、联轴器、离合器等重要调质件
	35CrMo	850 油	550 水油	850	1 000	12	80	代替 40CrNi 制大截面齿轮与轴，汽轮发电机转子、480 ℃以下工件的紧固件
	38CrMoAlA	940 水油	640 水油	850	1 000	15	90	高级氮化钢，制造 > 900 HV 氮化件，如镗床镗杆、蜗杆、高压阀门
高淬透性钢	37CrNi3	820 油	500 水油	1 000	1 150	10	60	高强韧性的重要零件，如活塞销、凸轮轴、齿轮、重要螺栓、拉杆

续表

类别	钢 号	热处理/℃		力学性能（不小于）				用途举例
		淬火	回火	σ_s /MPa	σ_b /MPa	δ /%	a_k / (J·cm^{-2})	
高淬透性钢	40CrNiMoA	850 油	600 水油	850	1 000	12	100	受冲击载荷的高强度零件，如锻压机床的传动偏心轴，压力机曲轴等大截面重要零件
	25Cr2Ni4WA	850 油	500 水油	950	1 100	11	90	断面 200 mm 以下，完全淬透的重要零件，也与12Cr2Ni4 相同，可作高级渗碳件
	40CrMnMo	850 油	600 水油	800	1 000	10	80	代替 40CrNiMo

① 低淬透性调质钢。这类钢含合金元素较少，淬透性较差，但经调质处理后强度比碳钢高，工艺性能较好。广泛用于制造中等尺寸的重要零件，如轴、齿轮、连杆、螺栓等。典型钢种是 40Cr。35SiMn、40MnB 是为节约铬而发展的代用钢种。

② 中淬透性调质钢。这类钢含合金元素较多，淬透性较高，调质后强度高。用于制造截面较大、承受较重载荷的零件，如曲轴、连杆等。典型钢种为40CrMn 、40CrNi 钢等。

③ 高淬透性调质钢。这类钢合金元素含量比前两类调质钢多，淬透性高，调质后强度和韧性好。主要用于制作大截面、承受重载荷的重要零件，如汽轮机主轴、压力机曲轴、航空发动机曲轴等。常用牌号为 40CrNiMoA。

近年来，为了节约能源，简化工艺，发展了不进行调质处理，而是通过锻造时控制终锻温度及锻后的冷却速度来获得具有很高强韧性能的钢材，这种钢材称为非调质机械结构钢（GB/T 15712—1995），其成分特点是在中碳钢中添加微量的 V、Nb、Ti 等元素。非调质钢在一定程度上可以取代需要淬火、回火的调质钢。与传统调质钢相比，其生产工艺大为简化。

3. 合金弹簧钢

（1）用途

合金弹簧钢是专用结构钢，主要用于制造弹簧等弹性元件。

（2）性能特点

弹簧类零件在冲击、振动和周期性扭转、弯曲等交变应力下工作，它是利用弹性变形吸收能量以缓和振动和冲击，或依靠弹性储存能量来起驱动作用。因此，要求制造弹簧的材料应具有高的弹性极限，高的疲劳极限与足够的塑性和韧性。

（3）成分特点

① 中、高碳。碳的质量分数一般在0.5%～0.7%之间。含碳量过高，塑性和韧性降低，疲劳极限也下降。

② 主要合金元素有Si、Mn、Cr等，加入硅、锰主要是提高淬透性，同时也提高屈强比，其中硅的作用更为突出。加入铬、钒、钨等，它们不仅使钢材有更高的淬透性，不易脱碳和过热，而且有更高的高温强度和韧性。

（4）热处理特点

根据弹簧钢的生产方式，可分为热成型弹簧和冷成型弹簧两类，所以其热处理也分为两类。

对于热成形弹簧，一般是淬火后中温回火，获得回火托氏体组织。截面尺寸≥8 mm的大型弹簧常在热态下成形，即把钢加热到比淬火温度高50 ℃～80 ℃热卷成形，利用成形后的余热立即进行淬火与中温回火。处理后的弹簧具有很高的屈服强度和弹性极限，并有一定的塑性和韧性。

对于截面尺寸≤8 mm的弹簧常采用冷拉钢丝冷卷成形，冷卷后的弹簧不必进行淬火处理，只需要进行一次消除内应力和稳定尺寸的定型处理，即加热到250 ℃～300 ℃，保温一段时间，从炉内取出空冷即可使用。钢丝的直径越小，则强化效果越好，强度越高。

弹簧经热处理后，一般要进行喷丸处理，使弹簧表面强化并在表面产生残余压应力，以提高疲劳强度。

（5）常用钢种

应用最广泛的是60Si2Mn钢，其淬透性、弹性极限和疲劳强度均较高，且价格较低。主要用于截面尺寸较大的弹簧。50CrVA钢的力学性能与60Si2Mn钢相近，但淬透性更高，且铬和钒能提高弹性极限、强度和韧性。常用于制作承受重载荷及工作温度较高、截面尺寸大的弹簧。表5－7列出了常用弹簧钢的牌号、成分、热处理、力学性能和用途。

4. 滚动轴承钢

（1）用途

滚动轴承钢主要用于制造滚动轴承的内、外套圈以及滚动体，此外从化学成分看，滚动轴承钢属于工具钢范畴，所以这类钢也经常用于制造各种精密量具、冷冲模具、丝杠、冷轧辊等耐磨零件。

（2）性能特点

滚动轴承在工作时承受很大的交变载荷和极大的接触应力，受到严重的摩擦

表 5-7 常用合金弹簧钢牌号、成分、热处理、性能及用途（摘自 GB 1222—2007）

牌号	化学成分 w/%									热处理		力学性能					用途举例
	C	Si	Mn	Cr	Ni	Cu	P	S	其他	淬火温度/℃	回火温度/℃	σ_s/MPa	σ_b/MPa	δ_5/%	δ_{10}	ψ/%	
					不大于							不小于					
55Si2Mn	0.52~0.60	1.50~2.00	0.60~0.90	≤0.35	0.35	0.25	0.035	0.035	—	870 油	480	1 177	1 275	—	6	30	汽车、拖拉机、机车上的减振板簧和螺旋弹簧，气缸安全阀簧，电力机车用升弓钩弹簧，止回阀簧，还可用作 250 ℃以下使用的耐热弹簧
55Si2MnB	0.52~0.60	1.50~2.00	0.60~0.90	≤0.35	0.35	0.25	0.035	0.035	B 0.000 5~0.004	870 油	480	1 177	1 275	—	6	30	同 55Si2Mn 钢
60Si2Mn	0.56~0.64	1.50~2.00	0.60~0.90	≤0.35	0.35	0.25	0.035	0.035	—	870 油	480	1 177	1 275	—	5	25	同 55Si2Mn 钢
55Si2MnVB	0.52~0.60	0.70~1.00	1.00~1.30	≤0.35	0.35	0.25	0.035	0.035	V 0.08~0.16 B 0.000 5 0.003 5	860 油	460	1 226	1 373	—	5	30	代替 60Si2Mn 钢制作重型、中型、小型汽车的板簧和其他中型截面的板簧和螺旋弹簧
60Si2CrA	0.56~0.64	1.40~1.80	0.40~0.70	0.90~1.20	0.35	0.25	0.030	0.030	—	870 油	420	1 569	1 765	6	—	20	用作承受高应力及工作温度在 300 以下的弹簧，如调速器弹簧、汽轮机汽封弹簧、破碎机用弹簧等
55CrMnA	0.52~0.60	0.17~0.37	0.65~0.95	0.65~0.95	0.35	0.25	0.030	0.030	—	830~860 油	460~510	$\sigma_{0.2}$ 1 079	1 226	9	—	20	车辆、拖拉机工业上制作载何较重，应力较大的板簧和直径较大的螺旋弹簧
50CrVA	0.46~0.54	0.17~0.37	0.50~0.80	0.80~1.10	0.35	0.25	0.030	0.030	V 0.10~0.20	850 油	500	1 128	1 275	10	—	40	用作较大截面的高载荷重要弹簧及工作温度小于 350 ℃的阀门弹簧，活塞弹簧，安全阀弹簧等

磨损，并受到冲击载荷的作用、大气和润滑介质的腐蚀作用。这就要求轴承钢必须具有高而均匀的硬度和耐磨性、高的接触疲劳强度、足够的韧性和一定的对大气抗腐蚀能力。

（3）成分特点

滚动轴承钢是一种高碳低铬钢，含碳量一般在0.95% ~1.15%之间。主要合金元素是Cr（0.4% ~1.65%），其作用是提高淬透性以及形成合金渗碳体，提高硬度和耐磨性。加入Si、Mn、V等元素进一步提高淬透性，便于制造大型轴承。

（4）热处理特点

滚动轴承的最终热处理是淬火后低温回火，组织为极细的回火马氏体及微量的残余奥氏体，硬度为61 ~65 HRC。

生产精密轴承或量具时，由于低温回火不能彻底消除内应力和残余奥氏体，在长期保存及使用过程中，因应力释放、奥氏体转变等原因造成尺寸变化。所以淬火后立即进行一次冷处理（ -78 ℃干冰处理），然后再进行低温回火。并在磨削加工后，再进行尺寸稳定化处理（120 ℃ ~130 ℃，保温10 ~20 h），以进一步消除应力、稳定尺寸。

（5）常用钢种

我国目前以铬轴承钢应用最广。最有代表性的是GCr15。轴承钢的牌号以“滚”字汉语拼音中“G”、铬元素符号及其千分含量表示，碳的含量不必标出。表5 -8列出了常用滚动轴承钢的牌号、化学成分、热处理和用途。

表5 -8 滚动轴承钢的钢号、热处理工艺、力学性能及用途（GB/T 18254—2002）

钢 号	热处理/℃		回火后硬度/HRC	用 途 举 例
	淬 火	回 火		
GCr9	810 ~830 水油	150 ~170	62 ~64	直径小于20 mm的滚珠、滚柱及滚针
GCr9SiMn	810 ~830 水油	150 ~160	62 ~64	壁厚 < 12 mm 外径 >250 mm的套圈、直径 >50 mm的钢球、直径 >22 mm的滚子
GCr15	820 ~840 油	150 ~160	62 ~66	与GCr9SiMn相同
GCr15SiMn	820 ~840 油	170 ~200	62 ~64	壁厚≥12 mm外径大于250 mm的套圈、直径 >50 mm的钢球、直径 >22 mm的滚子

5.4 合金工具钢

碳素工具钢淬火后，虽然能达到较高的硬度和耐磨性，但因淬透性差，淬火变形大，红硬性差（只能在200 ℃以下保持高硬度），因此，尺寸大、精度高和形状复杂的模具、量具以及切削速度较高的刃具，都采用合金工具钢来制造。按它们的主要用途可分为刃具钢、模具钢和量具钢。这类钢一般属于高碳钢（热作模具钢除外）。

5.4.1 合金刃具钢

1. 低合金刃具钢

在碳素工具钢的基础上加入少量的合金元素，一般不超过3%～5%，就形成了低合金刃具钢。

（1）性能特点和用途

低合金刃具钢主要用于制作切削刃具（如板牙、丝锥、铰刀等）。刃具工作时，刃具与切屑、毛坯间产生强烈摩擦，使刃部磨损并产生高温（可达500 ℃～600 ℃）。另外，刃具还承受冲击和震动，因此要求刃具钢具有以下性能：

① 高的硬度和耐磨性。一般切削加工用刃具的硬度应大于60 HRC，耐磨性好坏直接影响刃具的使用寿命。通常硬度越高，耐磨性越好。

② 高的红硬性（又称热硬性）。热硬性是指钢在高温下保持高硬度的能力。为保证钢有高的热硬性，通常在钢中加入提高耐回火性的合金元素（钨、钒等）。

③ 足够的强度和韧性，以防在受冲击和震动时，刃具突然断裂或崩刃。

（2）成分特点

这类钢的碳含量为0.80%～1.50%，高的含碳量可保证钢的高硬度及形成足够的合金碳化物，提高耐磨性。钢中常加入的合金元素有硅、锰、铬、钼、钨、钒等。其中，铬、锰、硅等可提高淬透性、耐回火性和改善热硬性。加入钨、钒等碳化物形成元素可形成WC、VC或V_4C_3等特殊碳化物，提高钢的热硬性和耐磨性。

（3）热处理特点

这类钢锻造后进行球化退火，以改善切削加工性能。最终热处理为淬火和低温回火，其组织为细回火马氏体、合金碳化物和少量残留奥氏体，硬度为60～65 HRC。

（4）常用钢种

9SiCr、CrWMn等钢是常用的低合金刃具钢，具有高的淬透性和耐回火性，热硬性可达300 ℃～350 ℃。9SiCr可采用分级或等温淬火，以减少变形，主要制造变形小的薄刃低速切削刀具（如丝锥、板牙、铰刀等）。CrWMn 钢具有高的淬透性，热处理后变形小，故称微变形钢，适于制造较复杂的精密低速切削刀具（如长铰刀、拉刀等）。

常用低合金刃具钢见表5-9。

表5-9 常用低合金刃具钢钢号、热处理工艺及用途

钢号	淬火			回火		用途举例
	温度/℃	介质	HRC	温度/℃	HRC	
Cr2	830~860	油	62	150~170	60~62	锉刀、刮刀、样板、量规、冷轧辊等
9SiCr	850~870	油	62	190~200	60~63	板牙、丝锥、绞刀、搓丝板、冷冲模等
CrWMn	820~840	油	62	140~160	62~65	长丝锥、长绞刀、板牙、拉刀、量具、冷冲模等
9Mn2V	780~820	油	62	150~200	58~63	丝锥、板牙、样板、量规、中小型模具、磨床主轴、精密丝杠等

2. 高速工具钢

高速工具钢（简称高速钢）是高速切削用钢的代名词，是一种含有钨、铬、钒等多种元素的高合金工具钢。

（1）性能特点和用途

它具有高的硬度和耐磨性以及足够的塑性和韧性，并且具有很高的热硬性，当切削温度高达600 ℃时，仍有良好的切削性能，故俗称“锋钢”。高速钢主要用于制造高速切削刃具（如车刀、钻头等）和形状复杂、负荷较重的成型刀具（如齿轮铣刀、拉刀等）。

（2）成分特点

高速工具钢的 $w_C = 0.70\% \sim 1.25\%$，以保证获得高碳马氏体和形成足够的合金碳化物，从而提高钢的硬度、耐磨性。高速钢中一般含有较多数量的钨元素，它是提高钢红硬性的主要元素，Cr 的加入可提高钢的淬透性，并能形成碳化物强化相。V 与 C 的亲和力很强，在高速钢中形成碳化物（VC），它有很高的稳定性，即使淬火温度在1 260 ℃~1 280 ℃时，VC 也不会全部溶于奥氏体中。在高温多次回火过程中 VC 呈弥散状析出，进一步提高了高速钢的硬度、强度和耐磨性。

（3）高速钢的锻造与热处理特点

高速钢铸态组织中有大量的粗大鱼骨状的合金碳化物，如图5－1。这种碳化物硬而脆，不能用热处理方法消除，必须借助于反复的压力热加工，一般选择多次轧制和锻压，将粗大的共晶碳化物和二次碳化物破碎，并使它们均匀分布在基体中。高速钢的热处理工艺过程极其复杂，其工艺曲线如图5－2所示。

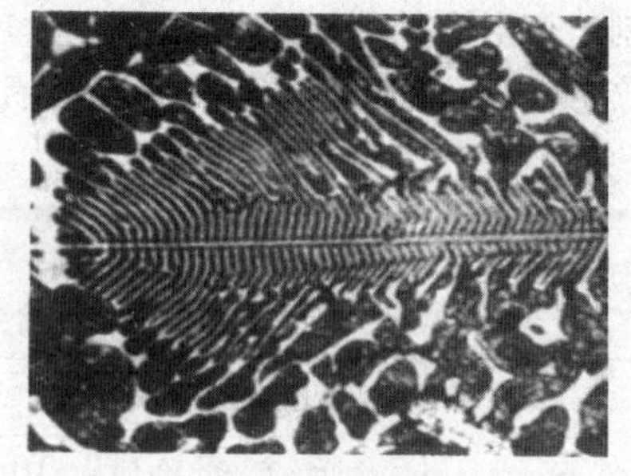

图5－1 高速钢的铸态组织

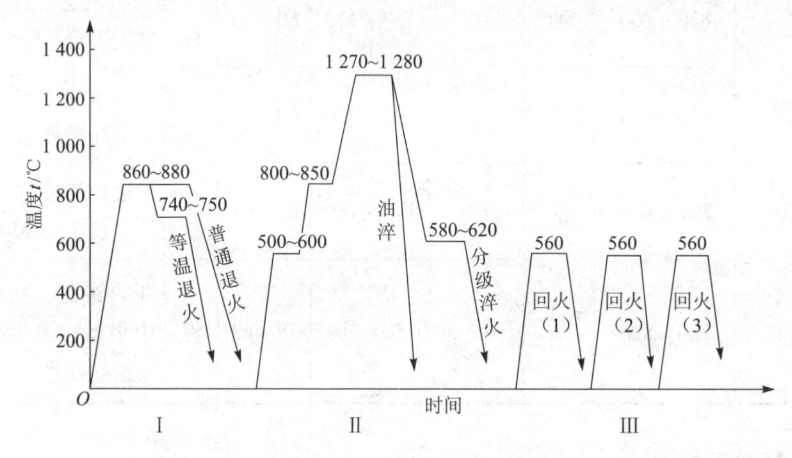

图5－2 高速钢（W18Cr4V）的热处理工艺曲线

Ⅰ—退火；Ⅱ—淬火；Ⅲ—回火

其特点是：淬火加热温度高（1 200 ℃以上），其主要目的是促使较多的合金元素溶于奥氏体中，经淬火后获得含有大量合金元素的马氏体，以提高钢的回火稳定性，使其具有较高的红硬性；淬火后需经三次回火（温度560 ℃），其目的在于使大量的残余奥氏体转变成回火马氏体促使碳化物（如WC）呈细颗粒状析出，使钢的硬度和耐磨性进一步提高。有时，为了减少回火次数，可在淬火后立即进行冷处理（－78 ℃干冰处理），再进行一次回火。

（4）常用高速钢

W18Cr4V钢是发展最早、应用广泛的高速钢，其热硬性高。主要制作中速切削刀具或结构复杂低速切削的刀具（如拉刀、齿轮刀具等）。W6Mo5Cr4V2钢可作为W18Cr4V钢的代用品，与W18Cr4V钢相比，W6Mo5Cr4V2钢由于钼的碳化物细小，故有较好的韧性，主要制作耐磨性和韧性配合较好的刃具，尤其适于制作热加工成型的薄刃刀具（如麻花钻头等）。常用高速钢的成分、热处理、机械性能及用途见表5－10。

表 5－10 高速钢的成分、热处理及用途

牌号	化学成分/%						热处理/℃		HRC	用途举例
	C	W	Mo	Cr	V	其他	淬火	回火		
W18Cr4V (18－4－1)	0.7 ~0.8	17.5 ~19	≤0.3	3.8 ~4.4	1.0 ~1.4	—	1 270 ~1 285	550 ~570	62	一般高速切削用车刀、刨刀、钻头、铣刀等
W6Mo5Cr4V2 (6－5－4－2)	0.8 ~0.9	5.5 ~6.75	4.5 ~5.5	3.8 ~4.4	1.75 ~2.2	—	1 210 ~1 230	550 ~570	63	耐磨性和韧性有很好配合的高速切削刀具，如丝锥、钻头等
W6Mo5 Cr4V2Al	1.05 ~1.2	5.5 ~6.75	4.5 ~5.5	3.8 ~4.4	1.75 ~2.2	Al 0.8 ~1.2	1 220 ~1 240	540 ~560	65	切削难加工材料的刀具
W6Mo5 Cr4V3	1.0 ~1.1	5.5 ~6.75	4.75 ~6.5	3.75 ~4.5	2.25 ~2.75	—	1 190 ~1 220	540 ~560	64	形状稍微复杂的刀具，如拉刀、铣刀等
W9Mo3Cr4V	0.77 ~0.87	8.5 ~9.5	2.7 ~3.3	3.8 ~4.4	1.3 ~1.7	—	1 210 ~1 240	540 ~560	63 ~64	同本表（W6Mo5Cr4V2）和（W18Cr4V）

5.4.2 合金模具钢

制作模具的材料很多，碳素工具钢、高速钢、轴承钢、耐热钢、不锈钢、蠕墨铸铁等都可制作各类模具，用得最多的是合金工具钢。根据用途模具用钢可分为冷作模具钢、热作模具钢和塑料模具钢。

1. 冷作模具钢

（1）性能特点与用途

冷作模具钢主要用于制造使金属在常温变形的模具，如冷冲模、冷挤压模、拉丝模等。由于在很大的压力、摩擦和冲击条件下工作，所以对冷作摸钢性能的基本要求是：

① 高的硬度和耐磨性。在冷态下冲制螺钉、螺帽、硅钢片、面盆等，被加工的金属在模具中产生很大的塑性变形，模具的工作部分承受很大的压力和强烈的摩擦，要求有高的硬度和耐磨性，通常要求硬度为 58～62 HRC，以保证模具

的几何尺寸和使用寿命。

② 较高的强度和韧性。冷作模具在工作时，承受很大的冲击和负荷，甚至有较大的应力集中，因此要求其工作部分有较高的强度和韧性，以保证尺寸的精度并防止崩刃。

③ 良好的工艺性。要求热处理的变形小，淬透性高。

(2) 成分特点

这类钢的含碳量多在1%以上，加入Cr、Mo、W、V等合金元素强化基体，形成碳化物，提高硬度和耐磨性等。

(3) 热处理特点

冷作模具钢的预备热处理是球化退火。球化退火的目的是消除应力、降低硬度、便于切削加工，退火后硬度为207～250 HBS。最终热处理一般是淬火后低温回火，经淬火、低温回火后硬度可达62～64 HRC，有时也对Cr12型冷作模具钢进行高温回火，以产生二次硬化，适用于在400 ℃～450 ℃温度下工作受强烈磨损的模具。

(4) 常用钢种

对于尺寸较小、工作负荷不大的冷作模具可选用低合金刃具钢9Mn2V、9SiCr、CrWMn等，也可采用轴承钢GCr15等。对于制造负荷大、尺寸大、形状复杂的模具，则必须选用淬透性大的高碳高铬Cr12型冷作模具钢。这类钢的含碳量为1.4%～2.3%，含铬量为11%～12%。这类钢主要用于制作冷冲模、挤压模、滚丝模等。常用冷作模具钢的成分、热处理、力学性能及用途见表5－11。

表5－11 常用冷作模具钢的成分、热处理、力学性能及用途

牌号	化学成分 w/%							热处理		用途举例
	C	Si	Mn	Cr	W	Mo	V	淬火/℃	硬度≥/HRC	
Cr12	2.00～2.30	≤0.04	≤0.04	11.50～13.00	—	—	—	950～1 000 油	60	冷冲模、冲头、钻套、量规、螺纹滚丝模、拉丝模等
Cr12MoV	1.45～1.70	≤0.04	≤0.40	11.00～12.50	—	0.04～0.60	0.15～0.30	950～1 000 油	58	截面较大、形状复杂、工作条件繁重的各种冷作模具等

续表

牌号	化学成分 w/%							热处理		用途举例
	C	Si	Mn	Cr	W	Mo	V	淬火/℃	硬度≥/HRC	
9Mn2V	0.85~0.95	≤0.40	1.70~2.00	—	—	—	0.10~0.25	780~810 油	62	要求变形小、耐磨性高的量规、块规、磨床主轴等
CrWMn	0.90~1.05	≤0.40	0.80~1.10	0.90~1.20	1.20~1.60	—	—	800~830 油	62	淬火变形很小、长而形状复杂的切削刀具及形状复杂、高精度的冷冲模

2. 热作模具钢

（1）性能特点与用途

热作模具钢是用来制造使金属在高温下成型的模具，如热锻模、热挤压模和压铸模。热作模具在高温条件下工作，同时又承受很大的冲击力。因此，比冷作模具有更高要求。对热作模具钢的性能要求是：

① 要求综合力学性能好。由于模具的承载很大，要求有高的强度，而模具在工作时还承受很大的冲击，所以要求韧性也好，即要求综合力学性能好。

② 抗热疲劳能力高。模具工作时的型腔温度高达400 ℃ ~600 ℃，而且又反复加热冷却，因此要求模具在高温下保持高的强度和韧性的同时，还能承受反复加热冷却的作用。

③ 淬透性高。对尺寸大的热作模具，要求淬透性高，以保证模具整体的力学性能好；同时还要求导热性好，以避免型腔表面温度过高。

（2）成分特点

热模钢的含碳量取中碳范围，为0.3% ~0.6%，这一含碳量可保证淬火后的硬度，同时还有较好的韧性指标。铬、镍、锰、钼的作用是提高淬透性，使模具表里的硬度趋于一致。铬、钼还有提高回火稳定性、提高耐磨性的作用。

（3）热处理特点

对热模钢，要反复锻造，其目的是使碳化物均匀分布。锻造后的预备热处理一般是完全退火，其目的是消除锻造应力、降低硬度（197～241 HBS），以便于切削加工。它的最终热处理根据其用途有所不同：热锻模是淬火后模面进行中温回火、模尾进行高温回火；压铸模是淬火后在略高于二次硬化峰值的温度多次回火，以保证热硬性。

（4）常用钢种

对于中小尺寸（截面尺寸≤300 mm）的模具，一般采用5CrMnMo，对于大尺寸（截面尺寸≥300 mm）的模具，一般采用5CrNiMo，对于压铸模，常采用3Cr2W8V。常用热作模具钢的成分、热处理、力学性能及用途见表5－12。

表5－12 常用的热作模具钢的牌号、成分、热处理、力学用性能及用途

牌号	主要化学成分 w/%						热处理		硬度/HRC	用途举例
	C	Si	Mn	Cr	Mo	其他	淬火温度 t/℃	回火温度 t/℃		
5CrMnMo	0.30～0.60	0.25～0.60	1.20～1.60	0.60～0.90	0.15～0.30	—	820～850油	490～640	30～47	中型锻模
5CrMnMo	0.50～0.60	≤0.40	0.50～0.80	0.50～0.30	0.15～0.30	Ni1.40～1.80	830～860油	490～660	30～47	大型锻模
3Cr2W8V	0.30～0.40	≤0.40	0.40	2.20～2.70	—	W7.50～9.00 V0.20～0.50	1 075～1 125油	600～620	50～54	高应力压模、螺钉或铆钉热压模、压铸模
4Cr5MoSiV（H11）	0.33～0.43	0.80～1.20	0.20～0.50	4.75～5.50	1.10～1.60	V0.30～0.60	1 020油	550	48～50	压力机锻模、塑料模等
4Cr5MoSiV1（H13）	0.32～0.45	0.80～1.20	0.20～0.50	4.75～5.50	1.10～1.75	V0.80～1.20	1 050油	600	47～49	铝、铜及其合金的压铸模

*3. 塑料模具用钢

塑料模具用钢是指制造各种塑料模具用的钢种。因塑料制品的强度、硬度和熔点比钢低，所以塑料模具失效的主要原因是模具表面质量下降。因此，塑料模具用钢应具有以下性能特点：

① 良好的加工性。塑料模具钢应能进行切削加工或电火花加工，易于蚀刻各种图案、文字和符号，且清晰、美观。

② 良好的抛光性。抛光时应容易使模具表面达到高镜面度（一般应达到 Ra

0.1 ~0.01 μm)，并且在工作中镜面保持能力强。

③ 良好的热处理性能。热处理后表面硬度应达到45 ~55 HRC以上，要求热处理变形很小。

④ 良好的焊接性能。应易于对模具进行焊补，保证焊补质量。焊补后应能顺利进行切削加工。

⑤ 良好的耐磨性，足够的强度和韧性。

此外，有些塑料在成形时会释放出腐蚀性气体，故要求塑料模具钢应有良好的耐蚀性。塑料模具钢还应具有良好的表面装饰处理性能，例如镀铬或镍磷非晶态涂层处理。

一般的中、小型且形状不复杂的塑料模具，可用TA、T8A、12CrMo、CrWMn、20Cr、40Cr等钢制造。但这些钢难以全面具备上述要求，因此发展了塑料模具钢系列。目前我国生产的塑料模具钢有以下几种。

① 3Cr2Mo钢。即按国外AISI标准生产的预硬钢。供货有退火态和调质态两种，这种钢的工艺性能优良，切削加工性和电火花加工性良好，钢质纯净，镜面抛光性好，表面粗糙度 *Ra* 值可达0.025 μm，可渗碳、渗硼、氮化和镀铬，耐蚀性和耐磨性好。3Cr2Mo钢具备了塑料模具钢的综合性能，是目前国内外应用最广的塑料模具钢之一，主要用于制造形状复杂、精密及大型模具。

② 3Cr2NiMo钢。3Cr2NiMo钢是3Cr2Mo钢的改进型，镍可提高钢的淬透性、强度、韧性和耐蚀性。这种钢的镜面抛光性好，表面粗糙度值可达0.025 ~0.015 μm；镀铬性和焊补性良好；硬度为32 ~36 HRC时，用一般刀具即可切削加工；表面热处理后硬度可达1 000 HV，耐磨性显著提高。

③ Y55CrNiMnMoV(SM1)钢和Y20CrNi3AlMnMo(SM2)钢。这两种钢属于易切削预硬钢（Y表示预硬态类)。这类钢具有更好的切削加工性，表面可氮化处理。

④ 5NiSCa钢。这种钢属于复合系易切削高韧性钢，钙可改善切削加工性，还可适当降低钢中硬质点的硬度，减少对刀具的磨损。这种钢硬度为30 ~35 HRC时，切削加工性与45钢退火态相近，易于补焊，易于蚀刻图案，适于制造高精度、小粗糙度值的塑料模具。

⑤ PMS钢。这种钢属于镜面模具钢，PMS钢镜面抛光性好、变形小，表面粗糙度值可达0.008 μm。PMS钢是氮化钢，因钢中含有铝，故钢的时效温度与氮化温度相近，在氮化的同时也进行了时效处理，提高了表面硬度。PMS钢用于制造玻璃纤维增强塑料用的模具和制造有镜面或图案蚀刻要求或透明度要求高的塑料模具。

⑥ 718钢。718钢是瑞典产镜面钢，它是3Cr2Mo钢的改进型，表面粗糙度值可达0.006 μm。因钢中含有强碳化物形成元素，故火焰加热空冷后硬度可达50 ~55 HRC。718钢具有特别优良的镜面抛光性，用于制造镜面度和耐磨性要求

高的塑料模具。

⑦ PCR 钢。PCR 钢是耐蚀钢，淬火组织为板条状马氏体，硬度为 32 ~ 35 HRC，切削加工性好，时效硬化后力学性能好。

除上述塑料模具钢外，4CrSMoSiV、Cr12MoV、18CrMnTi、12CrNi3A、2Cr13、3Cr13 等钢也可用于制造塑料模具。

5.4.3 合金量具钢

量具钢是用于制造各种测量工具（如卡尺、千分尺、块规、塞规等）的钢。量具在使用过程中主要是受到磨损，因此对量具钢的主要性能要求是：工作部分有高的硬度 55 ~ 62 HRC 和耐磨性，以防止在使用过程中因磨损而失效；要求组织稳定性高，要求在使用过程中尺寸不变，以保证高的尺寸精度；还要求有良好的磨削加工性。

量具经淬火、低温回火后，组织为回火马氏体和少量残留奥氏体，在使用和放置过程中因组织发生变化，导致量具形状尺寸变化。为保证量具精度和提高尺寸稳定性，常在淬火后立即进行冷处理，使残留奥氏体转变为马氏体，然后低温回火，再经磨削，最后进行稳定化处理，使淬火组织尽量转变为回火马氏体，并消除应力。

量具用钢没有专用钢。最常用的量具用钢为碳素工具钢和低合金工具钢。精度较低、尺寸较小、形状简单的量具（如样板、塞规等），可采用 T10A 钢、T12A 钢制作，经淬火、低温回火后使用；或用 50 钢、60 钢制作，经高频感应淬火；也可用 15 钢、20 钢经渗碳、淬火、低温回火后使用。对形状复杂、高精度的量具（如块规），常采用热处理变形小的 Cr15 钢、CrWMn 钢、CrMn 钢、9SiCr 钢等制作，要求耐蚀的量具可用不锈钢 3Cr13 等制造。表5 - 13所示为量具用钢的选用举例。

表 5 - 13 量具用钢的选用举例

用　途	选用的钢号举例	
	钢的类别	钢号
尺寸小、精度不高、形状简单的量规、塞规、样板等精度不高，耐冲击的卡板、样板、直尺等	碳素工具钢 渗碳钢	T10A、T11A、T12A、 15、20、15Cr
块规、螺纹塞规、环规、样柱、样套等	低合金工具钢	CrMn、9SiCr、CrWMn
块规、塞规、样柱等	滚动轴承钢	GCr15
各种要求精度的量具	冷作模具钢	9Mn2V、Cr2Mn2SiWMoV
要求精度和耐腐蚀的量具	不锈钢	4Cr13

5.5 特殊性能钢

特殊性能钢是指具有特殊的物理、化学性能的钢，它的种类很多，并且正在迅速发展。其中最主要的是不锈钢、耐热钢和耐磨钢。

5.5.1 不锈钢

不锈钢（又称为不锈耐酸钢）是指能抵抗大气或酸等化学介质腐蚀的钢。不锈钢并非不生锈，只是在不同介质中的腐蚀行为不一样。

1. 合金元素的防腐蚀机理

腐蚀通常可分为化学腐蚀和电化学腐蚀两种类型。钢在室温下的锈蚀主要属于电化学腐蚀。要提高金属的抗电化学腐蚀能力，通常采取以下措施：

① 尽量使金属在获得均匀的单相组织条件下使用，这样金属在电解质溶液中只有一个极，使原电池难以形成。

② 加入合金元素提高金属基体的电极电位，从而使金属的抗腐蚀性能提高。

③ 加入合金元素，在金属表面形成一层致密的氧化膜，又称钝化膜，把金属与介质分隔开，从而防止进一步的腐蚀。

铬是不锈钢合金化的主要元素。钢中加入铬（超过12.7%），大部分都溶于固溶体中，使电极电位跃增，使基体的电化学腐蚀过程变缓。同时，在金属表面被腐蚀时，形成一层与基体金属结合牢固的钝化膜，使腐蚀过程受阻，从而提高钢的耐蚀性。

2. 常用的不锈钢

常用的不锈钢根据其组织特点，可分为马氏体不锈钢、铁素体不锈钢和奥氏体不锈钢三种类型。

（1）铁素体不锈钢

这类钢 $w_C < 0.12\%$，$w_{Cr} = 16\% \sim 18\%$，加热时组织无明显变化，为单相铁素体组织，故不能用热处理强化，通常在退火状态下使用。

这类钢耐蚀性、高温抗氧化性、塑性和焊接性好，但强度低，主要用于制造耐蚀零件，广泛用于硝酸和氮肥工业中，常用牌号有1Cr17等。

（2）马氏体不锈钢

这类钢的 w_C 为 $0.10\% \sim 0.40\%$，含铬量为 $12\% \sim 14\%$，属于铬不锈钢，通常指Cr13型不锈钢。典型钢号有1Cr13、2Cr13、3Cr13、4Cr13等。随含碳量增加，钢的强度、硬度和耐磨性提高，但耐蚀性下降。这类钢在大气、水蒸气、海水、氧化性酸等氧化性介质中有较好的耐蚀性，主要用于制作要求力学性能较高，并有一定耐蚀性的零件，如汽轮机叶片、阀门、喷嘴等。3Cr13和4Cr13钢，通过淬火后低温回火，得到回火马氏体，具有较高的强度和硬度（HRC达50），因此常作为工具钢使用，制造医疗器械、刃具、热油泵轴等。

（3）奥氏体不锈钢

奥氏体不锈钢$w_{Cr}=18\%$，$w_{Ni}=8\%$。含碳量很低，也称为18－8型不锈钢。镍可使钢在室温下呈单一奥氏体组织。铬、镍使钢有好的耐蚀性和耐热性，较高的塑性和韧性。因而具有比铬不锈钢更高的化学稳定性，有更好的耐腐蚀性，是目前应用最多的一类不锈钢。

为得到单一的奥氏体组织，提高耐蚀性，应采用固溶处理，即将钢加热到1 050 ℃～1 150 ℃，使碳化物全部溶于奥氏体中，然后水淬快冷至室温，得到单相奥氏体组织。

这类钢不仅耐腐蚀性能好，而且钢的冷热加工性和焊接性也很好，广泛用于制造化工生产中的某些设备及管道等。常用的牌号有1Cr18Ni9钢和1Cr18Ni9Ti钢，1Cr18Ni9Ti钢可制作焊芯、抗磁仪表、医疗器械、耐酸容器及设备衬里、输送管道的零件。

还应指出，尽管奥氏体不锈钢是一种优良的耐蚀钢，但在有应力的情况下，在某些介质中，特别是在含有氯化物的介质中，常产生应力腐蚀破裂，而且介质温度越高越敏感。这也可说是奥氏体不锈钢的一个缺点，值得注意。

常用不锈、耐蚀钢见表5－14。

表5－14 常用不锈、耐酸钢的牌号、热处理、力学性能和用途

类别	钢号	化学成分 w/%			热处理		力学性能（不小于）				用途举例
		C	Cr	其他	淬火/℃	回火/℃	σ_s/MPa	σ_b/MPa	δ/%	硬度	
马氏体不锈钢	1Cr13	≤0.15	12～14	—	1 000～1 050 水、油	700～790	420	600	20	HB 187	汽轮机叶片、水压机阀、螺栓、螺母等抗弱腐蚀介质并承受冲击的零件
	2Cr13	0.16～0.25	12～14	—	1 000～1 050 水、油	660～770	450	600	16	HB 197	
	3Cr13	0.26～0.25	12～14	—	1 000～1 050 油	200～300	—	—	—	HR C48	做耐磨的零件，如加油泵轴、阀门零件轴承、弹簧以及医疗器械
	4Cr13	0.35～0.45	12～14	—	1 050～1 100 油	200～300	—	—	—	HR C50	

续表

类别	钢号	化学成分 w/%			热处理		力学性能（不小于）				用途举例
		C	Cr	其他	淬火/℃	回火/℃	σ_s/MPa	σ_b/MPa	δ/%	硬度	
铁素体不锈钢	1Cr17	≤0.12	16~18	—	—	750~800	250	400	20	—	硝酸工厂 食品工厂的设备
	1Cr28	≤0.15	27~30	—	—	700~800	300	450	20	—	制浓硝酸的设备
	1Cr17Ti	≤0.12	16~18	Ti ~0.8	—	700~800	300	450	20	—	同 1Cr17，但晶间腐蚀抗力较高
奥氏体不锈钢	0Cr19Ni9	≤0.08	18~20	Ni 8~10.5	固溶处理 1 050~1 100 水	—	180	490	40	—	深冲零件 焊 NiCr 钢的焊芯
	1Cr19Ni9	0.04~0.10	18~20	Ni 8~11	固溶处理 1 100~1 150 水	—	200	550	45	—	耐硝酸、有机酸、盐、碱溶液腐蚀的设备
	1Cr18Ni9Ti	≤0.12	17~19	Ni：8~11 Ti：0.8	固溶处理 1 000~1 100 水	—	200	550	40	—	做焊芯、抗磁仪表医疗器械耐酸容器输送管道

*5.5.2 耐热钢

在发动机、化工、航空等部门，有很多零件是在高温下工作，要求材料具有热化学稳定性和热强性的钢称为耐热钢。热化学稳定性是指抗氧化性，即钢在高温下对氧化作用的稳定性。为提高钢的抗氧化能力，向钢中加入合金元素铬、硅、铝等，使其在钢的表面形成一层致密的氧化膜（如 Cr_2O_3、SiO_2，Al_2O_3），保护金属在高温下不再继续被氧化。热强性是指钢在高温下对外力的抵抗能力。为提高高温强度，可向钢中加入铬、钼、钨、镍等元素。

选用耐热钢时，必须注意钢的工作温度范围以及在这个温度下的力学性能指标，按照使用温度范围和组织可分为：

1. 珠光体型耐热钢

这类钢合金元素总含量 <3% ~5%，是低合金耐热钢。常用牌号有 15CrMo

钢、12CrMoV 钢、25CrMoVA 钢、35CrMoV 钢等，主要用于制作锅炉炉管、耐热紧固件、汽轮机转子、叶轮等。此类钢使用温度 <600 ℃。

2. 马氏体型耐热钢

这类钢通常是在 Cr13 型不锈钢的基础上加入一定量的钼、钨、钒等元素。钼、钨和钒可提高高温强度，此类钢使用温度 <650 ℃。常用于制作承载较大的零件，如汽轮机叶片和气阀等。常用牌号有 1Cr13 钢和 1Cr11MoV 钢。

3. 奥氏体型耐热钢

这类钢含有较多的铬和镍，铬可提高钢的高温强度和抗氧化性，镍可促使形成稳定的奥氏体组织。此类钢工作温度为 650 ℃ ~700 ℃，广泛用于航空、舰艇、石油化工等工业部门制造汽轮机叶片，发动机汽阀等。常用牌号有 1Cr18Ni9Ti 钢和 4Cr14Ni14W2Mo 钢。

4. 铁素体型耐热钢

这类钢主要含 Cr，以提高钢的抗氧化性。钢经退火后可制作在 900 ℃以下工作的耐氧化零件，如散热器等，常用牌号有 1Cr17 等。常用耐热钢的钢号、成分、热处理及使用温度如表 5 - 15 所示。

另外，目前在 900 ℃ ~1 000 ℃可使用镍基合金。它是在 Cr20Ni80 合金系基础上加入钨、钼、钴、钛、铝等元素发展起来的一类合金，主要通过固溶强化提高合金的耐热性，用于制造汽轮机叶片、导向片、燃烧室等。

5.5.3 耐磨钢

耐磨钢主要用于在运转过程中承受严重磨损和强烈冲击的零件，如铁路道岔、坦克履带、挖掘机铲齿等构件。这类零件制造用钢应具有表面硬度高、耐磨，心部韧性好、强度高的特点。

高锰钢是最重要的耐磨钢，其牌号是 ZGMn13，其成分特点是高锰、高碳：$w_{Mn}=11.5\% \sim 14.5\%$；$w_C=0.9\% \sim 1.3\%$。其铸态组织是奥氏体和大量锰的碳化物，经水韧处理可获得单相奥氏体组织。单相奥氏体组织韧性、塑性很好，开始投入使用时硬度很低、耐磨性差。当工作中受到强烈的挤压、撞击、摩擦时，钢件表面迅速产生剧烈的加工硬化，表层硬度、强度急剧上升，而内部仍为保持高的塑、韧性的奥氏体组织，广泛应用于制造要求耐磨、耐冲击的一些零件。在铁路运输业中，可用高锰钢制造铁道上的辙岔、转辙器及小半径转弯处的轨条。在建筑、矿山、冶金业中，长期使用高锰钢制造的挖掘机铲齿，各种碎石机颚板、衬板、磨板。高锰钢还可用于制造坦克履带等。又因高锰钢组织为单一无磁性奥氏体，也可用于既耐磨又抗磁化的零件，如吸料器的电磁铁罩。

由于高锰钢易产生加工硬化，机械加工比较困难，故基本上都是铸造成型后使用。

表 5－15 常用耐热钢的牌号成分及热处理

类别	钢号	化学成分 w/%						热处理		最高使用温度/℃	
		C	Cr	Mo	Si	W	其他	淬火温度/℃	回火温度/℃	抗氧化	热强性
珠光体钢	15CrMo	0. 12 ~0. 18	0. 80 ~1. 10	0. 40 ~0. 55	—	—		930~960 （正火）	680~730	—	—
	12Cr1MoV	0. 08 ~0. 15	0. 90 ~1. 20	0. 25 ~0. 35	—	—	V 0. 15 ~0. 3	980~1 020 （正火）	720~760	—	—
马氏体钢	1Cr13	0. 08 ~0. 15	12. 00 ~14. 00	—	—	—	—	1 000~ 1 050 水、油	700~790 油、水、空	750	500
	2Cr13	0. 16 ~0. 24	12. 00 ~14. 00	—	—	—	—	1 000~ 1 050 水、油	660~770 油、水、空	750	500
	1Cr11MoV	0. 11 ~0. 18	10. 00 ~11. 50	0. 50 ~0. 70	—	—	V 0. 25 ~0. 40	1 050 油	720~740 空、油	750	550
	1Cr12W MoV	0. 12 ~0. 18	11. 00 ~13. 00	0. 50 ~0. 70	—	0. 70 ~1. 1	V 0. 15 ~0. 30	1 000 油	680~700 空、油	750	580
	4Cr9Si2	0. 35 ~0. 50	8. 00 ~10. 00	—	2. 00 ~3. 0	—	—	1 050 油	700，油	850	650
	4Cr10Si2 Mo	0. 35 ~0. 45	9. 00 ~10. 50	0. 70 ~0. 90	1. 9 ~2. 6	—	—	1 000~ 1 100 油、空	700~80 空	850	650
奥氏体钢	1Cr18Ni9Ti （18－8）	≤ 0. 12	17. 00 ~19. 00	—	≤1. 00	—	Ni 8. 0 ~10. 5	1 000~ 1 100 水	—	850	650
	4Cr14Ni14 W2Mo （14－14－2）	0. 40 ~0. 50	130. 0 ~15. 00	0. 25 ~0. 4	≤ 0. 80	2. 0 ~2. 75	Ni 13~15	1 000~ 1 100 固溶处理	750 时效	850	750

思考题与作业题

1. 合金元素对淬火钢的回火组织转变有何影响？

2. 解释下列现象：

(1) 大多数合金钢的热处理加热温度比相同含碳量的碳钢高；

(2) 大多数合金钢比相同含碳量的碳钢有较高的耐回火性；

(3) 高速工具钢在热锻（或热轧）后，经空冷获得马氏体组织。

3. 判断下列说法是否正确？

(1) 40Cr 钢是合金渗碳钢；

(2) 60Si2Mn 钢是合金调质钢；

(3) GCr15 钢中含铬量为 15%；

(4) 2Cr13 钢的含碳量是 2%；

(5) W18Cr4V 钢含碳量≥1%。

4. 什么叫调质钢？为什么调质钢大多数是中碳钢或中碳的合金钢？合金元素在调质钢中的作用是什么？

5. 对冷作模具钢，热作模具钢、塑料模具钢的性能要求有何不同？冷作模具钢与热作模具钢各采用何种最终热处理工艺？为什么？

6. 对量具用钢有何要求？量具通常采用何种最终热处理工艺？游标卡尺、千分尺、塞规、卡规、块规各采用何种材料较为合适？

7. 奥氏体不锈钢和耐磨钢淬火目的与一般钢淬火目的有何不同？

8. 为什么一般钳工用锯条烧红后置于空气中冷却即变软，并可进行加工；而机用锯条烧红后（约 900 ℃）空冷，仍有高的硬度？

9. 说明下列牌号属于哪种钢？并说明其数字和符号含义，每个牌号的用途各举实例1～2个。

Q345，20CrMnTi，40Cr，GCr15，60Si2Mn，ZGMn13，W18Cr4V，1Cr18Ni9，1Cr13，Cr12，5CrMnMo，CrWMn，38CrMoAlA，9Mn2V，1Cr17，3Cr2Mo，40CrMnNiMo。

第6章 铸 铁

铸铁是含碳量大于2.11%（一般为2.5%~4%）的铁碳合金，其杂质（硅、锰、硫、磷）的含量比钢多。

铸铁是历史上使用得较早的材料，铸铁具有良好的铸造性、耐磨性和切削加工性，生产简单、价格便宜，是工业生产的重要材料之一。它广泛应用于机械制造、冶金、矿山、交通运输和国防建设等部门。

根据铸铁中碳的存在形式，铸铁可分为下列几种：

（1）白口铸铁

这类铸铁中的碳除少数溶于铁素体外，绝大部分以渗碳体（Fe_3C）的形式存在，因其断口呈白亮色，故称白口铸铁。白口铸铁硬度高、脆性大，很难进行切削加工，很少直接用来制造机械零件。有些零件，如轧辊、球磨机磨球及犁铧等，可将其表面铸成白口铸铁，而内部仍为灰口铸铁，以获得表面硬度高、中心强度好的性能。这样的铸铁件称为冷硬铸铁件。除此之外白口铸铁多作为炼钢用的原料，作为原料时，通常称它为生铁。

（2）灰口铸铁

这类铸铁中的碳大部分以片状石墨形式存在，因其断口呈暗灰色，故称灰口铸铁。这种铸铁有较好的机械性能和工艺性能，应用较广。

（3）可锻铸铁

铸铁中石墨呈团絮状存在，因其塑性和韧性比灰口铸铁好，故称可锻铸铁，但实际上并不可锻。

（4）球墨铸铁

铸铁中的石墨呈圆球状存在，这种铸铁的强度高，铸造性能好，具有重要的工业用途。

（5）蠕墨铸铁

铸铁中石墨呈蠕虫状存在。各种铸铁中的石墨形态见图6-1所示。

此外，在铸铁中还有一类特殊性能铸铁，如耐热铸铁、耐蚀铸铁、耐磨铸铁等，它们都是为了改善铸铁的某些特殊性能而加入一定量的合金元素Cr、Ni、

Mo、Si 等，所以又把这类铸铁叫合金铸铁。

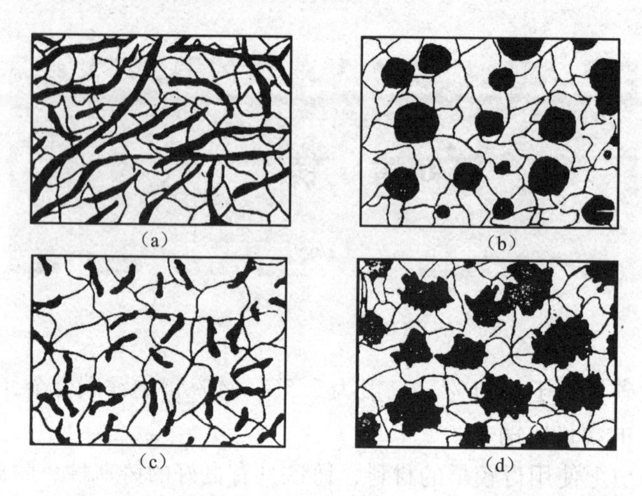

图6-1 石墨在铸铁中的存在形态

(a) 灰口铸铁中的片状石墨；(b) 球墨铸铁中的球状石墨；
(c) 蠕墨铸铁中的蠕虫状石墨；(d) 可锻铸铁中的团絮状石墨

*6.1 铸铁的石墨化及其影响因素

铸铁中的碳以渗碳体（Fe_3C）或石墨（纯碳）等不同形式存在。形成石墨的碳原子可以从液体中或奥氏体中直接析出，也可由渗碳体中分解析出。铸铁中的碳以石墨形式析出的过程称为石墨化。影响铸铁石墨化的因素虽然很多，但主要因素是铸铁的化学成分和冷却速度。

6.1.1 化学成分的影响

碳、硅、锰、硫、磷对石墨化有不同影响。其中碳和硅是强烈促进石墨化元素。铸铁中碳、硅含量越高，石墨化越容易进行，越容易得到灰口组织，因此，灰口铸铁中碳和硅的含量都比较高（一般含碳量为2.7%～3.6%，含硅量为1.0%～2.2%）

硫是强烈阻碍石墨化的元素。硫使铸铁白口化，而且还降低铸铁的铸造性能和力学性能，故应严格控制其含量，一般小于0.15%。

锰也是阻碍石墨化的元素。但锰可与硫形成硫化锰，减弱硫的有害作用，间接促进石墨化。故含锰量应适当，一般为0.5%～1.4%。

磷是微弱促进石墨化的元素。磷可提高铁液的流动性，当含量大于0.3%时，会形成磷共晶体。磷共晶体硬而脆，降低铸铁的强度，增加铸铁的冷裂倾向，但可提高铸铁的耐磨性。所以，要铸铁有较高强度时，含磷量应小于0.12%，若要求铸铁有较高耐磨性时，含磷量可增加至0.5%。

6.1.2 冷却速度的影响

一定成分的铸铁，其石墨化程度取决于冷却速度。冷却速度越慢，越有利于碳原子的扩散，促使石墨化进行。冷却速度越快，析出渗碳体的可能性就越大。

影响铸铁冷却速度的因素主要有浇注温度、铸件壁厚、铸型材料等。当其他条件相同时，提高浇注温度，可使铸型温度升高，冷速减慢；铸件壁厚越大，冷速越慢；铸型材料导热性越差，冷速越慢。

图6-2可见，铸件壁越薄，碳、硅含量越低，越易形成白口组织。因此，调整碳、硅含量及冷却速度是控制铸铁组织和性能的重要措施。

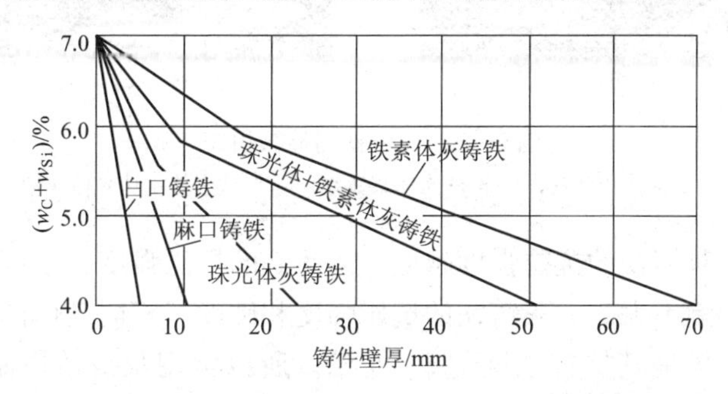

图6-2 铸件的成分和冷却速度（铸件壁厚）对铸铁组织的影响

6.2 灰 铸 铁

灰铸铁是碳主要以片状石墨形式析出的铸铁。其断口的外貌呈浅烟灰色，所以称为灰口铸铁。灰铸铁应用很广，在各类铸铁的总产量中，灰铸铁约占80%以上。

6.2.1 灰铸铁的成分、组织和性能

灰铸铁的化学成分一般为：$w_C=2.5\%\sim4.0\%$，$w_{Si}=1.0\%-2.5\%$，$w_{Mn}=0.5\%\sim1.4\%$，$w_P\leqslant0.3\%$，$w_S\leqslant0.15\%$。

灰铸铁的组织可看成是碳钢的基体上加片状石墨。按基体组织不同分为铁素体基体灰铸铁、铁素体—珠光体基体灰铸铁和珠光体基体灰铸铁。其显微组织如图6-3所示。

灰铸铁的性能主要取决于基体的组织和石墨的形态。因石墨的强度极低，相当于在钢的基体上分布了许多孔洞和裂纹，分割、破坏了基体的连续性，减小了基体的有效承载截面，而且石墨的尖角处易产生应力集中，所以灰铸铁的抗拉强度比相应基体的钢低很多，并且塑性、韧性极低。石墨片数量越多、尺寸越大、

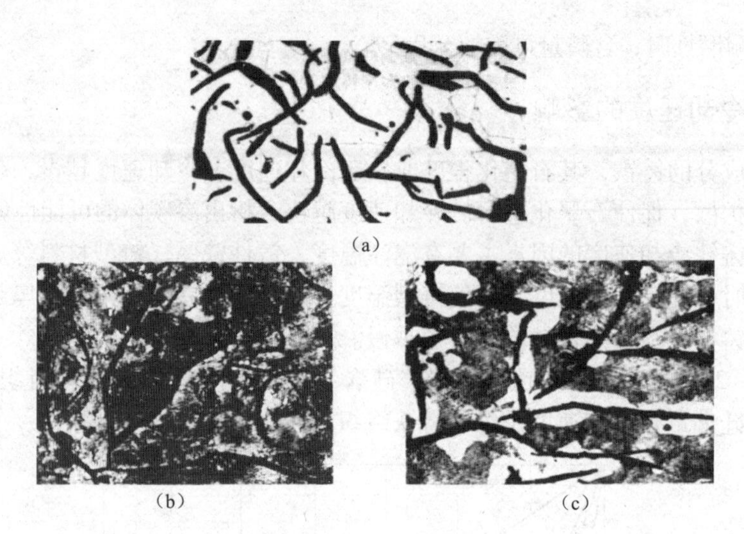

图6－3 灰铸铁的显微组织
(a) 铁素体灰铸铁；(b) 珠光体灰铸铁；(c) 铁素体＋珠光体灰铸铁

分布越不均匀，灰铸铁的抗拉强度越低。灰铸铁的抗压强度、硬度主要取决于基体，石墨对其影响不大，故灰铸铁的抗压强度和硬度与相同基体的钢相似。灰铸铁的挤压强度一般是其抗拉强度的3～4倍。所以常用灰口铸铁制造机床床身、底座等耐压零部件。

当石墨存在形态一定时，铸铁的力学性能取决于基体组织，珠光体基体比铁素体基体灰铸铁的强度、硬度、耐磨性均高，但塑性、韧性低；铁素体－珠光体基体灰铸铁的性能介于前二者之间。

石墨虽然降低了铸铁的强度、塑性和韧性，但却使铸铁获得了下列优良性能：

(1) 铸造性能好

由于灰口铸铁含碳量高，接近于共晶成分，故熔点比较低，流动性良好。在结晶过程中析出比体积（俗称比容）较大的石墨，部分补偿了基体的收缩，所以收缩率较小，因此适宜于铸造结构复杂或薄壁铸件。

(2) 减振性好

石墨割裂了基体，阻止了振动的传播，其减振能力比钢高10倍左右。

(3) 减摩性好

石墨本身有润滑作用，石墨从基体上剥落后所形成的孔隙有吸附和储存润滑油的作用，可减少磨损。

(4) 切削加工性能好

片状石墨割裂了基体，使切屑易脆断，且石墨有减摩作用，减小了工件对刀具的磨损，所以灰口铸铁的可切削加工性优于钢。

(5) 缺口敏感性低

铸铁中石墨的存在就相当于许多微裂纹，致使外来缺口的作用相对减弱。

6.2.2 灰铸铁的牌号及用途

灰铸铁的牌号是由“HT”（“灰铁”二字汉语拼音字首）和其后一组数字组成，数字表示 $\phi 30$ 试棒的最小抗拉强度值（MPa）。灰铸铁的牌号、性能及用途见表 6－1。设计铸件时，应根据铸件受力处的主要壁厚或平均壁厚选择铸铁牌号。

表 6－1 灰铸铁的牌号、性能和用途

牌号	铸件壁厚/mm		抗拉强度/MPa	显微组织		用途举例
	>	<	≥	基体	石墨	
HT100	2.5 10 20 30	10 20 30 50	130 100 90 80	F	粗片状	下水管、底座、外罩、端盖、手轮、手把、支架等形状简单不甚重要的零件
HT150	2.5 10 20 30	10 20 30 50	175 145 130 120	F＋P	较粗片状	机械制造业中一般铸件，如底座，手轮、刀架等；冶金工业中流渣槽，渣缸，轧钢机托辊等 机车用一般铸件，如水泵壳，阀体，阀盖等 动力机械中拉钩，框架，阀门，油泵壳等
HT200	2.5 10 20 30	10 20 30 50	220 195 170 160	P	中等片状	一般运输机械中的气缸体，缸盖，飞轮等 一般机床中的床身，箱体等 通用机械承受中等压力的泵体、阀体等 动力机械中的外壳、轴承座、水套筒等
HT250	4 10 20 30	10 20 30 50	270 240 220 200	细 P	较细片状	运输机械中薄壁缸体，缸盖、进排气歧管等 机床中立柱、横梁、床身、滑板、箱体等 冶金矿山机械中的轨道板、齿轮等 动力机械中的缸体、缸盖、活塞等

续表

牌号	铸件壁厚/mm		抗拉强度/MPa	显微组织		用途举例
	>	<	≥	基体	石墨	
HT300	10 20 30	20 30 50	290 250 230	细 P	细小片状	机床导轨，受力较大的机床床身、立柱机座等 通用机械的水泵出口管、吸入盖等 动力机械中的液压阀体、蜗轮，汽轮机隔板、泵壳，大型发动机缸体、缸盖等
HT350	10 20 30	20 30 50	340 290 260	细 P	细小片状	大型发动机气缸体、缸盖、衬套等 水泵缸体、阀体、凸轮等 机床导轨、工作台等摩擦件 需经表面淬火的铸件

6.2.3 灰铸铁的孕育处理

为提高灰铸铁的力学性能，生产中常采用孕育处理，即在浇注前向铁液中加入一定量的孕育剂，以获得大量的，高度弥散的人工晶核，从而得到细小、均匀分布的片状石墨和细化的基体。经孕育处理后获得亚共晶灰铸铁，称为孕育铸铁(也称变质铸铁)。

孕育铸铁的结晶过程几乎是在全部铁液中同时进行，可以避免铸件边缘及薄壁处出现白口组织，使铸件各部位截面上的组织和性能均匀一致。孕育铸铁的强度较高，塑性和韧性有所提高，常用于力学性能要求较高，截面尺寸变化较大的大型铸件。

常用的孕育剂为 $w_{Si}=75\%$ 的硅铁合金或 $w_{Si}=60\%\sim65\%$，$w_{Ca}=40\%\sim35\%$ 的硅钙合金。孕育剂的加入量与铁液成分、铸件壁厚等有关，一般为铁液质量的 0.2%~0.7%。

6.2.4 灰铸铁的热处理

灰铸铁的热处理只能改变基体组织，不能改变石墨的形状、数量、大小和分布，因此对提高灰铸铁力学性能的作用不大，故灰铸铁的热处理主要用来消除应力和白口组织、改善切削加工性能、稳定尺寸、提高表面硬度和耐磨性等。

1. 去应力退火

凡大型或形状复杂或精度要求高的铸件，例如机床床身等，为稳定尺寸、防止变形或开裂，必须进行去应力退火。退火方法是将铸件加热到 500 ℃ ~ 600 ℃，保温一段时间，随炉冷至 200 ℃ ~150 ℃后出炉空冷，用以消除铸件在凝固过程中因冷却不均匀而产生的铸造应力。

2. 消除白口组织，改善切削加工性能的退火

普通灰口铸铁表面或薄壁处在铸造过程中因冷却速度过快出现白口，铸铁件无法切削加工。为消除白口降低硬度常将这类铸铁件重新加热到共析温度以上（通常 880 ℃ ~900 ℃），并保温 1 ~2 h（若铸铁 Si 含量高，时间可短）进行退火，渗碳体分解为石墨，再将铸铁件缓慢冷却至 400 ℃ ~500 ℃出炉空冷。

3. 表面热处理

铸铁件表面热处理的目的是改善铸铁件的抗磨性能。钢中的感应加热淬火，激光加热淬火，软氮化等工艺均适用铸铁。如机床导轨的表面经表面淬火后，寿命可提高 1.5 倍。

6.3 球墨铸铁

灰口铸铁经孕育处理后虽然细化了石墨片，但未能改变石墨的形态。改变石墨形态是大幅度提高铸铁机械性能的根本途径，而球状石墨则是最为理想的一种石墨形态。为此，在浇注前向铁水中加入球化剂和孕育剂进行球化处理和孕育处理，则可获得石墨呈球状分布的铸铁，称为球墨铸铁，简称“球铁”。球墨铸铁常用的球化剂有镁、稀土或稀土镁。

6.3.1 球墨铸铁的组织和性能

球墨铸铁的显微组织由球形石墨和金属基体两部分组成，球墨铸铁按基体组织的不同可分为铁素体球墨铸件、铁素体—珠光体球墨铸铁和珠光体球墨铸铁等。

与灰口铸铁相比，球墨铸铁具有较高的抗拉强度和弯曲疲劳极限，也具有相当良好的塑性及韧性。这是由于球形石墨对金属基体截面削弱作用较小，使得基体比较连续，且在拉伸时引起应力集中的效应明显减弱，从而使基体的作用可以从灰口铸铁的 30% ~50% 提高到 70% ~90%。

由于球墨铸铁中有石墨的存在，使它具有与灰口铸铁同样良好的切削加工性、耐磨性、减震性和铸造性能。

6.3.2 球墨铸铁的牌号和用途

球墨铸铁的牌号以汉语拼音和两组机械性能数值来表示。表 6 –2 列出球墨铸铁的牌号、性能和用途。牌号中“QT”表示球墨铸铁，“QT”是“球铁”两字汉语拼音的大写字头，其后的两组数字，分别表示最低抗拉强度和最低伸长率。

表6－2 球墨铸铁的牌号、力学性能及用途举例（摘自GB 1348—1988）

牌号	基体	力学性能（不小于）					用途举例
		σ_b/MPa	$\sigma_{0.2}$/MPa	δ/%	a_k/(J·cm^2)	硬度/HB	
QT400－17	F	400	250	17	60	≤179	阀门的阀体和阀盖、汽车、内燃机车、拖拉机底盘零件，机床零件等
QT420－10	F	420	270	10	30	≤207	
QT500－05	F＋P	500	350	5	—	147～241	机油泵齿轮、机车、车辆轴瓦等
QT600－02	P	600	420	2	—	229～302	柴油机、汽油机的曲轴、凸轮轴等
QT700－02	P	700	490	2	—	229～304	磨床、铣床、车床的主轴等
QT800－02	S	800	560	2	—	241～321	空压机、冷冻机的缸体、缸套等
QT1200－01	$B_下$	1 200	840	1	30	≥38 HRC	汽车的螺旋伞轴、拖拉机减速齿轮、柴油机凸轮轴等

由于球铁中金属基体是决定球铁机械性能的主要因素，所以球铁可通过合金化和热处理强化的方法进一步提高它的机械性能。因此，球铁可以在一定条件下代替铸钢、锻钢等，用以制造受力复杂、负荷较大和要求耐磨的铸件。如具有高强度与耐磨性的珠光体球铁常用来制造内燃机曲轴、凸轮轴、轧钢机轧辊等；具有高韧性和塑性的铁素体球铁常用来制造阀门、汽车后桥壳、犁铧、收割机导架等。

6.3.3 球墨铸铁的热处理

球墨铸铁热处理的主要目的是改善它的基体组织，从而显著地改善球墨铸铁的性能。因为球墨铸铁的铸态组织一般为铁素体和珠光体加球状石墨，因此，可以通过不同的热处理方法使其获得不同的基体组织，从而改变其机械性能。

1. 退火

球墨铸铁在铸造过程中比普通灰口铸铁的白口倾向大，内应力也较大，为提高铸铁件的韧性，常将铸铁件重新加热到900 ℃ ~950 ℃并保温足够时间进行高温退火，再炉冷到600 ℃后出炉空冷。

2. 正火

球墨铸铁正火的目的是为了得到珠光体基体的球墨铸铁，从而提高其强度和耐磨性。

3. 调质

调质的目的是为了获得回火索氏体基体的球墨铸铁，从而获得较好的综合机械性能。一些受力复杂的零件，如柴油机曲轴、连杆等常采用调质处理，其方法与钢的调质一样，即淬火后高温回火。

4. 等温淬火

等温淬火的目的是为了得到下贝氏体基体的球墨铸铁，从而获得高强度、高硬度又有足够韧性的较高综合性能。一般常用于要求综合机械性能较高，而外形又较复杂、热处理容易变形和开裂的零件，如齿轮、滚动轴承套、凸轮轴等。

*6.4 其他类型铸铁

6.4.1 可锻铸铁

可锻铸铁是将白口铸铁通过石墨化或氧化脱碳退火处理，改变其金相组织或成分而获得有较高韧性的铸铁，其石墨呈团絮状。

1. 可锻铸铁的成分和生产过程

可锻铸铁的生产过程是：首先浇注成白口铸铁件，然后再经可锻化（石墨化）退火，使渗碳体分解为团絮状石墨，即可制成可锻铸铁。为保证在一般的冷却条件下铸件能获得全部白口，可锻铸铁中碳、硅含量较低。可锻铸铁的化学成分要求较严，一般为：$w_C = 2.3\% \sim 2.8\%$，$w_{Si} = 1.0\% \sim 1.6\%$，$w_{Mn} = 0.3\% \sim 0.8\%$，$w_S \leq 0.2\%$，$w_P \leq 0.1\%$。

2. 可锻铸铁的性能、牌号和用途

由于石墨形状的改变，减轻了石墨对基体的割裂作用。与灰铸铁相比，可锻铸铁的强度高、塑性和韧性好，但不能锻造。与球墨铸铁相比，可锻铸铁具有质量稳定、铁液处理简单、易于组织流水线生产等优点。

可锻铸铁的牌号、性能及用途见表6－3。牌号中“KT”是“可铁”二字的汉语拼音字首，后面的“H”表示“黑心”、“Z”表示“珠光体”基体，两组数字分别表示最低抗拉强度和最低伸长率。

表 6-3 可锻铸铁的牌号、性能及用途（摘自 GB 9440—1988）

牌号	其体	力学性能（不小于）			硬度 /HB	试样直径 /mm	用途举例
		σ_b/ MPa	$\sigma_{0.2}$/ MPa	δ/ %			
KTH300-06	F	300	186	6	120~150	12 或 15	管道，弯头、接头、三通，中压阀门
KTH330-08	F	330	—	8	120~150	12 或 15	扳手；犁刀；纺机和印花机盘头
KTH350-10	F	350	200	10	120~150	12 或 15	汽车前后轮壳，差速器壳、制动器支架，铁道扣板、电机壳、犁刀等
KTH370-12	F	370	226	12	120~150	12 或 15	
KTZ450-06	P	450	270	6	150~200	12 或 15	曲轴、凸轮轴、连杆、齿轮、摇臂、活塞环、轴套、犁刀、耙片、万向节头、棘轮、扳手、传动链条、矿车轮等
KTZ550-04	P	550	340	4	180~250	12 或 15	
KTZ650-02	P	650	430	2	210~260	12 或 15	
KTZ700-02	P	700	530	2	240~290	12 或 15	

可锻铸铁主要用于制造形状复杂、要求有一定塑性、韧性，承受冲击和振动，耐蚀的薄壁件，如汽车、拖拉机的后桥、转向机构、低压阀门、各类管接头等。但由于其退火时间长、生产过程较复杂，生产率较低，成本高，故其应用受到限制。部分可锻铸铁件已被球墨铸铁代替。

6.4.2 蠕墨铸铁

蠕墨铸铁是近年来发展起来的一种新型工程材料。它是由液体铁水经变质处理和孕育处理随之冷却凝固后所获得的一种铸铁。通常采用的变质元素（又称蠕化剂）有稀土硅铁镁合金、稀土硅铁合金、稀土硅铁钙合金等。

1. 蠕墨铸铁的化学成分和组织特征

蠕墨铸铁的石墨形态介于片状和球状石墨之间。灰口铸铁中石墨片的特征是片长、较薄、端部较尖。球铁中的石墨呈球状，而蠕墨铸铁的石墨形态在光学显微镜下看起来像片状，但不同于灰口铸铁的是其片较短而厚、头部较圆（形似蠕虫）。所以可以认为，蠕虫状石墨是一种过渡型石墨。

蠕墨铸铁的化学成分一般为：$w_C=3.4\%\sim3.6\%$，$w_{Si}=2.4\%\sim3.0\%$，$w_{Mn}=0.4\%\sim0.6\%$，$w_S\leqslant0.06\%$，$w_P\leqslant0.07\%$。

2. 蠕墨铸铁的牌号、性能特点及用途

蠕墨铸铁的牌号、力学性能及用途如表 6－4 所示。牌号中“RuT”表示“蠕铁”二字汉语拼音的大写字头，在“RuT”后面的数字表示最低抗拉强度。

表 6－4 蠕墨铸铁的牌号、性能及用途

牌号	力学性能（不小于）			HBS	蠕化率/%	基本组织	用途举例
	σ_b/MPa	$\sigma_{0.2}$/MPa	δ/%				
RuT420	420	335	0.75	200～280	≥50	P	活塞环、制动盘、钢球研磨盘、泵体等
RuT380	380	300	0.75	193～274	≥50	P	
RuT340	340	270	1.0	170～249	≥50	P＋F	机床工作台、大型齿轮箱体、飞轮等
RuT300	300	240	1.5	140～217	≥50	F＋P	变速器箱体、气缸盖、排气管等
RuT260	260	195	3.0	121～197	≥50	F	汽车底盘零件、增压器零件等

由于蠕墨铸铁的组织是介于灰口铸铁与球墨铸铁之间的中间状态，所以蠕墨铸铁的性能也介于两者之间，即强度和韧性高于灰口铸铁，但不如球墨铸铁。蠕墨铸铁的耐磨性较好，它适用于制造重型机床床身、机座、活塞环、液压件等。蠕墨铸铁的导热性比球墨铸铁要高得多，几乎接近于灰口铸铁，它的高温强度、热疲劳性能大大优于灰口铸铁，适用于制造承受交变热负荷的零件，如钢锭模、结晶器、排气管和气缸盖等。蠕墨铸铁的减震能力优于球墨铸铁，铸造性能接近于灰口铸铁，铸造工艺简便，成品率高。

6.4.3 特殊性能铸铁

工业上除了要求铸铁有一定的机械性能外，有时还要求它具有较高的耐磨性以及耐热性、耐蚀性。为此，在普通铸铁的基础上加入一定量的合金元素，制成特殊性能铸铁（合金铸铁）。它与特殊性能钢相比，熔炼简便，成本较低。缺点是脆性较大，综合机械性能不如钢。

1. 耐磨铸铁

有些零件如机床的导轨、托板，发动机的缸套，球磨机的衬板、磨球等，要求更高的耐磨性，一般铸铁满足不了工作条件的要求，应当选用耐磨铸铁，耐磨铸铁根据组织可分为下面几类。

（1）耐磨灰口铸铁

在灰口铸铁中加入少量合金元素（如磷、钒、铬、钼、锑、稀土等）可以增加金属基体中珠光体数量，且使珠光体细化，同时也细化了石墨。由于铸铁的强度和硬度升高，显微组织得到改善，使得这种灰口铸铁具有良好的润滑性和抗咬合抗擦伤的能力。耐磨灰口铸铁广泛用于制造机床导轨、气缸套、活塞环、凸轮轴等零件。

（2）中锰球墨铸铁

在稀土 - 镁球铁中加入5.0% ~9.5%的Mn，控制w_{si}为3.3% ~5.0%，其组织为马氏体 + 奥氏体 + 渗碳体 + 贝氏体 + 球状石墨，具有较高的冲击韧性和强度，适用于同时承受冲击和磨损条件下使用，可代替部分高锰钢。中锰球铁常用于农机具耙片、犁铧、球磨机磨球等零件。

2. 耐热铸铁

普通灰口铸铁的耐热性较差，只能在小于400 ℃左右的温度下工作。耐热铸铁指在高温下具有良好的抗氧化能力的铸铁。在铸铁中加入硅、铝、铬等合金元素，使之在高温下形成一层致密的氧化膜，如SiO_2、Al_2O_3、Cr_2O_3等，使其内部不再继续氧化。此外，这些元素还会提高铸铁的临界点，使其在所使用的温度范围内不发生固态相变，以减少由此造成的体积变化，防止显微裂纹的产生。

3. 耐蚀铸铁

提高铸铁耐蚀性的主要途径是合金化。在铸铁中加入硅、铝、铬等合金元素，能在铸铁表面形成一层连续致密的保护膜，可有效地提高铸铁的抗蚀性。而在铸铁中加入铬、硅、钼、铜、镍、磷等合金元素，可提高铁素体的电极电位，以提高抗蚀性。另外，通过合金化，还可获得单相金属基体组织，减少铸铁中的微电池，从而提高其抗蚀性。

目前应用较多的耐蚀铸铁有高硅铸铁、高硅钼铸铁、铝铸铁、铬铸铁等。

思考题与作业题

1. 什么叫铸铁的石墨化？叙述化学成分和冷却速度对石墨化的影响。
2. 用一分为二的观点综合分析片状石墨对灰铸铁性能的影响。
3. 可锻铸性和球墨铸铁，哪种适宜制造薄壁铸件？为什么？
4. 下列牌号表示什么铸铁？其符号和数字表示什么含义？

HT150、QT450 - 10、KTH300 - 06、KTZ550 - 04、RuT300。

5. 下列说法是否正确？为什么？

（1）通过热处理可将片状石墨变成球状，从而改善铸铁的力学性能；

（2）可锻铸铁因具有较好的塑性，故可进行锻造；

（3）白口铸铁由于硬度很高，故可用来制造各种刀具；

(4) 灰铸铁中，碳、硅含量越高，铸铁的抗拉强度和硬度越低。

6. 下列铸件宜选用何种铸铁？试选择铸铁牌号并说明理由。

车床床身、机床手轮、气缸套、汽车发动机曲轴、自来水三通管、暖气片、电机机壳、缝纫机机架、污水管。

第7章 有色金属及其合金

工业上使用的金属材料，习惯上分为黑色金属和有色金属两大类。黑色金属主要是指铁及其合金，除黑色金属以外的其他金属称为有色金属。有色金属的种类很多，其产量和使用量虽不及黑色金属，但由于它具有许多特殊的性能，在国民经济各个部门的应用十分广泛，因而成为现代工业中不可缺少的金属材料，各国都重视和发展有色金属，有资料显示，有色金属的产量约占世界钢产量的5%。

本章仅介绍在机械制造业中广泛应用的铝及铝合金、铜及铜合金。

7.1 铝及铝合金

铝是自然界中储量最丰富的金属元素之一，在工业中成为仅次于钢铁材料的一种重要工业金属，铝及其合金具有许多优良的性能，在机械、电力、航空、航天等工业中有广泛的应用，也是日常生活用品中不可缺少的材料。

我国新的国家标准（GB/T 16474—1996）对变形铝及铝合金的命名方法，采用的是国际四位数字体系牌号（如1070）和四位字符体系牌号（如1A60）两种方式。

铝及铝合金的组别与牌号系列如表7-1所示。

表7-1 铝及铝合金的组别与牌号系列

组 别	牌号系列
纯铝（w_{Al}≥99.00%）	1×× ×
以铜为主要合金元素的铝合金	2×× ×
以锰为主要合金元素的铝合金	3×× ×
以硅为主要合金元素的铝合金	4×× ×
以镁为主要合金元素的铝合金	5×× ×

续表

组　别	牌号系列
以镁和硅为主要合金元素，并以 MgSi 为强化相的铝合金	6×××
以锌为主要合金元素的铝合金	7×××
以其他合金元素为主要合金元素的铝合金	8×××
备用合金组	9×××

① 牌号中第一位数字表示铝及铝合金的组别。

1×××系列代表纯铝，铝的质量分数不小于99.00%，牌号的最后两位数字表示铝的最低质量分数。当铝的最低质量分数精确到0.01%时，最后两位数字就是铝最低质量分数中小数点后面的两位数字，如1060表示的纯铝，其铝的质量分数为99.60%。

2×××-8×××表示铝合金的牌号，9×××为备用铝合金的牌号。

② 牌号中第二位数字（国际四位数字体系）或字母（四位字符体系）表示原始纯铝或铝合金的改型情况，其中数字0和字母A分别表示原始纯铝和原始铝合金，如1060或1A60为原始纯铝。

数字1-9和字母B-Y表示原始纯铝和原始铝合金改型情况，如2A12为原始铝铜合金，2B12为改型后的铝铜合金。

③ 牌号中最后两位数字用以区别同一组中不同的铝合金，如1060和1050，则表示纯铝的最低质量分数中小数点后面的两位分别为0.60和0.50，其他杂质含量也有所不同。

在新旧牌号命名标准的过渡时期，国内原GB 3190—1982中使用的牌号如L1、LF2、LY11等仍可继续使用，见表7-2和表7-3。

表7-2　工业纯铝的牌号、化学成分及用途

旧牌号（GB / 3190—1982）	新牌号（GT 16474—1996）	化学成分/%		用　途
		Al	杂质总量	
L1	1070	99.7	0.3	适用于垫片、电容、电子管隔离罩、电缆、导电体和装饰件
L2	1060	99.6	0.4	
L3	1050	99.5	0.5	
L4	1035	99.0	1.0	
L5	1200	99.0	1.0	适用于通信系统的零件、垫片和装饰件、电线保护导管等不受力而具有某种特性的零件

表7－3 常用的变形铝合金的牌号、力学性能及用途

类别	原牌号（GB/ 3190—1982）	新牌号（GB/ 16474—1996）	半成品种类	力学性能		用途
				δ_b/MPa	δ/%	
防锈铝合金	LF2	5A02	冷轧板材	167～226	16～18	适用于在液体中工作的中等强度的焊接件、冷冲压件和容器、骨架零件等
			热轧板材	117～157	6～7	
			挤压板材	≤226	10	
	LF21	3A21	冷轧板材	98～147	18～20	适用于要求高的可塑性和良好的焊接性、在液体或气体介质中工作的低载荷零件
			热轧板材	108～118	12～15	
			挤制厚壁管材	≤167	—	
硬铝合金	LY11	2A11	冷轧板材（包铝）	226～235	12	适用于要求中等强度的零件和构件、冲压的连接部件、飞机空气螺旋桨叶片、局部镦粗的零件
			挤压棒材	353～373	10～12	
			拉挤制管材	≤ 245	10	
	LY12	2A12	冷轧扳材（包铝）	407～427	10～13	用量最大。适用于要求高载荷的零件和构件
			挤压棒材	255～275	8～12	
			拉挤制管材	≤ 245	10	
	LY8	2B11	铆钉线材	225		主要用作铆钉材料
超硬铝合金	LC3	7A03	铆钉线材	284	—	适用于受力结构的铆钉
	LC4	7A04	挤压棒材	490～ 510	5～7	适用于飞机大梁等承力构件和高载荷零件
	LC9	7A09	冷轧板材	≤ 240	10	
			热轧板材	490	3～6	

续表

类别	原牌号（GB/ 3190—1982）	新牌号（GB/ 16474—1996）	半成品种类	力学性能		用　途
				δ_b/ MPa	δ/%	
锻铝合金	LD5	2A50	挤压棒材	355	12	适用于形状复杂和中等强度的锻件和冲压件
	LD7	2A70	挤压棒材	353	8	
	LD8	2A80	挤压棒材	441 ~ 432	8 ~ 10	
	1D10	2A14	热轧板构	432	5	适用于高负荷和形状简单的锻件和模锻件

7.1.1 纯铝

纯铝是银白色的金属。工业上使用的纯铝，其纯度为98% ~99.7%。它具有以下性能特点：

① 密度小：约为 $2.7\times10^3\ kg/m^3$，仅为铁的1/3。

② 导电性好：仅次于铜、银和金，位居第四位。室温下，铝的导电能力约为铜的62%。

③ 良好的耐腐蚀性：在大气中，铝的表面能形成一层致密的氧化铝薄膜，能有效地隔绝铝与氧接触，从而阻止铝进一步氧化。但铝不能耐酸、碱和盐的腐蚀。

④ 塑性好：伸长率 δ 为30% ~50%，断面收缩率 ψ 为80%，可用于冷、热压加工。

⑤ 强度低：纯铝的抗拉强度 σ 为80 ~100 MPa，但通过合金化或热处理能使之强化。

纯铝具有一系列优良的工艺性能，易于铸造，易于切削，也易于通过压力加工制成各种规格的半成品。所以纯铝主要用于代替较贵重的铜制造电缆电线的线芯和导电零件、制造要求质轻、导热、耐大气腐蚀但强度要求不高的用品或器具，以及配制铝合金和做铝合金的包覆层。由于纯铝的强度很低，所以一般不宜直接作为结构材料和制造机械零件。

常见的纯铝有1070、1060、1050、1035等，表7－2是工业纯铝的牌号、化学成分及用途。

7.1.2 铝合金

纯铝的强度低，不适宜用作结构材料。为了提高其强度，一般最有效的办法是在纯铝中加入硅、铜、镁、锰、锌等合金元素，形成铝合金。

铝合金具有密度小，耐腐蚀，导热和塑性好等性能。许多铝合金还可通过冷变形和热处理，使强度显著提高。

1. 铝合金的分类

铝合金按其成分和工艺特点不同可分为变形铝合金与铸造铝合金两大类。

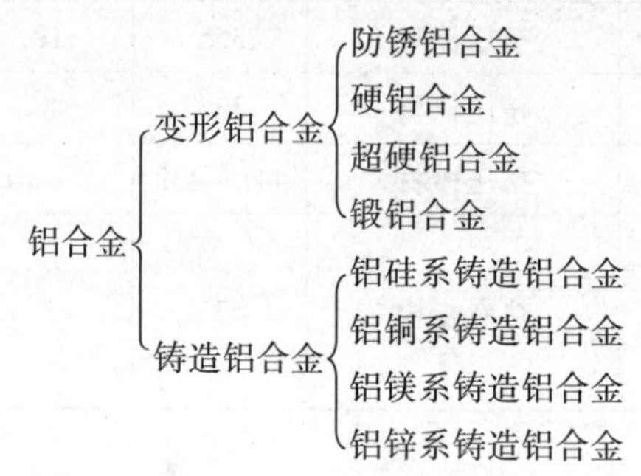

（1）变形铝合金。

变形铝合金又可分为两类：一类是不可热处理强化的变形铝合金，主要有防锈铝合金（LF）；另一类是可热处理强化的变形铝合金，主要有硬铝（LY）、超硬铝（LC）和锻铝合金（LD）。表7－3是常用的变形铝合金的新旧牌号、力学性能及用途。

① 防锈铝合金。防锈铝合金是铝锰系或铝镁系合金，属不能热处理强化的铝合金，常采用冷变形方法强化。铝锰合金比纯铝有更高的耐蚀性和强度，并有良好的可焊性和塑性。铝镁合金的密度比纯铝更小，强度比铝锰合金还高，并有相当好的耐蚀性。防锈铝合金在飞机、车辆、制冷装置及日用器具中应用较广，适于制造耐腐蚀、受力不大及焊接的零部件，如管道、容器等。常用的有LF5、LF11和LF21等。

② 硬铝合金。硬铝合金是铝－（Al－Cu－Mg）系合金，还含有少量的锰。加入铜和镁是为了在时效过程中产生强化相，这类合金属于可热处理强化的铝合金，通过淬火和时效处理可显著提高其强度和硬度，σ_b 可达420 MPa，故称为硬铝合金。

硬铝合金的耐蚀性远比纯铝差，不耐海水腐蚀，所以硬铝合金板材的表面常包有一层纯铝，以增加其耐蚀性。包铝板材在热处理后强度稍低。硬铝合主要用于航空工业中，如制造飞机构架、叶片、螺旋桨等，典型的牌号有2A01、2A11。

③ 超硬铝合金。它是铝－铜－镁－锌系合金，还含有少量的锰和铬。这类合金经淬火和人工时效后，其强度比硬铝合金更高，σ_b 可达680 MPa，故称超硬铝合金，它是强度最高的一种铝合金，超硬铝合金的耐蚀性也较差，可用包铝法提高其耐蚀性。超硬铝合金与硬铝合金一样，主要用于飞机上受力较大的结构件，如加强框和起落架、大梁桁架，常用的有LC4（7A04）和LC6等。

④ 锻铝合金。它是铝－铜－镁－硅（Al－Cu－Mg－Si）系和铝－铜－镁－镍－铁(Al－Cu－Mg－Ni－Fe）系合金。合金中元素种类多，但每种元素的含量都较少，它具有良好的热塑性和较高的力学性能，适合锻造，锻造性能、铸造性能良好。

锻铝合金主要用作航空及仪表工业中形状复杂，要求强度较高、密度较小的锻件和模锻件。常用的有 LD5（2A50）、LD7（2A70）和 LD10（2A14）等。

（2）铸造铝合金

铸造铝合金是主要用来制造铸件的铝合金。常用的铸造铝合金有铝硅系、铝铜系、铝镁系和铝锌系四大类，其中铝硅系应用最广。

铸造铝合金的代号用“铸铝”两字的汉语拼音字母 ZL 及后面三位数字表示，如 ZL101、ZL108 等。

第一位数字表示铝合金的类别，其中 1 为铝－硅（Al－Si）合金、2 为铝－铜（Al－Cu）合金、3 为铝－镁（Al－Mg）合金、4 为铝－锌（Al－Zn）合金，后两位数字表示合金的顺序号，如 ZL102 表示 Al－Si 系 02 号。表 7－4 为常用铸造铝合金的牌号、化学成分、性能及用途。

表 7－4 常用铸造铝合金的牌号、化学成分、性能及用途

牌号	化学成分 $w/\%$				力学性能			用途
	Si	Cu	Mg	其他	σ/MPa	$\delta/\%$	HBS	
ZL101	6.5～7.5		0.25～0.45	—	192	2	60	形状复杂、工作温度小于 185 ℃的零件
ZL102	11.0～13.0	—	—	—	192	2	60	形状复杂、工作温度小于 185 ℃的零件
ZL105	4.5～5.5	1.0～1.5	0.4～0.6	—	231	1.0	70	形状复杂、工作温度小于 225 ℃的零件
ZL108	11.0～13.0	1.0～2.0	0.4～1.0	Mn：0.3～0.9	251	—	90	要求高温强度及低膨胀系数的零件
ZL201	—	4.5～5.3	—	Mn：0.6～1.0	290	8	90	在 175 ℃～300 ℃工作的零件

续表

牌号	化学成分 w/%				力学性能			用 途
	Si	Cu	Mg	其他	σ/MPa	δ/%	HBS	
ZL202	—	9.0 ~11	—	—	163	—	100	形状简单、表面光洁度要求较高的中等承载零件
ZL301	—	—	9.0 ~11.5	—	280	9	60	在大气或海水中工作、承受大振动载荷、工作温度小于150 ℃的零件
ZL401	6.0 ~8.0	—	0.1 ~0.3	Zn：9.0 ~ 13.0	241	2	80	结构形状复杂、工作温度小于200 ℃的零件

① 铝硅（Al－Si）系铸造铝合金。铝硅系铸造铝合金又称为硅铝明。常用的铝硅合金含硅量为11% ~13%，这种合金的流动性很好，铸件不易发生热裂，但铸件的致密性不高，适于铸造形状复杂，致密性要求不高的铸件。对致密性要求高的铸件，应消除气孔或采用压力铸造。

为了提高合金的力学性能，生产中常采用变质处理，即在浇注之前向合金溶液中加入变质剂，使铸造合金的金相组织细化，改善合金的力学性能。

② 铝铜（Al－Cu）系铸造铝合金。一种比较陈旧的铸造铝合金，由于合金中只含有少量的共晶体，故铸造性能不好，而耐蚀性能也不及优质的铝硅明。目前大部分已由其他铝合金所代替。在这类合金中，ZL201 在室温下的强度、塑性较好，可用于制造在要求高强度或在高温条件（300 ℃以下）下工作的零件，如金属铸型；ZL202 的塑性较低，多用于高温下不受冲击的零件。

③ 铝镁（Al－Mg）系铸造铝合金。铝镁合金具有高的强度和良好的耐蚀性，密度小，但铸造性和耐热性较差。铝镁合金可进行时效强化，通常是自然时效。主要用于制造承受冲击载荷，在腐蚀性介质中工作的零件，如舰船的配件、氨用泵体等。典型的有 ZL301。

④ 铝锌（Al－Zn）系铸造铝合金。铝锌合金的铸造性能好，价格便宜，经变质处理和时效强化后，强度较高，但耐蚀性差，热裂倾向大，主要用于制造汽车、拖拉机的发动机零件及形状复杂仪表零件，典型的有 ZL402。

2. 铝合金的热处理

（1）固溶强化

纯铝中加入合金元素，形成铝基固溶体，造成晶格畸变，阻碍了位错的运动，起到固溶强化的作用，可使其强度提高。根据合金化的一般规律，形成无限固溶体或高浓度的固溶体型合金时，不仅能获得高的强度，而且还能获得优良的塑性与良好的压力加工性能。Al－Cu、Al－Mg、Al－Si、Al－Zn、Al－Mn 等二元合金一般都能形成有限固溶体，并且均有较大的极限溶解度，因此具有较大的固溶强化效果。

（2）时效强化

淬火后的铝合金在室温下放置或低温加热，从而使强度和硬度明显提高的现象，称为时效或时效强化。在室温下进行的称自然时效，加热条件下进行的称为人工时效。

铝合金时效强化的效果与时效温度有关，人工时效温度越高，铝合金所得到的最高强度值越低，强化效果越差，因此，降低温度是抑制时效的有效办法。

7.2 铜及铜合金

铜及铜合金色泽美观。同时具有以下性能特点。

① 有优异的物理化学性能。纯铜导电性、导热性极佳，许多铜合金的导电、导热性也很好；铜及铜合金对大气和水的抗腐蚀能力也很高；铜是抗磁性物质。

② 有良好的加工性能。铜及某些铜合金塑性很好，容易冷、热成型；铸造铜合金有很好的铸造性能。

③ 有某些特殊的机械性能。例如优良的减摩性和耐磨性（如青铜及部分黄铜），高的弹性极限及疲劳极限（铍青铜等）。

由于有以上优良性能，铜及铜合金在电气工业、仪表工业、造船工业及机械制造工业部门中获得了广泛的应用。但铜的储藏量较小，价格较贵，属于应节约使用的材料之一，只有在特殊需要的情况下，例如要求有特殊的磁性、耐蚀性、加工性能、机械性能以及特殊的外观等条件下，才考虑使用。

7.2.1 纯铜

工业上使用的纯铜，含铜量为99.5%～99.95%，它是紫红色的金属，故又称为紫铜。纯铜具有以下性能特点：

① 纯铜的密度为8.96×10^3 kg/m^3，比钢大15%，熔点为1 083 ℃。

② 纯铜的导电性和导热性仅次于金和银，是最常用的导电、导热材料。

③ 纯铜的强度不高，塑性相当好，$\delta=45\%\sim50\%$，易于冷、热压力加工。

工业纯铜有 T1、T2 、T3 和 T4 四个牌号，T 为铜的汉语拼音字首，其后的数字越大，纯度越低，即杂质越多。

纯铜除工业纯铜外，还有一类叫无氧铜，其含氧量极低，不大于0.003%。无氧铜材的牌号用TU加序号表示，如TU1、TU2，主要用来制作电真空器件及高导电性铜线。这种导线能抵抗氢的作用，不发生氢脆现象。

纯铜的强度低，不宜做结构材料，为了改善其力学性能，可在纯铜中加入合金元素制成铜合金。这些铜合金一般仍具有较好的导电、导热、耐蚀、抗磁等特殊性能及足够高的力学性能。

7.2.2 铜合金

铜合金分为黄铜、青铜和白铜。在普通机器制造业中，应用较为广泛的是黄铜和青铜。

1. 黄铜

以锌为主要合金元素的铜合金，因呈金黄色故称黄铜。黄铜具有良好的力学性能，工艺性能和耐蚀性都较好，易于加工成形。按化学成分的不同，黄铜分为普通黄铜和特殊黄铜两类。

（1）普通黄铜

以铜和锌组成的二元铜合金称普通黄铜。普通黄铜的牌号用“H⁺数字”表示。其中H为“黄”字汉语拼音的字头，数字表示平均含铜量，如H90，表示黄铜的平均含铜量为90%。

当含锌量低于30%～32%时，随着含锌量的增加，合金的强度和塑性都升高；当含锌量超过32%后，塑性开始下降，但强度继续升高；当含锌量高于45%时，黄铜的强度和塑性随含锌量的增加急剧下降，在实际生产中无实用价值。

表7－5列出了常用黄铜的牌号、化学成分、力学性能及用途。

表7－5 常用黄铜的牌号、化学成分、力学性能及用途

组别	牌号	化学成分 w/%		力学性能			用途
		Cu	其他	σ_b/ MPa	δ /%	硬度/HBS	
普通黄铜	H90	88.0～91.0	余量Zn	260/480	45/4	53/130	双金属片、供水和排水管、证章、艺术品
普通黄铜	H68	67.0～70.0	余量Zn	320/660	55/3	—/150	复杂的冲压件、散热器外壳、波纹管、轴套、弹壳、波纹管、轴套

续表

组别	牌号	化学成分 w/%		力学性能			用途
		Cu	其他	σ_b/ MPa	δ /%	硬度/HBS	
普通黄铜	H62	60.5 ~63.5	余量 Zn	330/600	49/3	56/140	螺母、垫圈、夹线板、弹簧
特殊黄铜	HSn90—1	88.0 ~91.0	0.25 ~0.75 Sn 余量 Zn	280/520	45/5	—/82	船舶零件、汽车和拖拉机零件、蒸汽零件
	HPb59—1	57.0 ~60.0	0.8 ~1.9Pb 余量 Zn	400/650	45/16	44/ 80	热冲压及切削加工零件
	HAl59 –3 –2	57.0 ~60.0	2.5 ~3.5Al	380/650	50/15	75/155	常温下工作的高强度、耐蚀零件
	ZCuZn38	60.0 ~63.0	余量 Zn	295/295	30/30	60/70	法兰、阀座、手柄、螺母

注：力学性能数值中，铸造黄铜的分子数值为砂型铸造试样测定，分母数值为金属型铸造试样测定。其余黄铜的分子数值为 600 ℃下退火状态测定，分母数值为 50% 变形程度的硬化状态测定。

（2）特殊黄铜

在普通黄铜的基础上加入其他合金元素的铜合金，称为特殊黄铜。特殊黄铜的牌号以“H + 添加元素符号 + 数字 + 数字”，数字依次表示含铜量和加入元素的含量。如典型牌号 HPb59 –1：表示加入铅的特殊黄铜，其中铜的含量为 59%，铅的含量为 1% 的特殊黄铜，主要用于制造各种结构零件，如销钉、螺钉、螺母、衬套等。铸造用的黄铜在牌号前加“Z”，如 ZCuZn38。

2. 青铜

青铜原指铜锡合金，但是，工业上习惯把铜基合金中不含锡而含有铝、镍、锰、硅、铍、铅等特殊元素组成的合金也叫青铜。所以青铜实际上包含锡青铜、铝青铜、铍青铜和硅青铜等。青铜也可分为压力加工青铜（以青铜加工产品供应）和铸造青铜两类。青铜的编号规则是：“Q + 主加元素符号 + 主加元素含量（ + 其他元素含量）”，“Q”表示青的汉语拼音字头。如 QSn4 –3 表示成分为 4% Sn、3% Zn、其余为铜的锡青铜。铸造青铜的编号前加“Z”。

（1）锡青铜

以锡为主加元素的铜合金称锡青铜。锡青铜是我国历史上使用得最早的有色合金，也是最常用的有色合金之一。按生产方法，锡青铜可分为压力加工锡青铜和铸造锡青铜两类。

压力加工锡青铜含锡量一般小于10%，适宜于冷热压力加工。经形变强化后，强度、硬度提高，但塑性有所下降。典型牌号为CuSn5Pb5Zn5，主要用于仪表上耐磨、耐蚀零件，弹性零件及滑动轴承、轴套等。

铸造锡青铜含锡量一般为10%～14%，适宜于用来生产强度和密封性要求不高，但形状复杂的铸件。典型牌号ZCuSn10Zn2，主要用于制造阀、泵壳、齿轮、蜗轮等零件。

锡青铜在造船、化工机械、仪表等工业中有广泛的应用。

(2) 无锡青铜

无锡青铜是指不含锡的青铜，常用的有铝青铜、铅青铜、锰青铜、硅青铜等。

铝青铜是无锡青铜中用途最为广泛的一种。以铝为主要合金元素的铜合金称为铝青铜。铝青铜的力学性能比黄铜和锡青铜都高。当含铝量小于5%时，强度很低；含铝量在5%～7%时的塑性最好，适于冷加工；含铝量在10%左右时，强度最高，常以铸态使用；当含铝量大于12%时，塑性很差，加工困难。因此实际应用的铝青铜含铝量5%～12%。

铝青铜的耐蚀性优良，在大气、海水、碳酸及大多数有机酸中具有比黄铜和锡青铜更高的耐蚀性。铝青铜的耐磨性也比黄铜和锡青铜好。铝青铜还有耐寒冷，冲击时不产生火花等特性。

铝青铜可用于制造齿轮、轴套、蜗轮等在复杂条件下工作的高强度抗磨零件以及弹簧和其他高耐蚀性的弹性零件。

思考题与作业题

1. 变形铝合金和铸造铝合金各有哪些？

2. 黄铜和青铜的区别是什么？各有哪些？

3. 指出下列代号的意义：

(1) 1070、1035、5A02、3A21、2A12、2A70、ZL202、ZL105；

(2) H90、HSn90-1、HPb59-1、ZCuZn38。

4. 下列零件，应选用何种有色金属材料较为合适？

焊接油箱，气缸体，活塞，仪表弹簧，罗盘，飞机蒙皮。

第8章 新型材料与材料的质量控制

进入21世纪，随着科学技术的迅速发展，在传统金属材料与非金属材料仍大量应用的同时，各种适应高科技发展的新型材料不断涌现，为新技术取得突破创造了条件。所谓新型材料是指那些新近发展或正在发展中的，采用高新技术制取的，具有优异性能和特殊性能的材料。新型材料是相对于传统材料而言的，二者之间并没有截然的分界。新型材料的发展往往以传统材料为基础，传统材料的进一步发展也可以成为新型材料。材料，尤其是新型材料，是21世纪知识经济时代的重要基础和支柱之一，它将对经济、科技、国防等的发展起到至关重要的推动作用，对机械制造业则更是如此。

目前，对各种新型材料的研究和开发正在加速。新型材料的特点是高性能化、功能化、复合化。传统的金属材料、有机材料、无机材料的界限正在消失，新型材料的分类变得困难起来，材料的属性区分也变得模糊起来。例如，传统认为导电性是金属固有的，而如今有机、无机材料也均可出现导电性。复合材料更是融多种材料性能于一体，甚至出现一些与原来截然不同的性能。

在机械制造工业中，工程材料的质量控制是获得高质量产品与赢得市场的重要环节。材料的化学成分、组织状态、性能及其热处理、热加工过程中的变化，需要确定是否合乎要求；原材料及其加工中的缺陷需要确认，并作为改进加工工艺的依据；产品使用过程中的质量需要跟踪等，都需要通过检验来分析和控制。

本章主要对各类新型材料及其应用和目前常见的材料质量检验方法作简要介绍。

8.1 新型材料

8.1.1 高温材料

所谓高温材料一般是指在600 ℃以上，甚至在1 000 ℃以上能满足工作要求的材料，这种材料在高温下能承受较高的应力并具有相应的使用寿命。常见的高温材料是高温合金，出现于20世纪30年代，其发展和使用温度的提高与航天航空技术的发展紧密相关。现在高温材料的应用范围越来越广，从锅炉、蒸汽机、内燃机到石油、化工用的各种高温物理化学反应装置、原子反应堆的热交换器、喷气涡轮发动机和航天飞机的多种部件都有广泛的使用。高新技术领域对高温材料的使用性能不断提出要求，促使高温材料的种类不断增多，耐热温度不断提高，性能不断完善。反过来，高温材料的性能提高，又扩大了其应用领域，推动了高新技术的发展。

到现在为止，开发使用的高温材料主要有以下几类：

1. 铁基高温合金

铁基高温合金由奥氏体不锈钢发展而来。这种高温合金在成分中加入比较多的Ni以稳定奥氏体基体。现代铁基高温合金有的Ni含量甚至接近50%。另外，加入10%~25%的Cr可以保证获得优良的抗氧化及抗热腐蚀能力；W和Mo主要用来强化固溶体的晶界，Al、Ti、Nb起沉淀强化作用。我国研制的Fe-Ni-Cr系铁基高温合金有GH1 140、GH2 130、K214等，用作导向叶片的工作温度最高可达900 ℃。一般而言，这种高温合金抗氧化性和高温强度都还不足，但其成本较低，可用于制作一些使用温度要求较低的航空发动机和工业燃气轮机部件。

2. 镍基高温合金

这种合金以Ni为基体，Ni含量超过50%，使用温度可达1 000 ℃。镍基高温合金可溶解较多的合金元素，可保持较好的组织稳定性。高温强度、抗氧化性和抗腐蚀性都较铁基合金好，现代喷气发动机中，涡轮叶片几乎全部采用镍基合金制造。镍基高温合金按其生产方式可分为变形合金与铸造合金两大类。由于使用温度越高的镍基高温合金其锻造性能也越差，因此，现在的发展趋势是耐热温度高的零部件，大多选用铸造镍基高温合金制造。

3. 高温陶瓷材料

高温高性能陶瓷正在得到普遍关注。以氮化硅陶瓷为例，已成为制造新型陶瓷发动机的重要材料。它不仅有良好的高温强度，而且热膨胀系数小，导热系数高，抗热震性能好。用它制成的发动机可在更高的温度工作，效率将会有大的提高。

8.1.2 形状记忆材料

形状记忆是指某些材料在一定条件下，虽经变形而仍然能够恢复到变形前原始形状的能力。最初具有形状记忆功能的材料是一些合金材料，如Ni-Ti合金。目前高分子形状记忆材料因为其优异的综合性能也已成为重要的研究与应用对象。

材料的形状记忆现象是由美国海军军械实验室的科学家布勒（W. J. Buchler）在研究Ni-Ti合金时发现的。典型的形状记忆合金的应用例子是用来制造月面天线。半球形的月面天线直径达数米，用登月舱难以运载进入太空。科学家们利用 Ni－Ti 合金的形状记忆效应，首先将处于一定状态下的 Ni－Ti 合金丝制成半球形的天线，然后压成小团，用阿波罗火箭送上月球，放置在月球上，小团被阳光晒热后恢复成原状，即可成功地用于通讯。

形状记忆效应是热弹性马氏体相变产生的低温相在加热时向高温相进行可逆转变的结果。这种效应分为两种情况。材料在高温下制成某种形状，在低温下将其任意变形，若将其加热到高温时，材料恢复高温下的形状，但重新冷却时材料不能恢复低温时的形状，这是单程记忆效应；若低温下材料仍能恢复低温下的形状，就是双程记忆效应。

1. 形状记忆合金

目前形状记忆合金主要分为 Ni－Ti 系、Cu 系和 Fe 系合金等。Ni－Ti 系形状记忆合金是最具有实用化前景的形状记忆材料。其室温抗压强度可达 1 000 MPa 以上，密度较小为 6.45 g/cm^3，疲劳强度高达 480 MPa，而且还具有很好的耐蚀性。近年来又发展了一系列改良的 Ni －Ti 合金，如在 Ni－Ti 合金中加入微量的 Fe、Cr、Cu 等元素，以进一步扩大 Ni－Ti 材料应用范围。

2. 形状记忆高聚物

高聚物材料的形状记忆机理与金属不同。目前开发的形状记忆高聚物具有两相结构，即固定成品形状的固定相和在某种温度下能可逆的发生软化和固化的可逆相。固化相的作用是记忆初始形态，第二次变形和固定是由可逆相来完成的。凡是有固定相和软化－固化可逆相的聚合物都可以做形状记忆高聚物。根据固定相的种类，其可分为热固性和热塑性两类，如聚乙烯类结晶性聚合物、苯乙烯－丁二烯共聚物。

3. 形状记忆合金的应用

形状记忆材料可用于各种管接头、电路的连接、自动控制的驱动器和热机能量转换材料等。图 8－1 为铆钉的应用实例。

大量使用形状记忆材料的是各种管接头。由于在 M_f 以下马氏体非常软，接头内径很容易扩大，在此状态下，把管子插入接头内，加热后接头内径即可恢复原来的尺寸，完成管的连接过程，因为形状恢复力很大，故连接很严密，很少有漏油、脱落等事故发生。

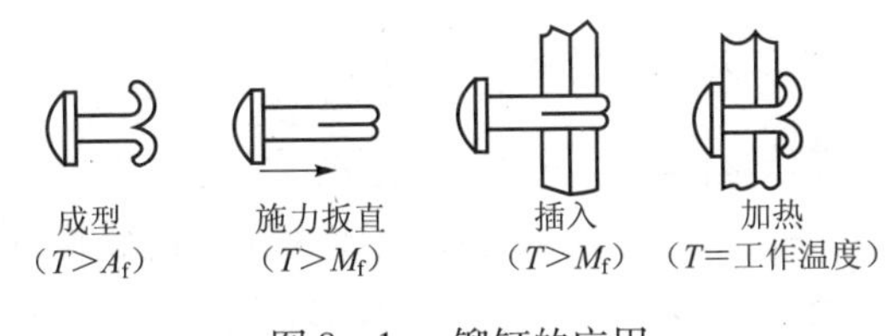

图 8－1 铆钉的应用

形状记忆材料还可用于各种温度控制仪器，如温室窗户的自动开闭装置，防止发动机过热的风扇离合器等。由于形状记忆材料具有感知和驱动的双重功能，因此，可能成为未来微型机械手和机器人的理想材料。

8.1.3 非晶态材料

非晶态是相对晶态而言的，此时的原子处于混乱排列的状态。非晶态材料的种类很多，如传统的硅酸盐玻璃、非晶态聚合物和非晶态半导体、非晶态超导体、非晶态离子导体等。这里则主要介绍非晶合金。由于非晶合金在结构上与玻璃相似，故亦称为金属玻璃。

金属玻璃可采用液相急冷法、气相沉积法、注入法等制备。1959 年，杜威兹（Dumez）等人以超过 106 ℃/s 的急冷速度将 A1 – Si 合金熔体制成非晶态箔片，这种液态淬火制备金属玻璃的方法，大大促进了非晶态金属的发展。急冷法的原理是：熔体在快速冷却条件下，晶核的产生与长大受到抑制，即使冷却到理论结晶温度以下也不会结晶，被过冷的熔体处于亚稳态；进一步冷却时，熔体中原子的扩散能力显著下降，最后原子被冻结成固体，这种固体的原子排列和过冷液体相同。这种非平衡的固态即为非晶态或称为玻璃态。固化温度即玻璃化温度。

非晶态合金的成分选择十分重要。若成分设计不合理，即使急冷也不可能得到非晶态材料。

非金属 B、P、Si、Ge 等与原子半径较大的金属组成的合金比较容易晶化。实用意义较大的是 Fe、Ni、Co 为主体的金属 – 非金属合金系。

非晶态合金在力学、电学、磁学和化学性能诸方面均有独特之处。其具有很高的强度。非晶态合金 $Fe_{80}B_{20}$抗拉强度达 3 630 MPa，而晶态超高强度钢的抗拉强度仅为1 800 ~ 2 000 MPa；同时，非晶态合金还具有很高的韧性和塑性，许多淬火态的金属玻璃薄带可以反复弯曲，即使弯曲到 180° 也不会断裂，因此，既可以进行冷轧弯曲加工，也可编织成各种网状物。

与晶态合金相比，非晶态合金的电阻率显著增高，一般要高 2 ~ 3 倍，这与非晶态合金原子的无序排列有关，这一特性显示了其在仪表测量中的应用前景。

8.1.4 超导材料

超导材料是近年发展最快的功能材料之一。超导体是指在一定温度下材料电阻为零，物质内部失去磁通成为完全抗磁性的物质。

超导现象是荷兰物理学家昂内斯（Onnes）在 1911 年首先发现的。他在检测水银低温电阻时发现，温度低于 4.2 K 时电阻突然消失。这种零电阻现象称为超导现象。出现零电阻的温度称为临界温度 T_c。T_c 是物质常数，同一种材料在相同条件下有确定值。T_c 的高低是超导材料能否实际应用的关键。1933 年，迈斯纳（Meissner）发现超导的第二个标志：完全抗磁。当金属在超导状态时，它能将通过其内部的磁力线排出体外，称为迈斯纳效应。零电阻和完全抗磁性是超导材料的两个最基本的宏观特性。

此后，人们不仅在超导理论研究上做了大量工作，而且在研究新的超导材料，提高超导零电阻温度上也进行了不懈的努力。T_c 值愈高，超导体的使用价值愈大。由于大多数超导材料的 T_c 值都太低，必须用液氦才能降到所需温度，这样不仅费用昂贵而且操作不便，因而许多科学家都致力于提高 T_c 值的研究工作。1973 年应用溅射法制成 Nb_3Ge 薄膜，T_c 从 4.2 K 提高到 23.2 K。到 20 世纪 80 年代中期，超导材料研究取得突破性进展。中国、美国、日本等国家都先后获得 T_c 高达 90K 以上的 Y－Ca－Cu－O 高温超导材料，而后又研制出了 T_c 超过 120 K 的高温超导材料。这些结果已成为技术发展史上的重要里程碑，使在液氮温度下使用的超导材料变为现实，其必将对许多科学技术领域产生难以估计的深远影响。至今，高温超导的研究仍方兴未艾。超导材料在工业中有重大应用价值。

（1）在电力系统方面

超导电力储存是目前效率最高的储存方式。利用超导输电可大大降低目前高达 7% 左右的输电损耗。超导磁体用于发电机，可大大提高电机中的磁感应强度，提高发电机的输出功率。利用超导磁体实现磁流体发电，可直接将热能转换为电能，使发电效率提高 50%～60%。

（2）在运输方面

超导磁悬浮列车是在车底部安装许多小型超导磁体，在轨道两旁埋设一系列闭合的铝环。列车运行时，超导磁体产生的磁场相对于铝环运动，铝环内产生的感应电流与超导磁体相互作用，产生的浮力使列车浮起。列车速度愈高，浮力愈大。磁悬浮列车速度可达 500 km/h。

（3）在其他方面

超导材料可用于制作各种高灵敏度的器件，利用超导材料的隧道效应可制造运算速度极快的超导计算机等。

8.1.5 硬质合金

硬质合金是把一些高硬度、高熔点的粉末（WC、TiC 等）和胶结物质（Co、Ni 等）混合、加压、烧结成型的一种粉末冶金材料。它虽不是合金工具钢，但是一种常用的、主要的刃具材料。其特点是：硬度极高（89～91 HRA）；红硬性好（切削温度可达 1 000 ℃）；耐磨性好。

用硬质合金制作的刀具，切削速度比高速钢还可提高 4～7 倍。由于硬质合金的硬度很高，切削加工困难。因此形状复杂的刀具，如拉刀、滚刀就不能用硬质合金来制作。一般硬质合金做成刀片，镶在刀体上使用。除了用硬质合金来制作刀具外，还可以制作冷作模具、量具及耐磨零件等。

硬质合金可分为：

① 钨钴类：牌号有 YG3、YG6、YG8 等等。YG 表示钨钴类硬质合金，后边

的数字表示含钴量（%）。如YG8表示含钴量为8%、含碳化钨（WC）为92%的钨钴类硬质合金。钨钴类用于加工脆性材料（铸铁以及胶木等非金属材料）。其中含钴量高的抗弯强度高，韧性好，而硬度、耐磨性低，适于粗加工。

② 钨钴钛类：牌号有YT5、YT15、YT30等，YT表示钨钴钛类硬质合金，后边的数字表示碳化钛（TiC）的含量。如YT15表示含15%的TiC，其余为WC和Co的钨钴钛类硬质合金。钨钴钛类用于加工韧性材料（适于加工各种钢件），由于TiC的耐磨性好，热硬性高，所以这类硬质合金的热硬性好，加工的光洁度也好。

此外，还有如YW1和YW2称通用和万能硬质合金，用来切削不锈钢、耐热合金等难以加工的材料，刀具寿命更长。

8.1.6 复合材料

工程技术和科学的发展对材料的要求越来越高，这种要求是综合性的，有时又是相互矛盾的。例如，既要求导电性优良，又要求绝热；既要求强度高于钢，又要求弹性类似橡胶。显然仅靠开发单一的新材料难以满足上述要求，而将不同性能的材料复合成一体，实现性能上的互补，是一条有效的途径。

所谓复合材料是指由两种或多种不同性能的材料用某种工艺方法合成的多相材料。一般是由高韧性、低强度的基体材料与硬度高、脆性大的增强材料所构成。复合材料既保持组成材料各自的特性，又具有复合后的新特性，其性能往往超过组成材料的性能之和或性能平均值。与单一材料相比，具有强度高、弹性模量高、抗疲劳性好、减震性能强、高温性能较好和断裂安全性高等优点。例如，混凝土性脆、抗压强度高，钢筋性韧、抗拉强度高，为使性能取长补短，就制成了钢筋混凝土。由此可见，“复合”是开发新材料的重要途径。

常见的复合材料有颗粒复合材料、纤维增强复合材料和叠层复合材料。

1. 颗粒复合材料

在基体材料中均匀分布一种或多种大小适宜的增强粒子所获得的高强度材料称为颗粒复合材料。颗粒复合材料的基体可以是金属也可以是非金属，增强粒子有金属粒子也有非金属粒子。粒子的尺寸大小不同，增强效果有明显的差异，金属粒子在0.01~0.1 μm范围内增强效果最好。

金属基陶瓷颗粒复合材料是一种发展很快的复合材料，一般金属及合金的塑性与热稳定性好，但高温下强度低、易氧化，而陶瓷则耐高温腐蚀和硬度高，但脆性大。将陶瓷微粒分散与金属基体中所制得的金属陶瓷具有强度高、耐磨损、耐腐蚀和耐高温等优点，是一种优良的工具材料。

又如将石墨微粒分散于铝合金液中浇注而成的复合材料密度小、减摩和消震性良好，是一种新型的轴瓦材料。

2. 纤维增强复合材料

纤维增强复合材料是复合材料中最重要的一类，应用也最广泛，它的性能主要取决于纤维的特性、含量和排布方式。表 8－1 列出了常见的几种纤维增强复合材料的性能特点和用途。

表 8－1 纤维增强复合材料的性能特点和用途举例

名 称	基 体	性 能 特 点	用 途 举 例
玻璃纤维复合材料（玻璃钢）	热塑性树脂	强度与疲劳性能比热塑性塑料高 2～3 倍，冲击韧性高 2～4 倍，性能与某些金属相当	轴承、齿轮、汽车仪表盘、空调器叶片、收音机壳体等
	热固性树脂	密度小，耐蚀，介电性好，易成型，比强度高于铜合金、铝合金及合金钢，耐热性不高	汽车车身、氧化瓶、轻型船体、直升机旋翼、石油化工管道及阀门
碳纤维复合材料	合成树脂	密度小，强度比钢高，弹性模量高，摩擦系数小，耐小，热导性好，性能优于玻璃钢	齿轮、轴承、活塞、密封环、化工零件、宇宙飞船与卫星的外形材料
	碳或石墨	耐磨性高，刚度好，强度与冲击韧度高，化学稳定性与尺寸稳定性好	导弹鼻锥、飞船前缘、超音速飞机材料，高温技术材料
	陶 瓷	高温强度高，弹性模最高，抗弯强度高，可在 1 200 ℃～1 500 ℃下长期工作	喷气飞机涡轮叶片等
	金 属	以铝、铝锡合金为基的碳纤维复合材料强度与弹性模最高，耐磨性好	高质量轴承、旋转发动机壳体等
硼纤维复合材料	树 脂	硬度与弹性模最高，强度高，耐磨蚀，耐水，热导性与电导性好	航天航空材料，如压气机叶片、直升机螺旋桨叶片、转动轴等
	金属铝等	强度高，400 ℃～500 ℃时的高温强度高	用于航空和火箭技术材料，如推进器、涡轮机等

3. 层叠复合材料

层叠复合材料是由两层或多层不同材料复合而成。用层叠法增强的复合材料

可使强度、耐磨、耐蚀、绝热、隔声和密度等性能得到改善。常见的层叠复合材料有双金属复合材料、塑料-金属多层复合材料与夹层结构复合材料。

双金属复合材料用得较多有不锈钢-碳钢复合钢板、合金钢-碳钢复合钢板等。夹层结构复合材料有用金属或塑料做面板、中间夹以泡沫、木屑、石棉等芯子材料。面板和芯子可用胶粘剂胶接，金属材料还可用焊接。塑料-金属多层复合材料应用较广的有SF型三层复合材料。它是以钢为基体，烧结铜网为中间层，塑料为表层的一种复合材料。如图8-2所示。

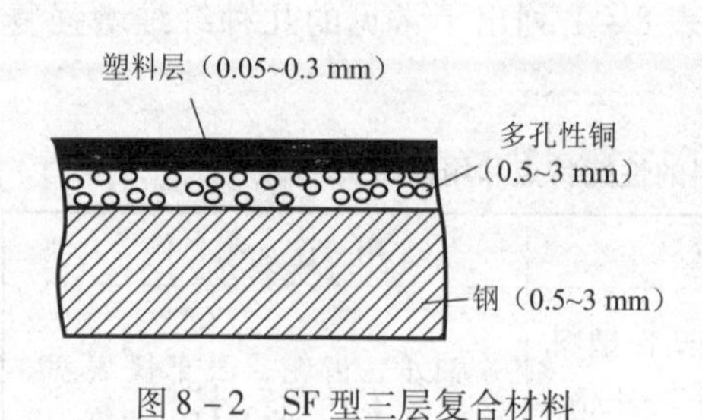

图8-2 SF型三层复合材料

这种材料比单一的塑料提高承载能力20倍，导热系数提高50倍，热膨胀系数降低75%，从而改善了尺寸稳定性。可用作高应力、高温及无油润滑条件下的各种轴承。

除以上几种新型材料外，现在还有纳米材料、新型超硬材料、超塑性材料、磁性材料、电子信息材料和压电陶瓷等新型功能材料等。新型材料正在取得日新月异的发展。

8.2 材料的质量控制

材料的质量控制方法主要有成分分析法、组织分析法和无损检测方法等。

8.2.1 成分分析

金属材料的成分是其组织和性能的基础。成分检验通常使用火花鉴别、化学分析、光谱分析、电子探针等方法。

1. 火花鉴别

火花鉴别是将待测的钢铁材料与高速旋转的砂轮相接触，根据产生的火花形状与颜色来近似确定材料成分的一种鉴别方法。火花鉴别法操作简便、易于施行，是现场鉴别某些钢号的常用方法。同时，对钢渗碳后的表面含碳量、钢的表面脱碳程度，也能作定性或定量分析，在生产中有一定的实用价值。

钢铁材料在一定压力下放在砂轮上磨削时，由于钢铁材料表面与砂轮高速摩擦，使材料表面温度很快升高，并将磨下的细屑以高速抛出。这些细屑在运行中发生剧烈氧化，温度急剧升高，在空中的轨迹呈现为一条一条的光亮线条，这就是火花的流线。流线中的金属颗粒与空气中的氧接触时其表面会形成氧化膜，氧化膜进而与颗粒中的碳作用产生CO气体，当气体压力足够冲破细屑表面氧化膜的束缚时，便爆裂成火花，称为爆花。爆花的形式随含碳量和其他元素的含量、温度及钢的组织结构等发生变化。流线与爆花的形式在火花鉴别中占有重要的地位。

钢材在磨削时产生的全部火花称为火束。火束一般包括三部分，靠近砂轮的火花叫根花，火束末端部分叫尾花，中间部分叫中花，如图 8－3 所示。

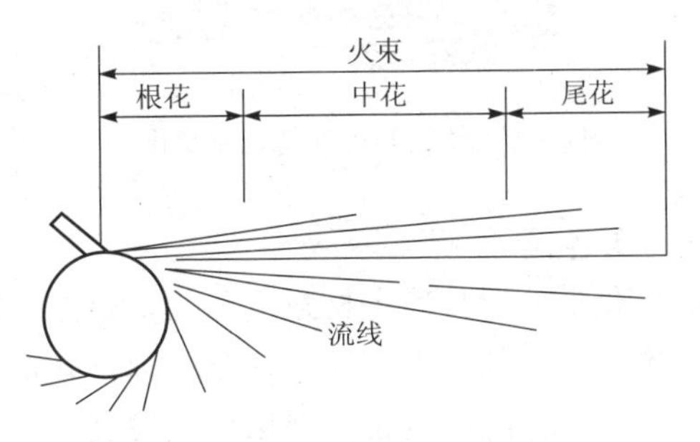

图 8－3　火束的形状

流线有直线流线、断续流线及波状流线等几种，流线中途爆裂的地方叫节点；爆裂时所射出流线叫芒线；节点与芒线组成的火花叫节花；分散在节花之间的许多明亮小点叫花粉。节花可分为一次花、二次花、三次花和多次花等，如图8－4所示。

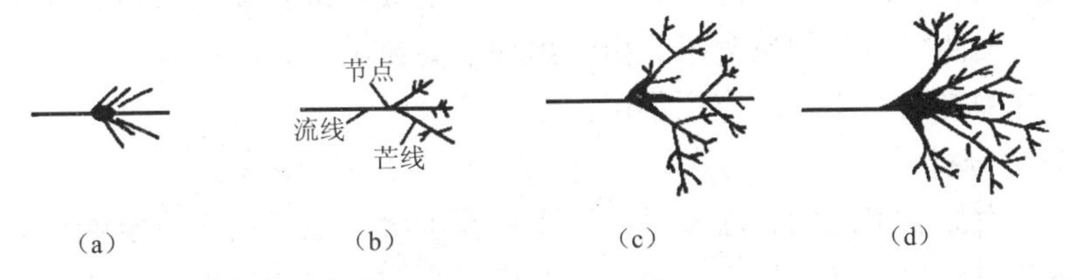

图 8－4　节花的几种形状

(a) 一次花；(b) 二次花；(c) 三次花；(d) 多次花

高碳钢的火花有很多爆花，火束粗而短，很明亮，花粉极多，淡赤橙色的爆花流线有许多分叉。中碳钢的火花束较高碳钢稍长。而低碳钢的火束则更长，流线少，爆花也少。碳钢的火花特征如图 8－5 所示。

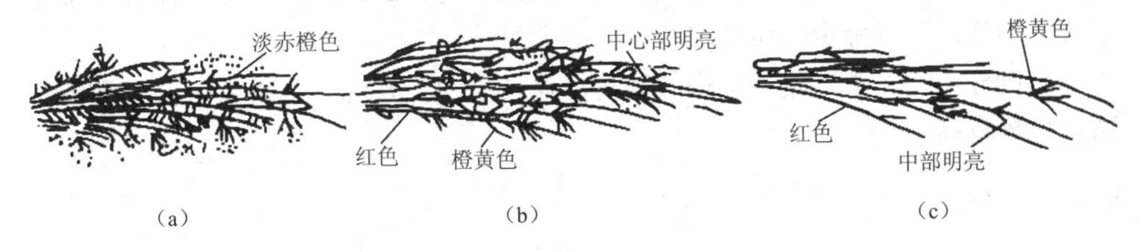

图 8－5　碳钢的火花特征示意图

(a) 高碳钢；(b) 中碳钢；(c) 低碳钢

铸铁的火花火束短，带有很多爆花，大多呈羽毛状，接近砂轮的是暗红色细纹，如图8－6 所示。

合金元素的加入对火花的形态也有影响。如 Cr、Si、A1、W 等会抑制碳的爆花爆裂；Mn、V 等则助长这种爆裂。其中，高速钢的火花呈暗红色断续流线，尾花有狐尾状特征（表示钢中含 W），如图 8－7 所示。

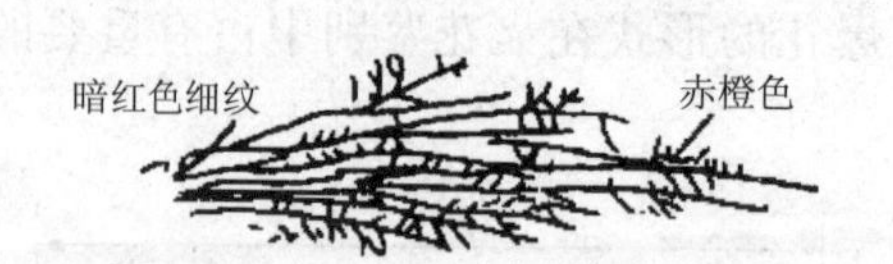

图8-6 铸铁的火花特征示意图

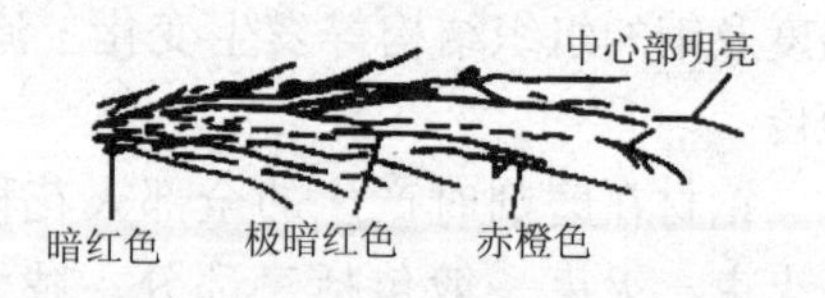

图8-7 高速钢的火花特征示意图

2. 化学分析

化学分析是确定材料成分的重要方法，既可以定性，也可以定量。定性分析是确定合金的元素，而定量分析则是确定某一合金的元素含量。化学分析的精确度较高，但时间较长，费用也比较高。

工厂中常用的化学分析法有滴定法和比色法两种。

滴定法是将标准的已知浓度的溶液滴入被测物质的溶液中，使之发生反应，待反应达到终点后，根据所用标准溶液的体积，计算被测物质的含量。

比色法是利用光线，分别透过有色的标准溶液和被测物质溶液，比较透过光线的强度，以测定被测物质含量。由于出现了高灵敏度、高精度的光度计和新的显色计，这种方法在工业上应用很广。

3. 光谱分析

金属是由原子组成的，原子是由原子核及围绕着原子核在一定能级轨道上运动着的电子组成的。在外界高能激发下，原子将有固定的辐射能，代表该元素所特有的固定光谱。光谱能表征每一元素。原子在激发状态下，是否具有这种光谱线，是这种物质是否存在的标志。光谱的强度是该元素含量多少的标志。

进行金属的定性和定量的光谱分析时，激发原子辐射光能通常用特殊光源，如电弧或高压火花，使金属变为气态，使所含元素的蒸汽发光，利用分光镜或光谱仪进行定性分析。光的强度越大，说明该元素的含量越高。对照已知各元素光谱线的强度，可以确定物质中这些元素的含量。

光谱分析方法既迅速又价格低廉，消耗材料少。分析少量元素时，灵敏度和精度也比较高。

8.2.2 组织分析

1. 低倍分析

低倍分析是指用肉眼或不大于20倍的放大镜来观察分析金属及合金的组织状态的方法。这种方法所用设备简单，使用面广。现场常采用这种方法检查宏观缺陷，特别是对断口进行初步的观察与分析。断口一般主要分为脆性断口、韧性断口及疲劳断口。

(1) 脆性断口

是脆性断裂形成的断口。脆性断裂大多是穿晶断裂，断口是沿一定的结晶平面迅速发展而成的，断口一般较平整，有金属光泽，呈结晶状。

（2）韧性断口

是金属材料由于其中某些区域的剧烈滑移而最后发生分离形成的断口。发生这种断口的材料大都是塑性较好的材料。韧性断裂常伴随有塑性变形，韧性断口一般呈纤维状杯锥断口，先断开的中心部位呈纤维状或多孔状，后断开的周围呈锥状，锥部较平滑呈暗灰丝状。

（3）疲劳断口

在重复变化的载荷作用下所发生的断裂，称为疲劳断裂。疲劳裂纹一般开始于部件中某些高应力的部位，特别是表面上的不连续部位，疲劳裂纹产生后，随着交变应力的继续，裂纹逐渐向截面的其余部位扩展，直到有效截面积被缩小到不能再承受外力时，部件就突然断裂。

在低倍观察时，通常可在疲劳断口上区分出两个不同的区域。第一个区域是裂纹源周围平滑而细密的区域——疲劳区，有贝壳状条纹或海滩条纹特征。第二个区域是部件的有效截面积被缩减到临界值时所产生的静力破坏区，其外貌随塑性机理断裂者则呈纤维状。

2. 显微分析

在对各种金属或合金的组织进行研究的方法中，利用金相显微镜来观察和分析金属与合金的内部组织是一项最基本的方法。金相试样的制备则是这种观察与分析的前提。

为了在金相显微镜下确切地、清楚地观察到金属内部的显微组织。金属试样必须进行精心的制备。试样制备过程包括取样、磨制、抛光、浸蚀等工序。

用光学或电子显微镜，对金属磨面（磨光、抛光腐蚀后）进行观察分析，可观察到金属组织的组成物（大小、形状和分布）、非金属夹杂物、成分偏析、晶界氧化、表面脱碳、显微裂纹、钢件的渗碳层等的厚度和特征等。

8.2.3 无损探伤

随着机械、石油化工、运输、航空、航天等工业的迅速发展，对产品质量的要求越来越严格，尤其随着动力机械和高压容器向高速、高温、高压方向的发展，不仅对产品内部缺陷的有无提出要求，而且对缺陷的尺寸大小有精确的定量要求。无损检测技术已广泛应用于材料和产品的静态和动态质量检测等方面。

无损检测技术的主要方法有射线探伤、超声波探伤、表面探伤等。

1. 射线探伤

射线探伤是利用射线透过物体后，射线强度发生变化的原理来发现材料和零件的内部缺陷的方法。探伤应用的射线是X射线或γ射线。由于被检零件与内部缺陷介质对射线能量衰减程度的不同，从而引起射线透过工件后的强度出现差异，这种差异可用胶片记录下来，或用荧光屏、射线探测器等来观察，从而对照标准来评定零件的内部质量，目前工业中应用最广的是X射线探伤。

射线探伤适宜于探测体积型缺陷，如气孔、夹渣、缩孔、疏松等。能发现焊缝中的未焊透、气孔和夹渣等缺陷，铸件中的缩孔、夹渣、疏松、热裂等缺陷，但不适用于检测锻件和型材中的缺陷。

2. 超声波探伤

探伤用超声波。是由电子设备产生一定频率的电脉冲，通过电声换能器（探头）产生与电脉冲相同频率的超声波（一般为1~5 MHz)。超声波射入被检查物内碰到该物体的另一侧底面时，会被反射回来而被探头所接收。如果物体内部存在缺陷，射入的超声波碰到缺陷后会被立即反射回来而被探头所接收。从两者反射回来的声波信号差别，就可在荧光屏上检查出缺陷的大小、性质和存在的部位。

超声波探伤的应用范围很广，可探测表面缺陷，也可探测内部缺陷，探测内部缺陷的深度是目前其他探伤方法所不及的。其特别适用于探测试件内部的面积型缺陷。如裂纹、分层、夹渣、疏松和焊缝中的未焊透等，但不适用于一些形状复杂或表面粗糙的工件。

3. 表面探伤

(1) 磁力探伤

对于有表面或近表面缺陷的零件而言，在对其磁化时，缺陷附近会出现不均匀的磁场和局部漏磁场。诸如裂纹、气孔和夹杂物等缺陷将阻碍磁力线通过，产生磁力线弯曲现象。当缺陷存在于零件表面或附近时，则磁力线不但会在试件内部产生弯曲，而且还有一部分磁力线绕过缺陷暴露在空气中，产生漏磁，形成S-N极的局部磁场，这个小磁场能吸附磁粉。根据吸附磁粉的多少、形状等可判断缺陷的性质、形状、部位等等，但难以确定缺陷的深度。磁力探伤适于探测铁磁性材料及其工件的缺陷，对裂纹类缺陷最为敏感。

(2) 渗透探伤

渗透探伤也是目前无损检测常用的方法，它主要用来检查材料或工件表面开口性的缺陷。利用液体的某些特性对材料表面缺陷进行良好的渗透。当显像液喷洒在工件表面时，残留在缺陷内的渗透液又被吸出来，形成缺陷痕迹，由此来判断缺陷。

按溶质的不同，渗透探伤可分为着色法和荧光法两种。将工件洗干净后，把渗透液涂于工件表面，渗透液就渗入缺陷内，之后用清洗溶液将工件表面的渗透液洗掉后，将显像材料涂敷在工件的表面，残留在缺陷内的渗透液就会被显像剂吸出，在其表面形成放大了的红色的显示痕迹（着色探伤），若用荧光渗透液来显示痕迹，则需在紫外线照射下才能发出强的荧光（荧光探伤），从而达到对缺陷进行评价、判断的目的。

思考题与作业题

1. 了解最近的新型材料发展动态，举出1~2个例子。
2. 无损检测有几种方法？它们的原理、基本工艺、适用范围是什么？

第9章 机械零件材料的选择

机械零件产品的设计与制造过程中，如何合理地选择和使用金属材料是一项十分重要的工作。不仅要保证材料的性能能够适应零件的工作条件，使零件经久耐用，而且要求材料具有较好的加工性能和经济性，以便提高零件的生产率，降低成本，减少消耗等。本节就一般机械零件的选材原则作简要介绍。

9.1 机械零件的失效形式

9.1.1 机械零件的失效

1. 失效的基本概念

产品在使用过程中失去原设计所规定的功能就叫失效，例如：主轴在工作中由于变形而失去设计精度，齿轮出现断齿等。

零件失效的常见特征是：零件完全破坏已不能正常工作；零件已严重损伤继续工作不安全；零件工作不能达到设计的功效。

2. 零件失效的主要形式

一般零部件的失效形式主要有以下四种类型：

（1）过量变形失效

零件在工作过程中因应力集中等原因造成变形超过允许范围，导致设备无法正常工作的现象。其主要形式有两种：变形超限和蠕变。例如，高温下工作的螺栓发生松弛，就是蠕变造成的。

（2）断裂失效

零件在工作过程中完全断裂而导致整个机器或设备无法工作的现象。常见的断裂失效形式有：疲劳断裂、低温脆断、应力腐蚀断裂、蠕变断裂等。

疲劳断裂是指零件在交变循环应力多次作用后发生的断裂，例如，齿轮、传动轴、弹簧等零件都是在交变应力下工作的，失效形式大多属于这种类型；低温脆断经常发生在有尖缺口或有裂纹的构件中，这种断裂往往较突然，危害性较大；奥氏体型不锈钢构件在含氧量高的水中以及在热处理中受到敏化作用时，应力腐蚀开裂较明显；许多高温下工作的构件，由于长时间蠕变，承载截面积不断减小，单位截面积应力提高，最终导致蠕变断裂。

（3）表面损伤失效

零件表面损坏造成机器或设备无法正常工作或失去精度的现象。常见有表面疲劳、表面磨损、表面耐腐蚀等类型，例如，齿轮长期使用后齿面磨损、精度降低属于表面磨损；飞机变速箱油压下降、控制失灵，是因非金属夹杂物引起的轴承表面接触疲劳失效。

零件的表面损伤主要发生在零件的表面，各种表面强化处理工艺，如化学热处理、表面淬火、喷丸等，均能提高材料的抗表面损伤能力。

（4）裂纹失效

零件内外微裂纹在外力作用下扩展，造成零件断裂的现象。

裂纹产生往往是材料选取不当，工艺制定不合理而造成。例如，锻件中的裂纹，往往因为钢中含硫量较高，混入铜等低熔点金属或夹杂物含量过多，造成晶界强度被削弱；或锻后冷却过快，未及时进行退火处理，多容易产生表面裂纹。

常用零件的工作条件、主要失效形式及主要力学性能指标见表9－1。

表9－1 常用零件的工作条件、主要失效形式及主要力学性能指标

零件名称	工作条件	主要失效形式	主要力学性能指标
重要传动齿轮	交变弯曲应力，交变接触压应力，齿表面受带滑动的滚动摩擦和冲击负荷	齿的折断、过度磨损或出现疲劳	σ_{-1}，σ_b，HRC
重要螺栓	交变拉应力	过量塑性变形或由疲劳而造成破断	$\sigma_{0.2}$，σ_{-1}，HB
曲轴、轴类	交变弯曲应力，扭转应力，冲击负荷，磨损	疲劳破断，过度磨损	$\sigma_{0.2}$，σ_{-1}，HRC
弹簧	交变应力，振动	弹力丧失或疲劳破断	σ_e，σ_b，σ_{-1}
滚动轴承	点或线接触下的交变压应力，滚动摩擦	过度磨损破坏，疲劳破断	σ_{-1}，σ_b，HRC

9.1.2 机械零件失效的原因

1. 机械零件失效的原因

由于零件的工作条件和制造工艺的不同，失效的原因是多方面的。下面主要从结构设计、材料选择、加工工艺制定和使用维护几方面进行分析。

（1）结构设计不合理

零件的结构形状、尺寸设计不合理易引起失效。例如，结构上存在尖角、尖锐缺口或圆角过度过小，产生应力集中引起失效；安全系数小，未达到实际承载力等。

（2）材料选取不当

所选用的材料性能未达到使用要求，或材质较差，这些都容易造成零件的失效。例如，某钢材锻造时出现裂纹，经成分分析，硫含量超标，断口也呈现出热裂特征，由此判断是材料不合格造成的。

（3）加工工艺问题

在零件的加工工艺过程中，由于工艺方法或参数不当，会产生一系缺陷，导致构件过早破坏。例如，铸件中缩孔的存在，在热加工时会引起内裂纹，导致构件脆断；锻造工艺不当造成的锻件缺陷主要是折叠、表面裂纹、过热及内裂纹等，是导致零件早期失效的原因；机加工过程中表面粗糙度值过大，磨削裂纹的存在，也是导致零件失效的根源；热处理工艺中，表面氧化脱碳，过热过烧组织，出现软点或裂纹，回火脆性等造成零件组织、性能不合格，影响使用寿命。

（4）使用维护不正确

超载运行、润滑条件不良、零件磨损增加等均可造成零件早期失效。

零件失效的原因是多种多样的，实际情况往往也错综复杂，失效分析就是寻找构件断裂、变形、磨损、腐蚀等失效现象的特征和规律，并从中找出损坏的主因。

2. 失效分析实例

失效分析的基本思路：根据零件残骸（包括断口）的特征和残留的有关失效过程的信息，首先判断失效形式，进而推断失效的根本原因。

下面以中碳钢锻件研磨面疲劳断裂为例，分析失效的基本过程。

（1）概况

经锻造的中碳钢杆，连接端在使用中承受低循环载荷后破坏，如图9－1所示。锻件断在完全穿透的连接端。

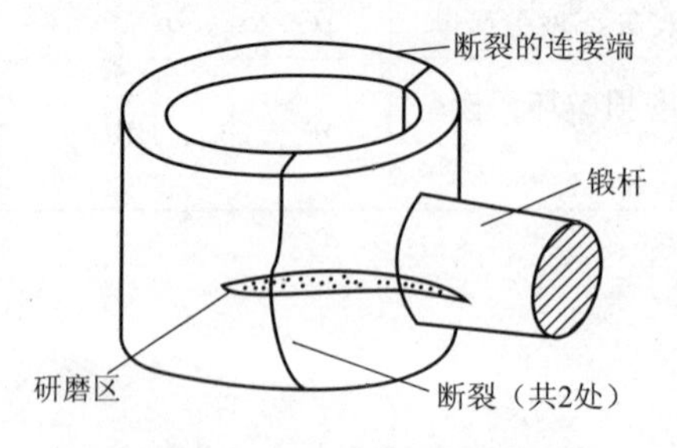

图9－1　锻杆的端部位置断裂

（2）检验

将断裂的锻件和未用过的同样锻件一起经光谱分析检查，发现材料成分均在规定范围内，肉眼检查未发现明显的缺陷和损伤痕迹。

损坏的锻件断裂发生于沿分模线经过粗研磨除掉飞边的过渡区内断口有海滩状条纹，表明为疲劳断裂，裂纹起始于粗研磨面上，表面光滑断口的其他区域具有典型脆性特征，相当于裂纹快速扩展区。

检查断裂杆件表面硬度值为140 HBS，低于规定的160～205 HBS。在断裂的锻件和未使用的锻件杆环形连接端切取试样，经浸蚀后发现，两者的显微组织有明显差异。未用过的锻杆，铁素体和珠光体含量大致相等，晶粒细小且均匀，而断裂的锻件有明显带状组织。

（3）分析讨论

施加于锻杆环形连接端的载荷是复杂的，包括从锻件传递过来的扭转、弯曲和轴向载荷。这种载荷在连接端内引起循环、拉伸的周向应力和弯曲应力。

根据分析结果得知，以下因素同失效有关：

① 正常显微组织的锻杆没有断裂。

② 具有带状组织的锻杆发生断裂。

③ 锻杆的硬度均为140 HBS，明显低于规定值160～205 HBS。

④ 断裂发生于粗研磨面，而初始裂纹均在因研磨而明显变形的铁素体区域发生。

（4）结论

杆端断裂是因杆在工作中连续承受循环载荷发生疲劳引起的。疲劳破坏产生与下列因素有关：

① 杆件内部存在着对缺口敏感的带状组织，锻杆的组织是由偏析造成的。

② 杆的硬度低于规定值。

③ 存在着高应力过渡区和清除锻造飞边而产生的应力集中区。

9.2 机械零件材料选择的一般原则

机械零件的选材是一项十分重要的工作。选材是否恰当，特别是一台机器中关键零件的选材是否恰当，将直接影响到产品的使用性能、使用寿命及制造成本。选材不当，严重的可能导致零件的完全失效。

判断零件选材是否合理的基本标志是：能否满足必需的使用性能；能否具有良好的工艺性能；能否实现最低成本。选材的任务就是求得三者之间的统一。

9.2.1 选材与使用性能的关系

使用性能是保证零件正常工作所必须具备的首要条件，包括力学性能和物理、化学性能。不同零件所要求的使用性能是不一样的，有的零件主要要求高强度，有的则要求高的耐磨性，而另外一些甚至无严格的性能要求，仅仅要求有美丽的外观。因此，在选材时，首要的任务就是准确地判断零件所要求的主要使用性能。

对所选材料使用性能的要求，是在对零件的工作条件及零件的失效分析的基础上提出的。零件的工作条件是复杂的，要从受力状态、载荷性质、工作温度、环境介质等几个方面全面分析。受力状态有拉、压、弯、扭等；载荷性质有静载、冲击载荷、交变载荷等；工作温度可分为低温、室温、高温、交变温度；环境介质为与零件接触的介质，如润滑剂、海水、酸、碱、盐等。为了更准确地了解零件的使用性能，还必须分析零件的失效方式，从而找出对零件失效起主要作用的性能指标。表9-1列举了一些常用零件的工作条件、主要失效方式及所要求的主要力学性能指标。

有时，通过改进强化方式或方法，可以将廉价材料制成性能更好的零件。所以选材时，要把材料成分和强化手段紧密结合起来综合考虑。另外，当材料进行预选后，还应当进行实验室试验、台架试验、装机试验、小批生产等，进一步验证材料力学性能选择的可靠性。

9.2.2 选材与工艺性能的关系

材料工艺性能的好坏，对零件加工的难易程度，生产效率高低，生产成本大小等起着重要作用，同使用性能相比，工艺性能处于次要地位，但在特殊情况下，工艺性能也可能成为选材的主要依据。选材时在满足零件对使用性能要求的前提下应选择加工性能好的材料。

用金属材料制造零件的基本加工方法，通常有四种：铸造、压力加工、焊接和切削加工。热处理是作为改善机械加工性和使零件得到所要求的性能而安排在有关工序之间。

材料工艺性能的好坏对零件加工生产有直接的影响。下面简要介绍几种重要的工艺性能：

1. 铸造性能

包括流动性、收缩、偏析、吸气性等。常用的金属材料中灰铸铁的熔点低、流动性好、收缩率小，因而铸造性能优良；而低、中碳钢的熔点高、熔炼困难、凝固收缩较大，因而铸造性能不如铸铁好；有色金属中的铝合金具有优良的铸造性能，铝合金及铸造铜合金在工业中获得了广泛应用。

2. 压力加工性能

压力加工分为热加工和冷加工两种。

热加工主要包括：热锻、热挤压、热轧等。评价热加工工艺性能的指标主要是塑性、变形抗力以及热脆倾向。一般低碳钢的热压力加工性优于高碳钢，碳素钢优于合金钢，低合金钢优于高合金钢。铸铁则完全不能进行压力加工。

冷压力加工主要是指冷冲压、冷挤压等。压力加工用铝合金、铜合金以及低碳钢具有优良的冷压力加工性。普通低合金钢的冷压力加工性不比低碳钢差。钢中含碳量越高，合金元素含量越高，则冷压力加工性能越差。

3. 焊接性能

工程构件的连接方法中焊接是应用最广泛的一种，焊接性能是指焊缝开裂或热裂的倾向、形成气孔的倾向等，其优劣的判据有焊缝区的性能是否低于母材的大小等。

压头容器多用低碳钢、低合金钢焊接成形，有些合金，如铝合金焊接时易氧化，采用在保护性气氛（如氩气）中焊接，能获得满意的焊接接头。

4. 切削加工性能

材料的可切削性能不好，会影响零件加工表面质量、刀具的耐用度及生产率等。切削加工是零件成形的主要方法。其性能优劣的判据主要是刀具的磨损、动力消耗、零件表面粗糙度等。在工业用钢中，奥氏体不锈钢、高速钢的切削加工性差。钢的硬度对切削加工性有很大影响，中、低碳结构钢正火状态，高碳钢、高碳合金工具钢的退火状态都具有适于切削的硬度。某些对力学性能要求不高的零件也可选用易切削钢制造。退火状态的球墨铸铁、灰铸铁、可锻铸铁同样也具有优良切削加工性。在常用金属材料中，铝合金的加工性能最好。

5. 热处理工艺性能

热处理对改变钢的性能起关键作用。热处理性能不好，会影响零件的使用性能、形状及尺寸的稳定，甚至引起零件的开裂损坏。一般碳钢的压力加工和切削性能较好，在力学性能和淬透性能满足要求时尽量选用碳钢。当碳钢不能满足使用性能要求时应选用合金钢，合金钢的强度高、淬透性好、变形开裂倾向小，更适于制造高强度、大截面、形状复杂的零件。

应该注意，材料的各种工艺性能之间往往有矛盾，例如，低碳钢的可切削性、压力加工性能和焊接性能是比较好的，但其力学性能和淬透性较差。合金钢强度和淬透性能较好，但可切削加工性能较差。因此，选用材料时要充分考虑各方面的具体情况，通过改变工艺规范、调整工艺参数、改进刀具和设备、变更热处理方法等途径来改善金属材料的工艺性能。

9.2.3 选材对经济性的考虑

经济性是选材时必须考虑的一个问题。经济性涉及材料成本的高低、供应是否充分，加工工艺过程是否复杂，成品率高低等，人们在生产过程中总是力求产品质量好，性能优良，使用可靠且寿命长。在满足使用性能的前提下选用零件材料时就要力争使产品的成本最低，经济效益最大。

选材的经济性不单是指选用的材料本身价格应便宜，更重要的是采用所选材料来制造零件时，可使产品的总成本降至最低，同时所选材料应符合国家的资源情况和供应情况，等等。

（1）材料的价格

不同材料的价格差异很大，而且在不断变动，因此设计人员应对材料的市场价格有所了解，以便于核算产品的制造成本。

(2) 国家的资源状况

随着工业的发展，资源和能源的问题日益突出，选用材料时必须对此有所考虑，特别是对于大批量生产的零件，所用的材料应该是来源丰富并符合我国的资源状况的。例如，我国缺钼但钨却十分丰富，所以我们选用高速钢时就要尽量多用钨高速钢，而少用钼高速钢。另外，还要注意生产所用材料的能源消耗，尽量选用耗能低的材料。

(3) 零件的总成本

由于生产经济性的要求，选用材料时零件的总成本应降至最低。选材从几个方面影响零件的总成本，这就是材料的价格，零件的自重，零件的寿命、零件的加工费用、试验研究费（为采用新材料所必须进行的研究与试验费）及维修费等。

此外，零件的选材还应考虑产品的实用性和市场需求及实现现代生产组织的可能性。某项产品或某种机械零件的优劣，不仅仅要求能符合工作条件的使用要求。从商品的销售和用户的愿望考虑，产品还应当具有重量轻、美观、经久耐用等特点。这就要求在选材时，应突破传统观点的束缚，尽量采用先进科学技术成果，做到在结构设计方面有创新，有特色。在材料制造工艺和强化工艺上有改革，有先进性。

一个产品或一个零件的制造，是采用手工操作还是机器操作，是采用单件生产还是采用机械化自动流水作业，这些因素都对产品的成本和质量起着重要的作用。因此，在选材时，还应该考虑到所选材料能满足实现现代化生产的可能性。

例如：汽车发动机曲轴，多年来选用强韧性良好的钢制锻件，但高韧性并非必需要求，因弯曲了的曲轴同样不能再使用。成功地选用铸造曲轴（球墨铸铁制造），使成本降低很多。

综上所述，零件选材的基本步骤如下：

① 对产品功能要求特性，包括可能互相矛盾的要求，确定相对优先次序。

② 决定产品每个构件所要求的性能，对各种候选材料在性能上进行比较。

③ 对外形、材料和加工方法进行综合考虑。

9.2.4 典型零件选材及工艺路线

从前面介绍的材料来看，工程中应用的材料主要是金属材料、陶瓷材料和高分子材料三大类。比较而言，金属材料综合力学性能良好，所以，目前在机械制造领域仍然是以金属材料为主。

1. 齿轮类零件的选材与工艺分析

在各种机械装置中，齿轮主要进行速度的调节和功率传递。齿轮用量较大，直径从几毫米到几米，工作环境也不尽相同，但其服役条件和性能要求还是具有很多共性。

（1）齿轮的服役条件和失效形式

① 因传递动力，齿轮根部受交变弯曲应力。

② 在换挡、启动或啮合不均匀时，齿轮常受到冲击。

③ 齿面承受滚动、滑动造成的强烈摩擦磨损和交变的接触应力。

通常情况下，根据齿轮的受力状况，齿轮的主要失效形式为齿面磨损和齿根疲劳断裂。

（2）齿轮的力学性能要求

① 高的接触疲劳强度和弯曲疲劳强度。

② 高的硬度和耐磨性。

③ 足够的强度和冲击韧性。

④ 齿面疲劳剥落。

（3）常用齿轮材料

齿轮根据工作条件不同，选材比较广泛。重要用途的齿轮大都采用锻钢制作，如中碳钢或中碳合金钢用来制作中、低速和承载不大的中、小型传动齿轮；低碳钢和低碳合金钢适合于高速、能耐猛烈冲击的重载齿轮；直径较大（大于600 mm）形状复杂的齿轮毛坯，采用铸钢制作；一些轻载、低速、不受冲击、精度要求不高的齿轮，用铸铁制造，大多用于开式传动的齿轮；在仪器、仪表工业中及某些接触腐蚀介质中工作的轻载荷齿轮，常用耐腐蚀耐磨的有色金属材料来制造；受力不大，在无润滑条件下工作的小型齿轮，采用塑料来制作。

（4）典型齿轮选材举例

① 汽车、拖拉机齿轮。汽车、拖拉机齿轮的功能是将发动机的动力传到主动轮上，然后推动汽车、拖拉机运动。变速箱的齿轮因经常换挡，齿端常受到冲击；润滑油中有时夹有硬质颗粒，在齿面间造成磨损，因齿轮工作条件恶劣，主要性能指标耐磨性、疲劳强度、心部强韧性等要求较高。一般选用低合金钢，我国常用钢号是20Cr或20CrMnTi。

图9-2为JH-150型汽车变速齿轮简图。该齿轮工作中承受了重载荷和大冲击作用，因此各方面性能要求较高，选择20CrMnTi。具体技术要求：锻后正火硬度180～207 HBS；心部硬度达30～45 HRC，表面硬度可达58～62 HRC。

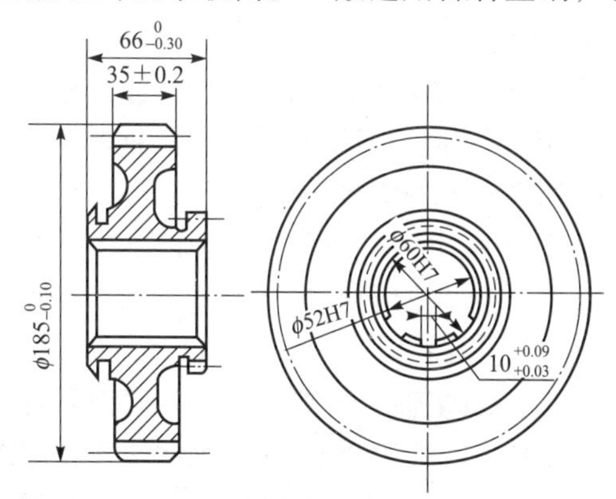

图9-2 JN-150汽车变速齿轮

该齿轮的加工工艺路线为：

下料→锻造→正火→切削加工→渗碳→淬火、低温回火→喷丸→校正花键孔→精磨齿。

正火是均匀和细化组织，消除锻造应力，获得良好切削加工性能；渗碳淬火及低温回火为提高齿面硬度和耐磨性，并使心部获得低碳马氏体组织，具有足够强韧性；喷丸处理可使零件渗碳层表面压应力进一步增大，提高疲劳强度。

② 机床齿轮。工作时主要承担传递动力、改变运动速度和方向的任务，工作条件相对较好，转速中等、载荷不大、工作平稳无强冲击。常用材料是中碳结构钢或中碳低合金结构钢，我国常用钢号是45钢或40Cr钢，其工艺路线成为：

下料→锻造→正火→粗加工→调质→半精加工→高频淬火及回火→磨削。

2. 轴类

轴是机器上的重要零件之一，齿轮、凸轮等作回转运动的零件必须装在轴上才能实现其运动。轴主要用于支承回转体零件，传递运动和转矩。

（1）轴类零件的服役条件和失效形式

① 传递扭矩时，承受交变弯曲应力和扭转应力的复合作用。

② 轴和轴上零件相对运动表面（轴颈和花键部位）承受较大摩擦，要求高耐磨性。

③ 有时承受一定的过载或冲击载荷。

轴类零件在使用过程中的主要失效形式为：疲劳断裂、过量变形和局部过度磨损。

（2）轴类零件的力学性能要求

为了保证轴的正常工作，轴类零件的材料应具备下列性能：

① 良好的综合力学性能。

② 高的疲劳强度，对应力集中敏感性低。

③ 具有足够的淬透性。

（3）轴类零件常用材料

制造轴类零件的材料，根据主轴工作时所受载荷的大小和类型，大体上可以分为四类：

① 轻载主轴。工作载荷小，冲击载荷不大，轴颈部位磨损不严重，例如普通车床的主轴。这类轴一般用45钢制造，经调质或正火处理，在要求耐磨的部位采用高频表面淬火强化。

② 中载主轴。中等载荷，磨损较严重，有一定的冲击载荷，例如铣床主轴。一般用合金调质钢制造，如40Cr钢，经调质处理，要求耐磨部位进行表面淬火强化。

③ 重载主轴。工作载荷大，磨损及冲击都较严重，例如工作载荷大的组合机床主轴。一般用20CrMnTi钢制造，经渗碳、淬火处理。

④ 高精度主轴。有些机床主轴工作载荷并不大，但精度要求非常高，热处理后变形应极小。工作过程中磨损应极轻微，例如精密镗床的主轴。一般用

38CrMoAlA专用氮化钢制造，经调质处理后，进行氮化及尺寸稳定化处理。

过去，轴几乎全部都是用钢制造的，现在轻载和中载主轴已经可用球墨铸铁制造。

（4）典型轴类零件选材实例

曲轴是内燃机中形状复杂而又重要的零件之一，其作用是输出功率并驱动运动机构。工作中曲轴承受弯曲、扭转、拉压、冲击等复杂应力，其主要失效形式为疲劳断裂和轴颈严重磨损。

制造曲轴的材料主要是锻钢曲轴和铸造曲轴两类。高速、大功率内燃机的曲轴，用合金调质钢制造；中、小型内燃机曲轴，用球墨铸铁和45钢。

球墨铸铁曲轴的工艺路线安排如下：

铸造→高温正火→高温回火→机械加工→轴颈表面淬火→低温回火。

高温正火为了增加珠光体含量和细化珠光体；高温回火目的是消除正火所产生的内应力；轴颈处表面淬火为了提高其耐磨性。

思考题与作业题

1. 零件的失效形式主要有哪些？分析零件失效的主要目的是什么？

2. 选择零件材料应遵循哪些原则？在利用手册上的力学性能数据时应注意哪些问题？

3. 零件的使用要求包括哪些？以车床主轴为例说明其使用要求。

4. 为什么轴杆类零件一般采用锻件，而机架类零件多采用铸件？

5. 试确定下列齿轮的材料及毛坯的生产方法。

（1）承受冲击的高速重载齿轮；

（2）小模数仪表用无润滑小齿轮；

（3）农机用受力小无润滑大型直齿圆柱齿轮。

第10章 零件毛坯制造方法概论

机械零件是由毛坯通过进一步的深加工获得的。一般来讲，毛坯的生产方法有：铸造、压力加工（锻造和冲压）、焊接、利用现有的型材等方法。

10.1 铸造生产概论

将熔融金属浇注、压射或吸入铸型型腔中，待其凝固后而得到一定形状和性能铸件的方法称为铸造。根据生产方法的不同，铸造可分为砂型铸造和特种铸造两大类。

砂型铸造是用型砂紧实成形的铸造方法。由于砂型铸造简便易行，原材料来源广，成本低，见效快，因而在目前的铸造生产中仍占主导地位，用砂型铸造生产的铸件，约占铸件总质量90%。一般称砂型铸造以外的其他铸造方法为特种铸造。常用的特种铸造有：金属型铸造、压力铸造、离心铸造、熔模铸造等。

10.1.1 砂型铸造

砂型铸造可分为湿砂型（不经烘干可直接进行浇注的砂型）铸造和干砂型（经烘干的高黏土砂型）铸造两种。砂型铸造的工艺过程一般由造型（制造砂型）、造芯（制造砂芯）、烘干（用于干砂型铸造）、合型（合箱）、熔炼、浇注、落砂、清理及铸件检验等组成。图10－1所示为齿轮毛坯的砂型铸造工艺过程。

1. 砂型

用型砂、金属或其他耐火材料制成，包括形成铸件形状的空腔、型芯和浇冒口系统的组合整体称为铸型。

用型砂制成的铸型称为砂型。砂型用砂箱支撑时，砂箱也是铸型的组成部分。

砂型的制作是砂型铸造工艺过程中的主要工序。制造砂型即使用造型材料，借助模样和芯盒造型造芯，以实现铸件的外形和内形的要求。

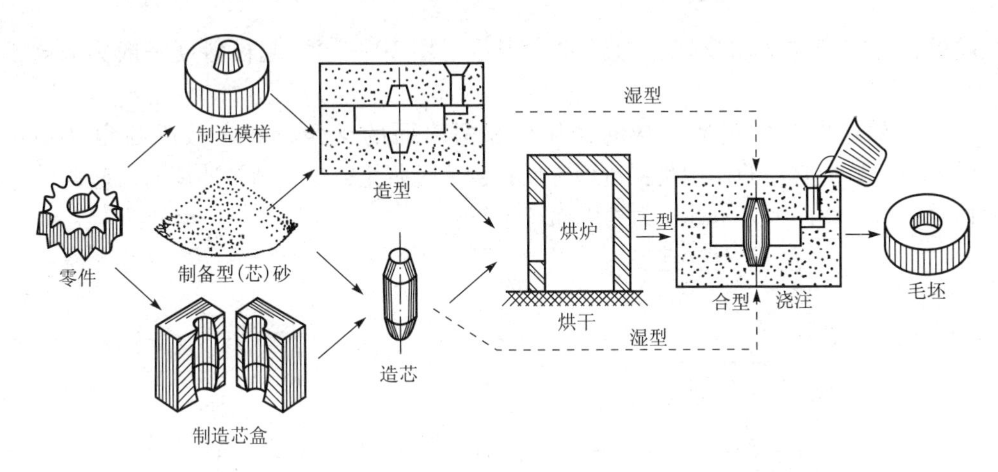

图 10-1 砂型铸造工艺过程

2. 造型材料

造型材料是制造砂型和砂芯的材料，包括砂、黏土、有机或无机黏结剂和其他附加物。

按一定比例配合的造型材料，经过混制，符合造型要求的混合料称为型砂。按一定比例配合的造型材料，经过混制，符合造芯要求的混合材料称为芯砂。

砂型在浇注和凝固过程中要承受熔融金属的冲刷、静压力和高温的作用，并要排出大量气体，型芯则要承受凝固时的收缩压力，因此要求型（芯）砂应具有一定的可塑性、强度、耐火性、透气性、退让性等性能。在铸造过程中，型芯被熔融金属包围，工作条件恶劣，因此，芯砂比型砂应具有更高的强度、耐火性、透气性和退让性。

3. 模样和芯盒

（1）模样

由木材、金属或其他材料制成，用来形成铸型型腔的工艺装备称为模样。制造砂型时，使用模样可以获得与零件外部轮廓相似的型腔。模样是按照根据零件图样要求所绘制的铸造工艺图样制造的。制造模样时要注意以下几点：

① 加工余量。加工余量是指为保证铸件加工面尺寸和零件精度，在铸件工艺设计时预先增加而在机械加工时切去的金属层厚度。加工余量的大小根据铸件尺寸公差等级和加工余量等级来确定。一般小型铸件的加工余量为 2 ~6 mm。

② 收缩余量。收缩余量是指为了补偿铸件收缩，模样比铸件图样尺寸增大的数值。收缩余量与铸件的线收缩率和模样尺寸有关，不同的铸造金属（或合金）其线收缩率不同。一般灰铸铁 0.5% ~1%；球墨铸铁 1%；铸钢 1.6% ~2.0%；黄铜 1.8% ~2.0%；青铜 1.4%；铝合金 1.0% ~1.2%。

③ 起模斜度。起模斜度是指为使模样容易从铸型中取出或型芯自芯盒中脱出，平行于起模方向在模样或芯盒壁上的斜度。起模斜度可用倾斜角 α 表示或用

起模斜度使铸件增加或减少的尺寸 a 表示（图 10－2）。起模斜度一般为 $\alpha = 0.5° \sim 0.3°$。

④ 铸造圆角。制造模样时，凡相邻两表面的交角，都应做成圆角（图 10－3）。铸造圆角的作用是：造型方便；浇注时防止铸型夹角被冲坏而引起铸件粘砂；防止铸件因夹角处应力集中而产生裂纹。

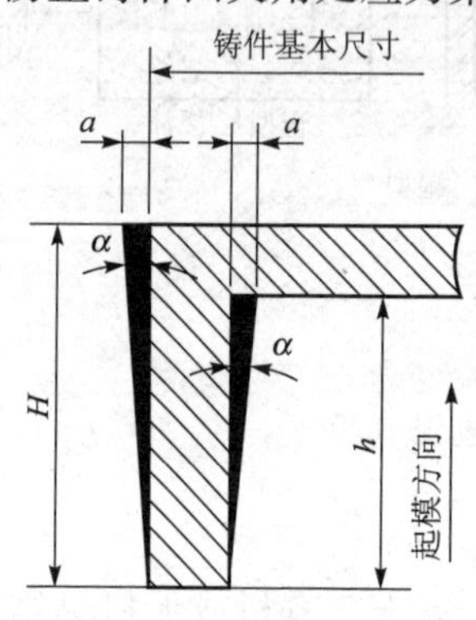

图 10－2 起模斜度

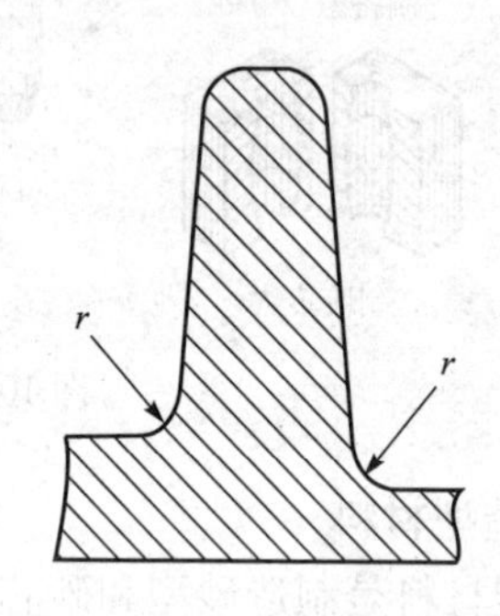

图 10－3 铸造圆角（r 为铸造圆角半径）

⑤ 芯头。芯头是指模样上的突出部分，它在型内形成芯座（铸型中专为放置型芯芯头的空腔），以放置芯头。对于型芯来说芯头是型芯的外伸部分，不形成铸件轮廓，只是落入芯座内，用以定位和支承型芯（图 10－4）。

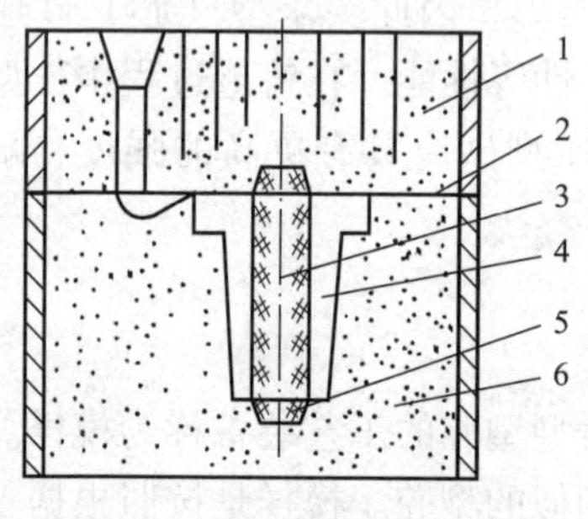

图 10－4 支座的铸型

1—上型；2—分型面；3—型芯；4—支座型腔；5—芯头；6—下腔

⑥ 分型面。分型面是指铸型组元间的接合面（图 10－4）。选择分型面时应考虑以下几个方面：使分型面具有最大水平投影尺寸；尽量满足浇注位置的要求；造型方便；起模容易。

（2）芯盒

制造型芯的装备称为芯盒。芯盒的内腔与型芯的形状和尺寸相同。

4. 造型

用造型混合料及模样等工艺装备制造铸型的过程称为造型。造型可分为手工造型、机器造型和自动化造型。

（1）手工造型

全部用手工或手动工具完成的造型工序称为手工造型。手工造型方法简便，工艺装备简单，适应性强，因此在单件或小批量生产，特别是大型铸件和复杂铸件生产中应用广泛。但手工造型生产率低，劳动强度大，铸件质量不稳定。

手工造型的方法很多，常见的有：有箱造型、脱箱造型、地坑造型和刮板造型等。

有箱造型是用砂箱作为铸型组成部分制造铸型的过程。

有箱造型分整体模造型和分模造型。没有分模面的模样称为整体模，通常最大截面在模样一端且是平面。造型时，型腔全部在半个铸型（通常为下型）内，另外半个铸型（上型）为平箱，分型面多为平面。整体模造型方法简单，适用于形状简单的铸件，如盘、盖类等。图 10－5 所示为整体模造型的过程示意。

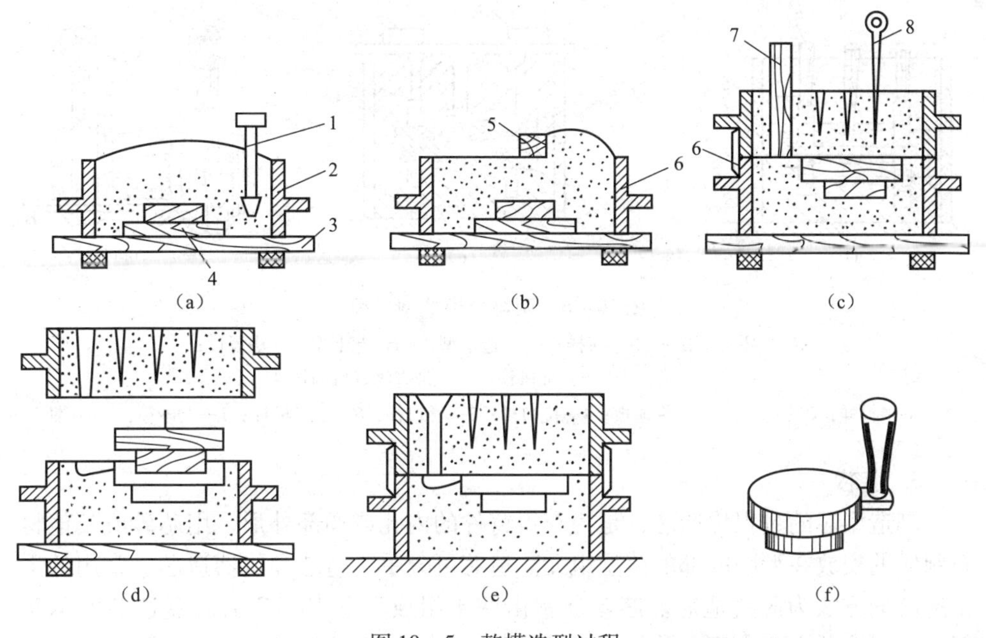

图 10－5　整模造型过程

（a）造下型；（b）刮平；（c）造上型；（d）起模；（e）合型；（f）带有浇口铸件
1—捣砂杵；2—砂箱；3—模地板；4—模样；5—刮板；6—记号；7—浇口棒；8—气针孔

有分模面的模样称为分开模。通常为一个分模面，模样被分成两部分，分别制造上型和下型。型腔位于上型和下型之中。分模造型有两箱造型和三箱造型，其中两箱分模造型是应用最广泛的一种有箱造型方法，特别适用于有孔的铸件，如套筒、阀体、管子等。而三箱造型操作较复杂，生产率较低，适用于两头大中间小的形状复杂且不能用两箱造型的铸件。图 10－6 所示法兰管铸件的两箱分开模造型的过程示意。

（2）机器造型和自动化造型

用机器全部地完成或至少完成紧砂操作的造型工序称为机器造型。紧砂是使砂箱（芯盒）内型（芯）砂提高紧实度的操作。所有造型工序基本不需人力完成的造型过程称为自动化造型。机器造型和自动化造型可提高生产率，改善劳动条件，提高铸件精度和表面质量，但设备、工艺装备等投资较大，适用于大批量生产和流水线生产。

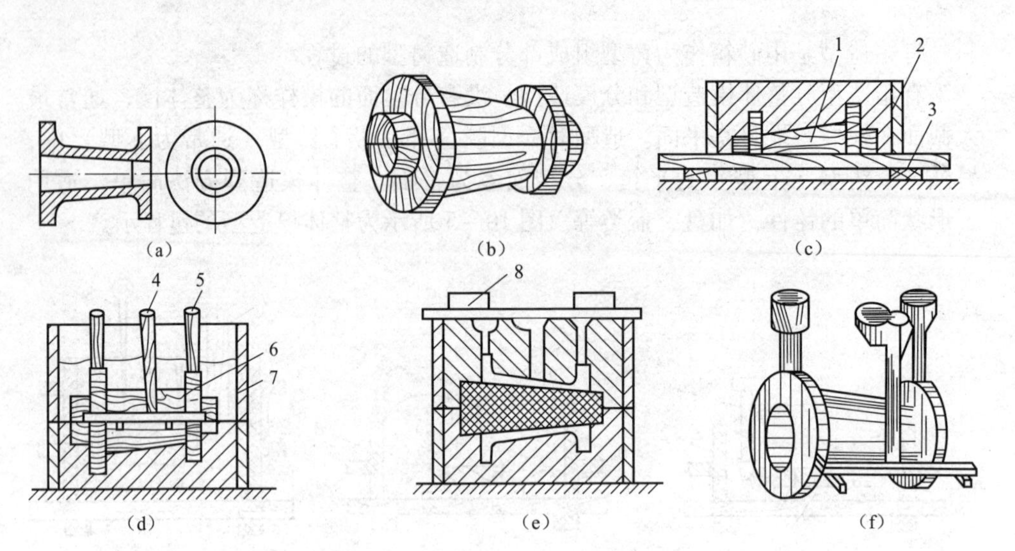

图 10-6 两箱分模造型过程

(a) 零件简图；(b) 模样；(c) 造下型；(d) 造上型、开浇冒口；
(e) 下芯、合型并加压铁；(f) 带有浇冒口的铸件

1—下半模样；2—下砂箱；3—模地板；4—浇口棒；5—冒口棒；6—上半模样；7—上砂箱；8—压铁

5. 造芯

制造型芯的过程称造芯，是为获得铸件的内孔或局部外形，用芯砂或其他材料制成的安放在型腔内部的铸型组元。造芯可分手工造芯和机器造芯。常用的手工造芯的方法为芯盒造芯。芯盒通常由两半组成，图 10-7 为芯盒造芯的示意图。手工造芯主要应用于单件、小批量生产中。机器造芯是利用造芯机来完成填砂、紧砂和取芯的，生产效率高，型芯质量好，适用于大批量生产。

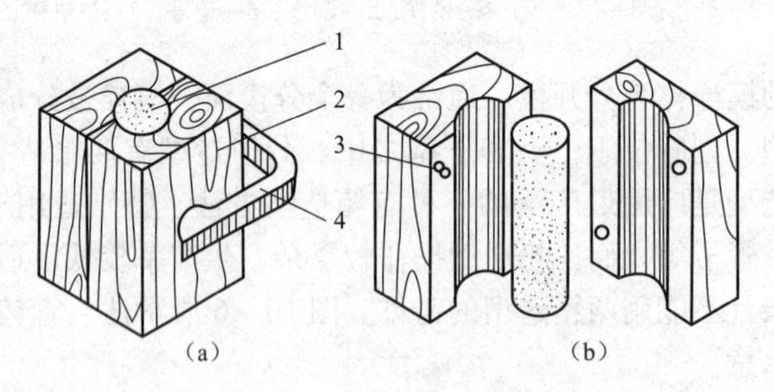

图 10-7 芯盒造芯示意图

(a) 芯盒的装配；(b) 取芯

1—型芯；2—芯盒；3—定位销；4—夹钳

6. 浇注系统及冒口

(1) 浇注系统

浇注系统是为填充型腔和冒口而开设于铸型中的一系列通道。通常由浇口

杯、直浇道、横浇道和内浇道组成（图 10－8）。

浇注系统简称浇口，其作用是：保证熔融金属平稳、均匀、连续地充满型腔；阻止熔渣、气体和砂粒随熔融金属进入型腔；控制铸件的凝固顺序；供给铸件冷凝收缩时所需补充的金属熔液（补缩）。

（2）冒口

冒口是在铸型内储存供补缩铸件用熔融金属的空腔。除补缩外，冒口有时还起排气和集渣的作用。冒口一般设置在铸件的最高处和最厚处。图 10－8 为带有浇、冒口的法兰管铸件，在铸件两端最高处设有冒口。

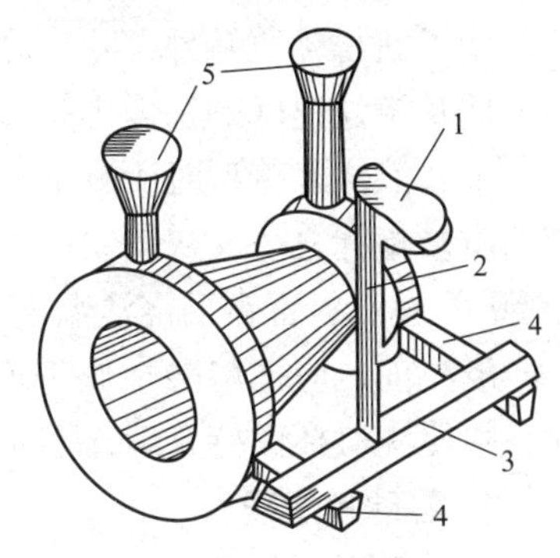

图 10－8　带有浇口的铸件

1—浇口杯；2—直浇道；3—横浇道；4—内浇道；5—冒口

7. 合型

将铸型的各个组元如上型、下型、型芯、浇口杯等组合成一个完整铸型的操作过程称为合型（又称合箱）。合型前应对砂型和型芯的质量进行检查，若有损坏，需要进行修理；为检查型腔顶面与芯子顶面之间的距离需要进行试合型（称为验型）。合型时要保证铸型型腔几何形状和尺寸的准确及型芯的稳固。

合型后，上、下型应夹紧或在铸型上放置压铁，以防浇注时上型被熔融金属顶起，造成射箱（熔融金属流出箱外）或跑火（着火的气体溢出箱外）等事故。

8. 浇注

将熔融金属从浇包注入铸型的操作称为浇注。浇包是容纳、输送和浇注熔融金属用的容器，用钢板制成外壳，内衬耐火材料。图 10－9 所示为几种常用的浇包。

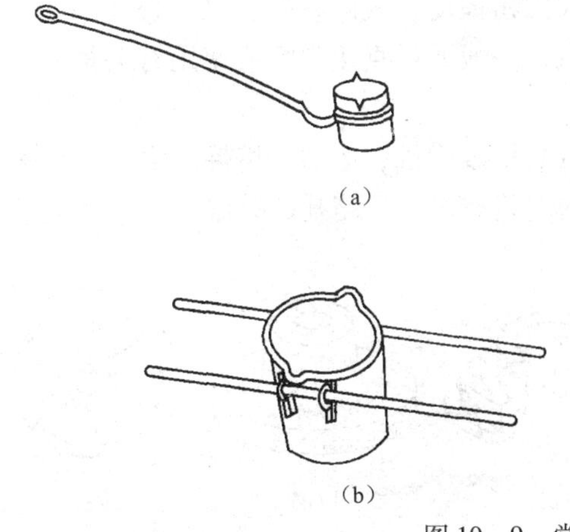

（a）

（b）

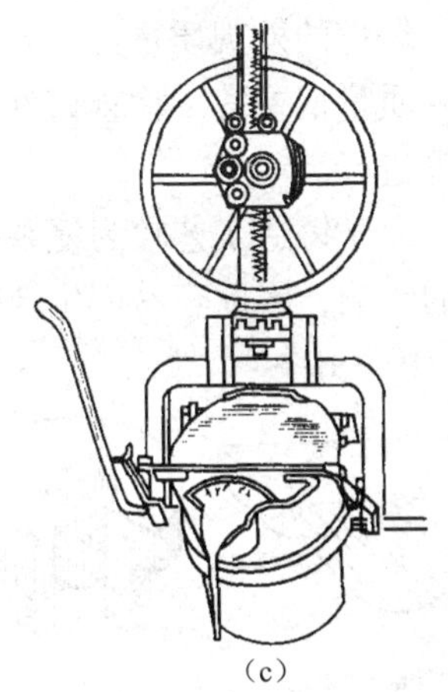

（c）

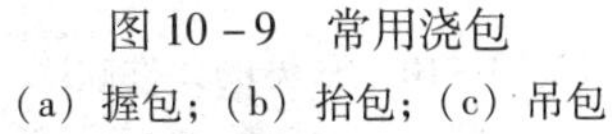

图 10－9　常用浇包

（a）握包；（b）抬包；（c）吊包

为了获得优质铸件，除正确的造型、熔炼合格的铸造合金熔液外，浇注温度的高低及浇注速度的快慢也是影响铸件质量的重要因素。

金属液浇入铸型时所测量到的温度称为浇注温度。浇注温度是铸造过程须控制的质量指标之一。灰铸铁的浇注温度一般在 1 340 ℃左右；黄铜的浇注温度在 1 060 ℃左右；青铜的浇注温度在 1 200 ℃左右。

浇注前，应把熔融金属表面的熔渣除尽，以免浇入铸型而影响质量。浇注时，须使浇口杯保持充满，不允许浇注中断，并注意防止飞溅和满溢。

9. 落砂和清理

（1）落砂

用手工或机械使铸件和型砂、砂箱分开的操作称为落砂。从铸件中去除芯砂和芯骨的操作称为除芯。

落砂方法分为手工落砂和机械落砂。手工落砂用于单件、小批量生产；机械落砂一般由落砂机进行，用于大批量生产。

（2）清理

清理是落砂后从铸件上清除表面粘砂、型砂、多余金属（包括浇、冒口、飞翅和氧化皮）等过程的总称。铸件上的浇口、浇道和冒口的清除：对于铸铁件可用铁锤敲去；铸钢件可用气割切除；有色金属铸件则可用锯削除去。铸件上的粘砂、细小飞翅、氧化皮等可用喷砂或抛丸清砂、水力清砂、化学清砂等方法予以清理。大量生产时多采用专用清理机械和设备进行清理。

10. 铸件的外观检查及缺陷

经落砂、清理后的铸件应进行质量检验。铸件质量包括外观质量、内在质量和使用质量。铸件均须进行外观质量检查，重要的铸件则须进行内在质量和使用质量的检查。

铸件的外观质量项目包括铸件的表面粗糙度、表面缺陷、尺寸公差、形状偏差、质量偏差等。检查铸件的表面质量，一般通过直接观察或使用有关量具、仪器等进行。

由于铸造工艺较为复杂，铸件质量受型砂质量、造型、熔炼、浇注等诸多因素的影响，因此容易产生缺陷。常见的缺陷有气孔、缩孔、砂眼、粘砂和裂纹等（图 10－10）。

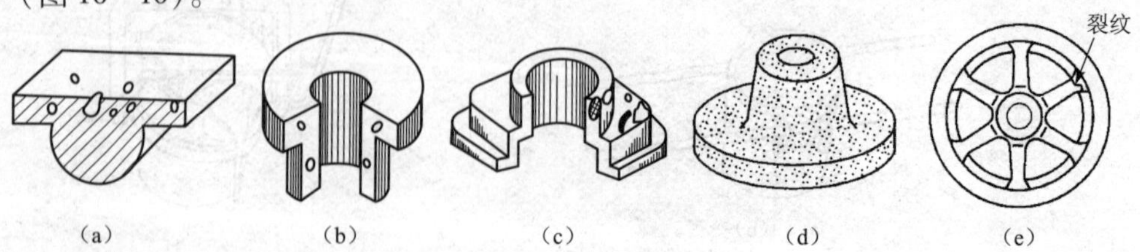

图 10－10 常见的铸件缺陷

（a）气孔；（b）缩孔；（c）砂眼；（d）粘砂；（e）裂纹

11. 铸造的特点

铸造具有以下优点：

① 可获得复杂外形及内腔的铸件，如各种箱体、床身、机架、气缸体等。

② 铸件尺寸与质量几乎不受限制，小至几毫米、几克，大至十几米、几百吨的铸件均可铸造。

③ 可铸造任何金属和合金铸件。

④ 铸件成本低廉。铸造用的原材料来源广泛，还可利用报废零件和废金属材料，且生产设备较简单，投资少。

⑤ 铸件的形状、尺寸与零件很接近，因而减小了切削加工的工作量，可节省大量金属材料。

由于铸造具有上述优点，因此广泛应用于机械零件的毛坯制造，在各种机械和设备中，铸件在质量上占有很大的比例。如拖拉机及其他农业机械，铸件的质量比达 40% ~70%，金属切削机床、内燃机达 70% ~80%，重型机械设备则可高达 90%。

铸造存在如下缺点：

① 铸造生产工序繁多，工艺过程较难控制，因此铸件易产生缺陷。

② 铸件的尺寸均一性差，尺寸精度低。

③ 和相同形状、尺寸的锻件相比，铸件的内在质量差，承载能力不及锻件。

④ 工作环境差，温度高，粉尘多，而且劳动强度大。

10.1.2 特种铸造和铸造新技术简介

1. 金属型铸造

通过重力作用进行浇注，将熔融金属浇入金属铸型获得铸件的方法称为金属型铸造。

用金属材料制成的铸型称为金属型。金属型常用灰铸铁或铸钢制成。型芯可用砂芯或金属芯：砂芯常用于高熔点合金铸件；金属芯常用于有色金属铸件。图 10－11 所示为采用垂直分型方式的金属型。

与砂型铸造比较，金属型铸造有如下特点：

① 金属型可以多次使用，浇注次数可达数万次而不损坏，因此可节省造型工时和大量的造型材料。

② 金属型加工精确，型腔变形小，型壁光洁，因此铸件形状准确，尺寸精度高（IT12 ~ IT10），表面粗糙度 Ra 值小（12.5 ~6.3 μm）。

③ 金属型传热迅速，铸件冷却速度快，因而晶粒细，力学性能较好。

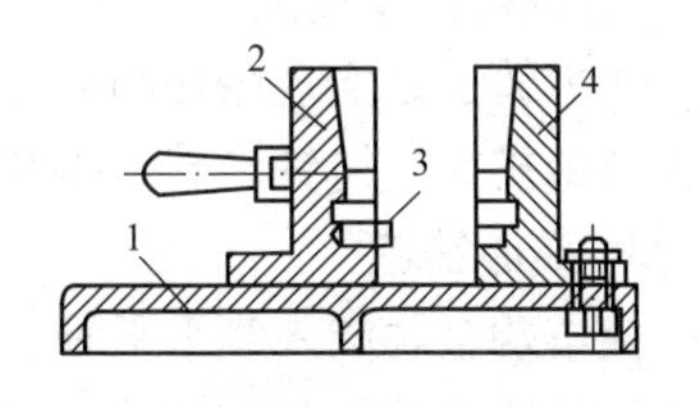

图 10－11 垂直分型式金属型

1—底座；2—活动半型；3—定位销；4—固定半型

④ 生产率高，无粉尘，劳动条件得到改善。

⑤ 金属型的设计、制造、使用及维护要求高，制造成本高，生产准备时间较长。

金属型铸造主要应用于非铁合金铸件的大批量生产，其铸件不宜过大，形状不能太复杂，壁不能太薄。

2. 压力铸造

使熔融金属在高压下高速充型，并在压力下凝固的铸造方法称为压力铸造，简称压铸。压力铸造在压铸机上进行。压铸机主要由压射装置和合型机构组成，按压铸型是否预热分为冷室压铸机和热室压铸机，按压射冲头的位置又可分为立式和卧式。生产上以卧式冷室压铸机应用较多。图 10－12 为卧式冷室压铸机的工作原理图。

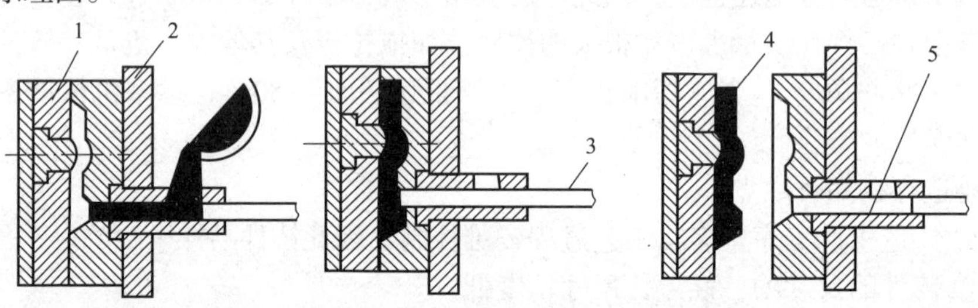

图 10－12 卧式冷室压铸机工作原理图

1—动型；2—定型；3—压射冲头；4—铸件；5—压室

将熔融金属注入压室后，压射冲头（俗称活塞、柱塞）向左推进，将熔融金属压入闭合的压铸型型腔，稍停片刻，使金属在压力下凝固，然后向右退回压射冲头，分开压铸型，推杆（图中未画出）顶出压铸件。

压力铸造有如下特点：

① 可以铸造形状复杂的薄壁铸件。

② 铸件质量高，强度和硬度都较砂型或金属型铸件高，尺寸精度可达IT12～IT10，表面粗糙度 Ra 值可达 3.2～0.8 μm。

③ 生产率高，容易实现自动化生产。

④ 压铸机投资大，压铸型制造复杂、生产周期长、费用高。

压力铸造是实现少切削或无切削的有效途径之一。目前，压铸件的材料已由非铁合金扩大到铸铁、碳素钢和合金钢。

3. 离心铸造

使熔融金属浇入绕水平轴、倾斜轴或立轴旋转的铸型，在惯性力作用下，凝固成形的铸件轴线与旋转铸型轴线重合，这种铸造方法称为离心铸造。离心铸造在离心铸造机上进行，铸型可以用金属型，也可以用砂型。图 10－13 为离心铸造的工作原理图。其中图（a）为绕立轴旋转的离心铸造，铸件内表面呈抛物面，铸件壁上下厚度不均匀，并随铸件高度增大而越加严重，所以只适用于高度较小的环类、盘套类铸件。图（b）为绕水平轴旋转的离心铸造，铸件壁厚均匀，适于制造管、筒、套（包括双金属衬套）及辊轴等铸件。

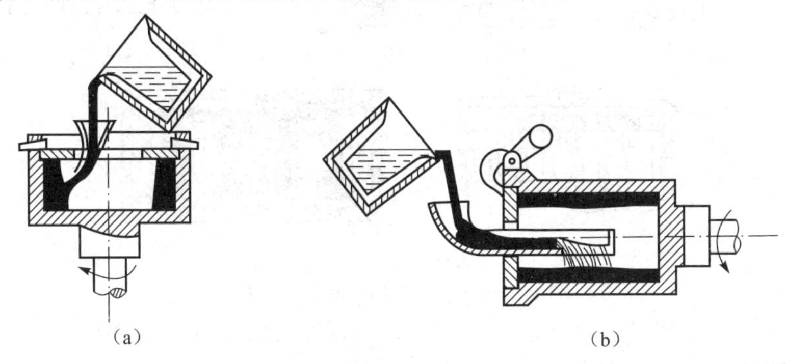

图 10－13　离心铸造

(a) 绕立轴旋转的离心铸造；(b) 绕水平轴旋转的离心铸造

在惯性力的作用下，金属结晶从铸型壁（铸件的外层）向铸件内表面顺序进行，呈方向性结晶，熔渣、气体、夹杂物等集中于铸件内表层，铸件其他部分结晶组织细密，无气孔、缩孔、夹渣等缺陷，因此铸件力学性能较好。对于中空铸件，可以留足余量，以便将劣质的内表层用切削的方法去除，以确保内孔的形状和尺寸精度。此外，离心铸造不需浇注系统，无浇冒口等处熔融金属的消耗，铸造中空铸件时还可省去型芯，因此设备投资少，效率高。

离心铸造主要适用于铸造空心回转体，如各种管子、缸套、圆筒形铸件，还可以进行双层金属衬套、轴瓦的铸造。

4. 熔模铸造

用易熔材料如蜡料制成模样，在模样上包覆若干层耐火涂料，制成型壳，熔出模样后经高温焙烧，然后进行浇注的铸造方法称为熔模铸造。熔模铸造又称失蜡铸造。熔模铸造的工艺过程如图 10－14 所示。

标准铸件用钢或铜合金制成，用来制造压型。压型是用于压制模样的型，一般用钢、铝合金等制成，小批量生产可用易熔合金、环氧树脂、石膏等制成。熔模是可以在热水或蒸汽中熔化的模样，用蜡基材料（常用 50% 石蜡和 50% 硬脂酸）制成的熔模称为蜡模。将液态或糊状的易熔模料压入压型制成单个熔（蜡）模，然后将若干个单个蜡模黏合在蜡制的浇注系统上，形成模组。型壳的制作工艺是：将模组浸入以水玻璃与石英粉配成的熔模涂料中，取出后撒上石英砂再在氧化铵溶液中硬化，重复多次直到结成厚 5～10 mm、具有足够强度的型壳。将型壳浸入 80 ℃～95 ℃的热水中，使蜡模熔化浮离型壳，再将型壳焙烧除尽残蜡，得到空腔的型壳。在型壳（铸型）外填砂以增强其强度和稳固性，然后进行浇注。

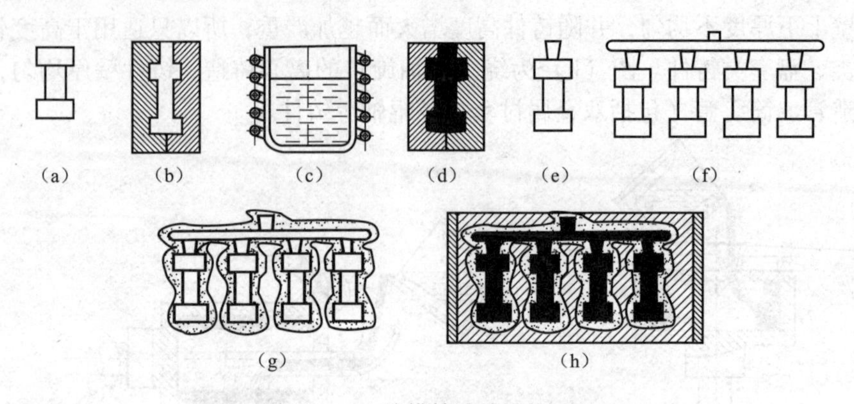

图10－14 熔模铸造的工艺过程

(a) 标准铸件；(b) 压型；(c) 熔蜡；(d) 压制熔模；(e) 单个蜡模；(f) 模组；(g) 制型壳、脱蜡；(h) 填砂、浇注

熔模铸造有如下特点：

① 可以制造形状很复杂的铸件，因为形状复杂的整体蜡模可以由若干形状简单的蜡模单元组合而成。

② 铸件的尺寸精度高（IT12～IT9），表面粗糙度 *Ra* 值小（12.5～1.6 μm），而且不必设置起模斜度和分型面。

③ 适应性广。因为型壳的耐火性好，所以既可以浇注熔点低的有色合金铸件，也可生产高熔点的金属铸件，如耐热合金钢铸件。

④ 生产工艺复杂，生产周期长，成本较高，铸件质量不能太大。

熔模铸造主要用于铸造各种形状复杂的精密小型零件的毛坯，如汽轮机和航空发动机的叶片，刀具，汽车、拖拉机、机床上的小型零件等。

10.2 锻压生产概论

对坯料施加外力，使其产生塑性变形、改变尺寸、形状及改善性能，用以制造机械零件、工件或毛坯的成形加工方法称为锻压。锻压包括锻造和冲压。

锻造和冲压所加工的材料应具有良好的塑性，以便在锻压时能产生足够的塑性变形而不被破坏。钢和有色金属都具有一定的塑性，都可以进行锻压加工；铸铁的塑性一般极差，不能进行锻压加工。

10.2.1 锻造

除高塑性金属外，一般可锻金属材料须经加热才能进行锻造。金属加热的目的是为了提高其塑性，降低变形抗力，并使内部组织均匀。金属材料的加热是整个锻造工艺过程中的一个重要环节，直接影响产品的质量。

锻造温度范围是指锻件的始锻温度到终锻温度的间隔。

始锻温度是指开始锻造的温度，一般来说，始锻温度应尽可能高一些，这样一方面金属的塑性提高，另一方面又可延长锻造的时间，但加热温度过高，金属将产生过热或过烧的缺陷，使金属塑性急剧降低，可锻性变差。通常将变形允许加热达到的最高温度定为始锻温度。一般金属材料的始锻温度应比其熔点低100 ℃～200 ℃。

终锻温度是指终止锻造的温度。一般来说，终锻温度应尽可能低一些，这样可以延长锻造时间，减少加热次数。但温度过低，金属塑性降低，变形抗力增大，可锻性同样变差，金属还会产生加工硬化，甚至发生开裂。通常将变形允许的最低温度定为终锻温度。

常用金属材料的锻造温度范围如表 10－1 所示。

表 10－1　常用金属材料的锻造温度范围

材料种类	始锻温度/℃	终锻温度/℃
低碳钢	1 200～1 250	800
中碳钢	1 150～1 200	800
低合金结构钢	1 100～1 180	850
铝合金	450～500	350～380
铜合金	800～900	650～700

正确选择和严格遵守冷却规范，也是锻造工艺过程中的一个重要环节。如果锻后锻件冷却不当，会使应力增加和表面过硬，影响锻件的后续加工，严重的还会产生翘曲变形、裂纹，甚至造成锻件报废。常用的冷却方法有空冷、坑冷、灰砂冷、炉冷等。

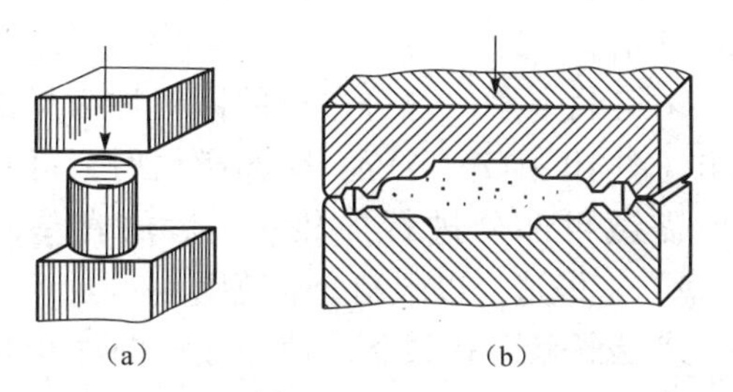

图 10－15　锻造

（a）自由锻；（b）模锻方法示意图

根据成形方式不同，锻造分为自由锻和模锻两大类。图 10－15 所示为锻造方法示意。自由锻按锻造时工件所受作用力来源不同，又分为手工自由锻与机器自由锻，手工自由锻劳动强度大，在现代工业生产中已逐步被机器自由锻和模锻所替代。模锻按所使用的锻造设备不同，又分为模锻和胎模锻两种。

1. 自由锻

只用简单的通用性工具，或在锻造设备的上、下砧间直接使坯料变形而获得所需的几何形状及内部质量的锻件的锻造方法称为自由锻。

自由锻件的精度不高，形状简单，其形状和尺寸一般通过操作者使用通用工具来保证，主要用于单件、小批量生产。对于大型及特大型锻件的制造，自由锻仍是唯一有效的方法。自由锻对锻工的技术水平要求高，劳动条件差，生产效率低。

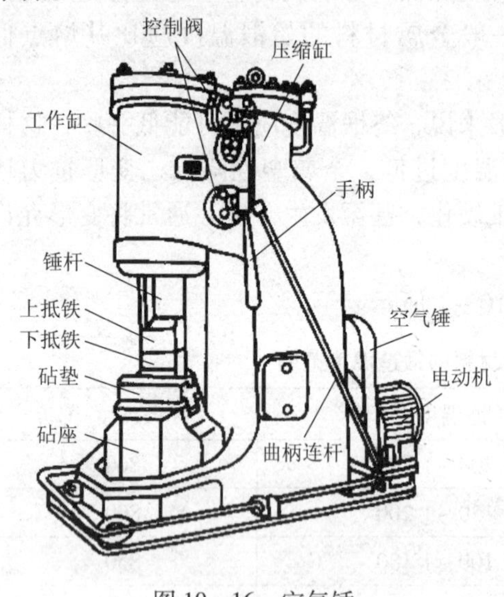

图10－16 空气锤

(1) 自由锻设备

自由锻常用的设备有空气锤，如图10－16所示。空气锤的吨位以落下部分的质量表示。落下部分包括工作缸活塞、锤杆、锤头和上砧块（或上锻模）。常用空气锤的吨位为0.15～0.75 t（150～750 kg），适用于中小型锻件的生产。

(2) 自由锻方法

自由锻的基本工序有镦粗、拔长、冲孔、弯曲、切割等。

① 镦粗和局部镦粗。使毛坯高度减小、横断面积增大的锻造工序称为镦粗（图10－17（a））。镦粗一般用来制造齿轮坯或盘饼类毛坯，或为拔长工序增大锻造比及为冲孔工序作准备等。为了防止坯料在镦粗时产生轴向弯曲，坯料镦粗部分的高度不应大于坯料直径的2.5～3倍。

在坯料上某一部分进行的镦粗称为局部镦粗（图10－17（b））。局部镦粗时，可只对所需镦粗部分进行加热，然后放在垫环（漏盘）上锻造，以限制变形范围。

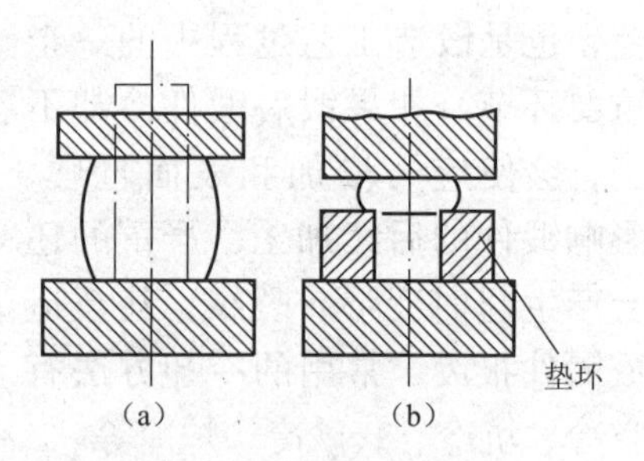

图10－17 镦粗与局部镦粗

② 拔长和芯棒拔长。使毛坯横断面积减小、长度增加的锻造工序称为拔长(图10－18（a））。拔长用来制造轴杆类毛坯，如光轴、台阶轴、连杆、拉杆等较长的锻件。拔长需用夹钳将坯料钳牢，锤击时应将坯料绕其轴线不断翻转。常用的翻转方法有两种：一种是反复90°翻转（图10－18（b）），该法操作方便，但变形不均匀；另一种是沿螺旋线翻转（图10－18（c）），该法坯料变形和温度变化较均匀，但操作不方便。

芯棒拔长是在空心毛坯中加芯轴进行变形以减小空心毛坯外径（壁厚）而增加其长度的锻造工序。芯棒拔长一般用于锻造长筒类锻件。

③ 冲孔。在坯料上冲出通孔或不通孔的锻造工序称为冲孔。冲孔常用于制

造带孔齿轮、套筒、圆环及重要的大直径空心轴等锻件。为了减小冲孔的深度和保持端面平整，冲孔前通常先将坯料镦粗。冲孔后大部分锻件还需芯棒拔长、扩孔或修整。

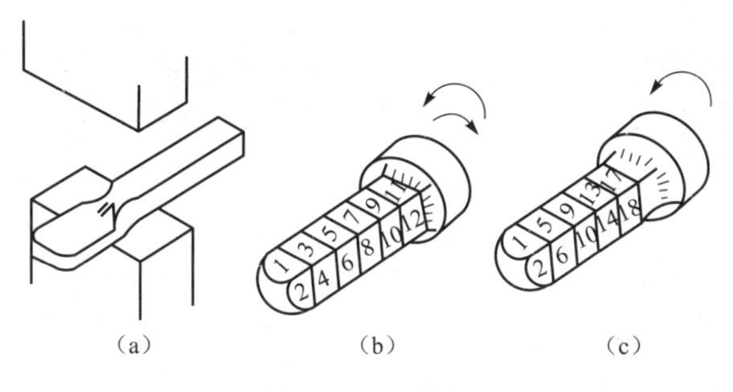

图 10－18 拔长

冲孔的方法分双面冲孔和单面冲孔两种。双面冲孔时，先试冲一凹痕，检查孔的位置是否正确，无误后，在凹痕中撒少许煤粉以利于冲子的取出，然后用冲子冲深至坯料厚度的 2/3～3/4 ，再翻转坯料将孔冲穿。图 10－19 所示为双面冲孔过程示意。

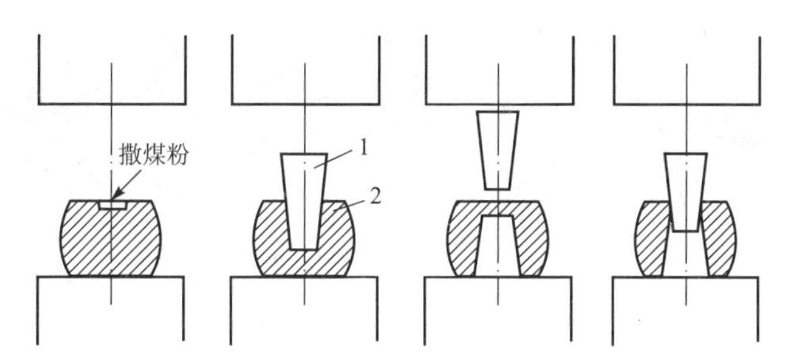

图 10－19 双面冲孔过程

1—冲子；2—坯料

单面冲孔的方法如图 10－20 所示。坯料 2 置于垫环 3 上，冲子 1 的大端向下，位置正确后直接将孔冲穿。单面冲孔主要用于较薄的坯料。

④ 弯曲。采用特定的工模具将毛坯弯成所规定的外形的锻造工序称为弯曲(图 10－21)。坯料弯曲变形时，金属的纤维组织未被切断，并沿锻件的外形连续分布，可保证力学性能不致削弱。因此，质量要求较高并具有弯曲轴线的锻件，如角尺、吊钩等都是利用弯曲工序来锻制的。

⑤ 切割。把板材或型材等切成所需形状和尺寸的坯料或工件的锻造工序称为切割。

(3) 自由锻常见缺陷

自由锻常见的缺陷有裂纹、末端凹陷、轴心裂纹和折叠等。

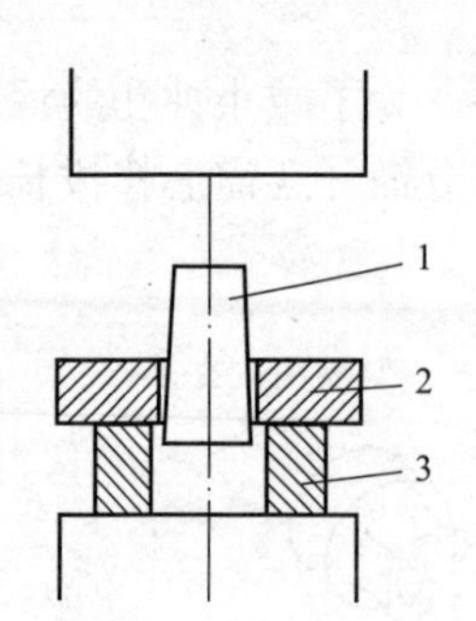

图10－20 单面冲孔

1—冲子；2—坯料；3—垫环

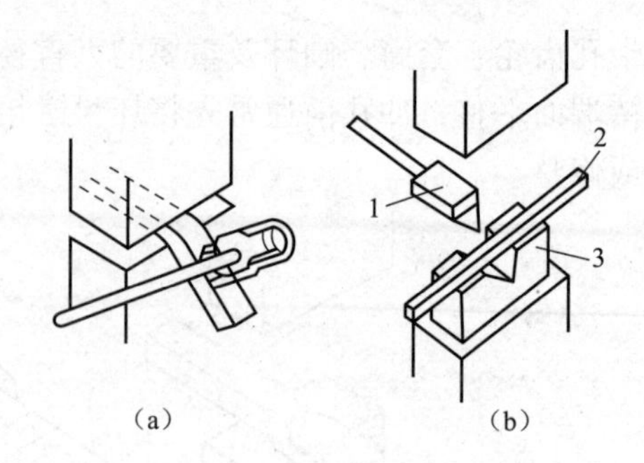

图10－21 弯曲

1—成形压铁；2—坯料；3—成形垫铁

产生裂纹的原因主要有：坯料质量不好；加热不充分；锻造温度过低；锻件冷却不当和锻造方法有错误等。末端凹陷和轴心裂纹（图10－22）是由于锻造时坯料内部未热透或坯料整个截面未锻透，变形只产生在坯料表面造成的。

产生折叠的原因主要是坯料在锻压时送进量小于单面压下量，如图10－23所示。

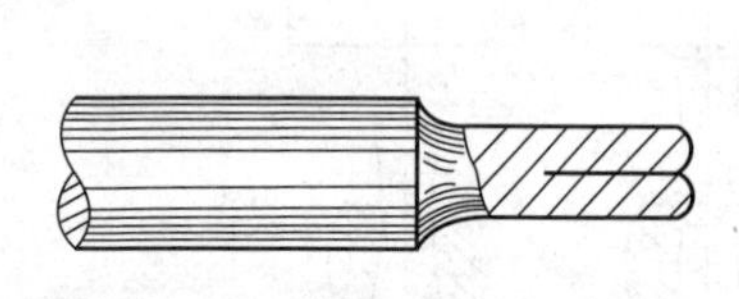

图10－22 末端凹陷和轴心裂纹

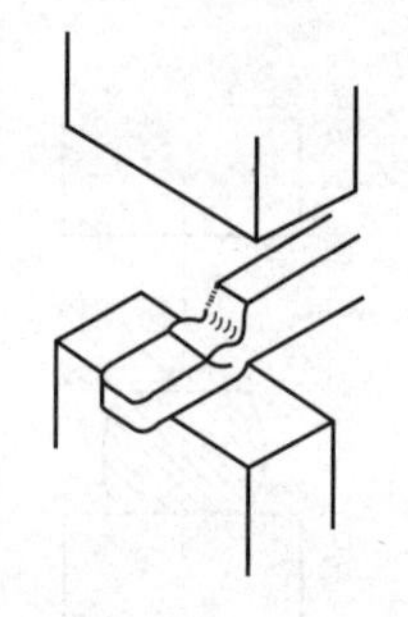

图10－23 折叠

2. 模锻

利用模具使毛坯变形而获得锻件的锻造方法称为模锻。与自由锻比较，模锻具有模锻件尺寸精度高、形状可以很复杂、质量好、节省金属和生产率高等优点。此外，在大批量生产时，模锻件的成本较低。其不足之处是锻件质量较小；模锻设备投资大，在小批量生产时模锻不经济；工艺灵活性不如自由锻。

模锻分模锻和胎模锻两类。

(1) 模锻

模锻是指在专用的模锻设备上进行锻造。常用的模锻设备有模锻空气锤、螺旋压力机、平锻机、模锻水压机等。锻模紧固在锤头（或滑块）与砧座（或工作台）上。锤头沿导向性良好的导轨运动，砧座通常与模锻设备的机架连接成整体。

模锻时使坯料成形而获得模锻件的工具称为锻模。锻模由上模和下模组成。由于锻件从坯料到成形须经多次变形，才能得到符合要求的形状和尺寸，所以锻模通常有多个模膛。根据作用不同，模膛分成制坯模膛和模锻模膛两大类。图10－24所示为连杆弯形的多模膛锻模及其模锻过程。

形状复杂的锻件应先用制坯模膛将坯料经几次变形，逐步锻成与锻件断面形状近似的毛坯，以利于金属均匀变形，顺利充满模膛，从而获得准确形状的模锻件。图10－24中的拔长、滚压、弯曲等模膛，都属制坯模膛。

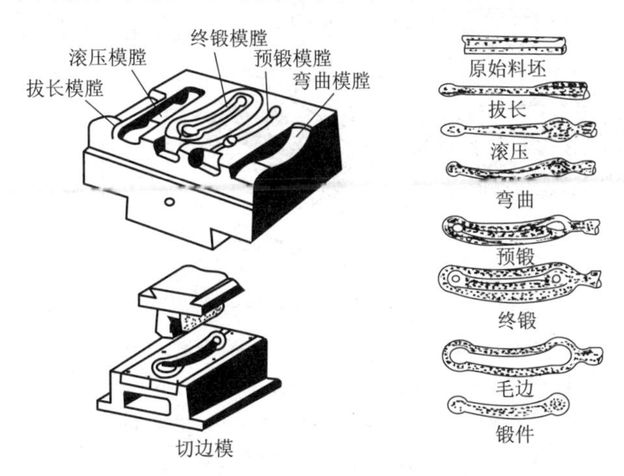

图10－24 连杆弯形的锻模及模锻过程

模锻模膛是锻件最终成形的模膛，它包括预锻模膛和终锻模膛。预锻模膛是复杂锻件制坯以后预锻变形用的模膛，目的是使毛坯形状和尺寸更接近锻件，在终锻时更容易充填终锻模膛，同时改善坯料锻造时的流动条件和提高终锻模膛的使用寿命。终锻模膛是使坯料最后成形得到与锻件图一致的锻件的模膛。为了使终锻时锤击力比较集中，锻件受力均匀及防止偏心、错移等缺陷，终锻模膛一般设置在锻模的居中位置。终锻成形后的锻件，周围存在较薄的飞边，可在压力机上用切边模切除。

（2）胎模锻

胎模锻是在自由锻设备上使用可移动模具生产模锻件的一种锻造方法。胎模不固定在锤头或砧座上，只在使用时才放到下砧上去。

胎模锻前，通常先用自由锻制坯，再在胎模中终锻成形。它既具有自由锻简单、灵活的特点，又兼有模锻能制造形状复杂、尺寸准确的锻件的优点，因此适于小批量生产中用自由锻成形困难、模锻又不经济的复杂形状锻件。

胎模可分成制坯整形模、成形模和切边冲孔模等。图10－25（a）是制坯整形模的一种，称摔模（又称克子），为最常用的胎模，用于锻件成形前的整形、拔长、制坯、校正。用摔模锻造时，须不断旋转锻件，因此适用于锻制回转体锻

件，如光轴、台阶轴等。

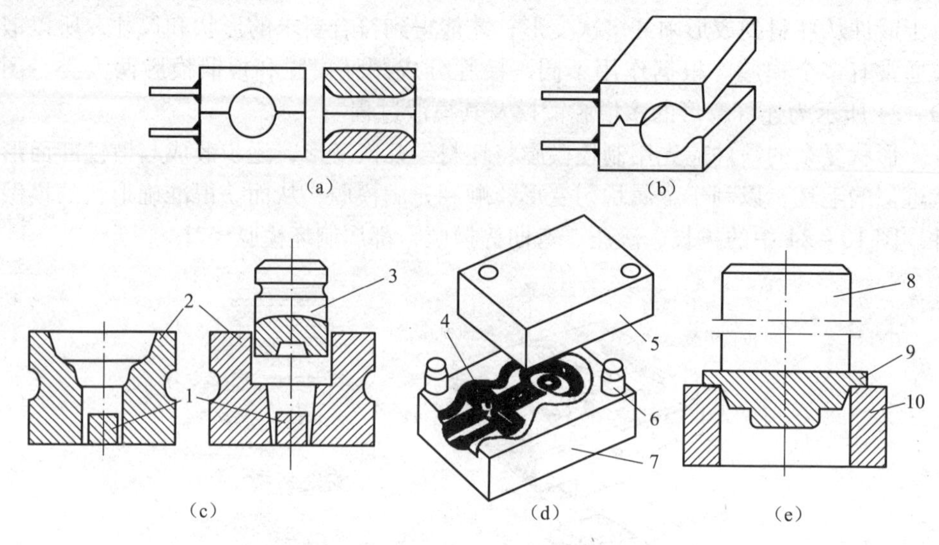

图10-25 胎模类型

(a) 摔模；(b) 扣模；(c) 套模；(d) 合模；(e) 切边模

1—垫块；2—套筒；3、5—上模；4—模膛；6—定位销；

7—下模；8—冲头；9—锻件飞边；10—垫环（凹模）

扣模、套模、合模（图10-25（b），（c），（d））均为成形模。扣模由上扣和下扣组成，或只有下扣，而以上砧块代替上扣。扣模既能制坯，也能成形，锻造时，锻件不转动，可移动。扣模用于非回转体杆料的制坯、弯曲或终锻成形。套模分开式和闭式两种：开式套模只有下模，上模由上砧块代替，适用于回转体料的制坯或成形，锻造时常产生小飞边；闭式套模锻造时，坯料在封闭模膛中变形，无飞边，但产生纵向毛刺，除能完成制坯或成形外，还可以冲孔。

合模一般由上、下模及导向装置组成，用于形状复杂的非回转体锻件的成形。

切边模（图10-25（e））用于切除飞边。

3. 锻造的特点

锻造具有以下特点：

① 改善金属的内部组织，提高金属的力学性能。如能提高零件的强度、塑性和韧性。

② 具有较高的劳动生产率。

③ 采用精密模锻可使锻件尺寸、形状接近成品零件，因而可大大节约金属材料和减少切削加工工时。

④ 适应范围广。锻件的质量可小至不足1 kg，大至数百吨；既可进行单件、

小批量生产，又可进行大批量生产。

⑤ 不能锻造形状复杂的锻件。

10.2.2 板料冲压

板料冲压工艺在工业生产中有着十分广泛的应用，特别是在汽车、拖拉机、航空、电器、仪表和国防等工业中占有极其重要的地位。

板料冲压所用的原材料通常是塑性较好的低碳钢、塑性高的合金钢、铜合金、铝合金等的薄板料、条带料。

1. 冲压设备

冲压最常用的设备有机械压力机和剪切机等。剪切机（剪床）的用途是将板料切成一定宽度的条料，以供冲床所用。

采用机械传动作为工作机构的压力机称为机械压力机，工作机构多由曲柄、连杆、滑块等组成。机械压力机俗称冲床，图 10 - 26 所示为常用小型冲床的结构图。其工作原理如下：

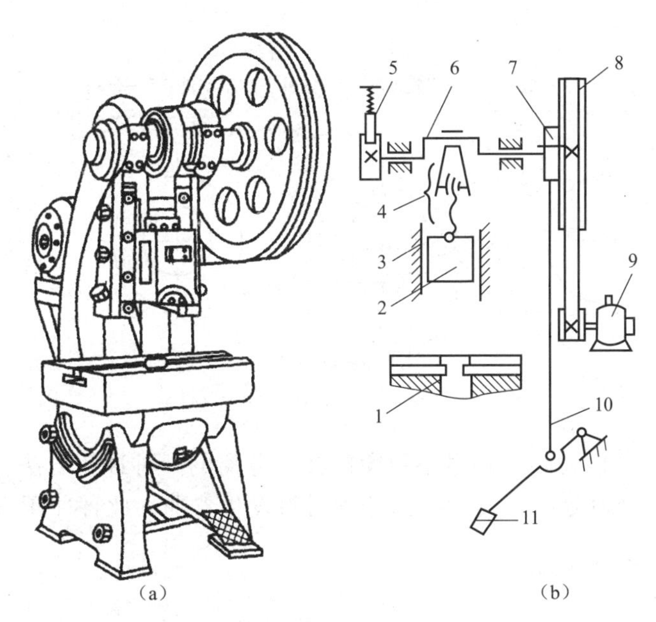

图 10 - 26 机械压力机（冲床）结构

(a) 外形；(b) 传动示意图

1—工作台；2—滑块；3—导轨；4—连杆；5—制动器；6—曲轴；7—离合器；8—飞轮；9—电动机；10—拉杆；11—踏板

电动机 9 通过 V 带带动飞轮 8 转动。当踩下踏板 11 时，拉杆 10 操纵离合器 7 使飞轮与曲轴 6 连接，曲轴的回转运动通过连杆 4 转换成滑块 2 沿导轨 3 的上、下往复直线运动，从而实现冲压加工。松开踏板，飞轮与曲轴的连接脱开，滑块在制动器5作用下，自动停止在最高位置。

2. 板料冲压基本工序

冲压的基本工序可分为分离工序和成形工序两大类。

（1）分离工序

分离工序是使板料的一部分和另一部分分开的工序，包括冲裁和切断等。

① 冲裁。冲裁是利用冲模将板料以封闭的轮廓与坯料分离的一种冲压方法。常见的冲裁有落料和冲孔。落料是利用冲裁取得一定外形的制件或坯料的冲压方法（图10－27）。冲孔是将冲压坯内的材料以封闭的轮廓分离开来，得到带孔制件的一种冲压方法（图10－28），其冲落部分为废料。

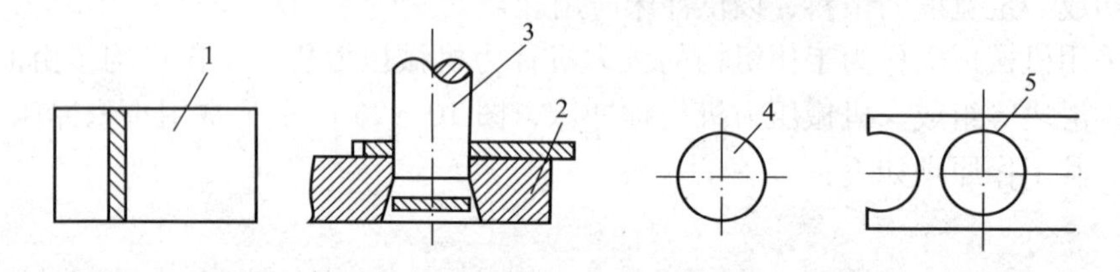

图10－27 落料

1—板料；2—凹模；3—凸模；4—冲压制件；5—余料

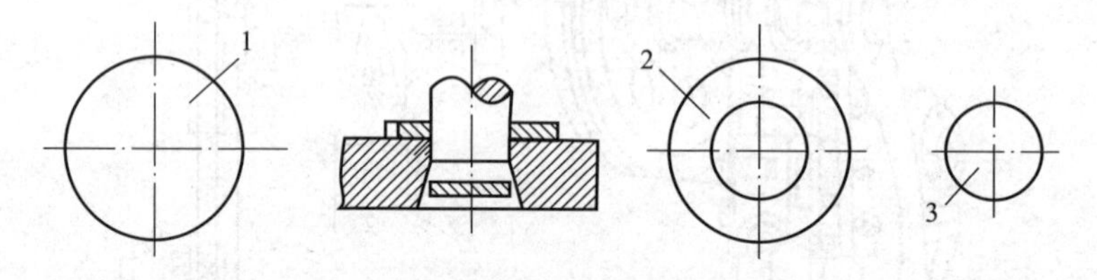

图10－28 冲孔

1—板料；2—冲压制件；3—废料

② 切断。切断是将材料沿不封闭的曲线分离的一种冲压方法。将材料沿不封闭的曲线部分地分离，其分离部分的材料发生弯曲，此种冲压方法称为切口（图10－29）。

（2）成形工序

成形工序是使板料发生塑性变形，以获得规定形状工件的工序，主要包括弯曲和拉深、收口与翻边等。

① 弯曲。弯曲是将板料在弯矩作用下弯成具有一定曲率和角度的制件的成形方法，如图10－30所示。弯曲时，板料内侧受压，外侧受拉。当弯曲变形程度过大时，弯形件外侧易被拉裂。为防止工件拉裂，凸模2和凹模3的工作部分应有合理的圆角。

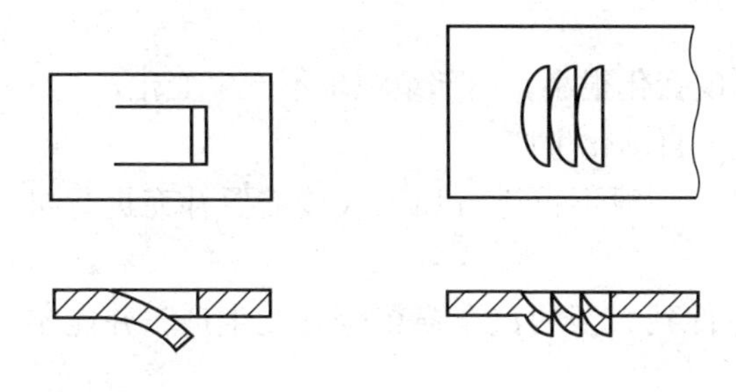

图 10－29 切口

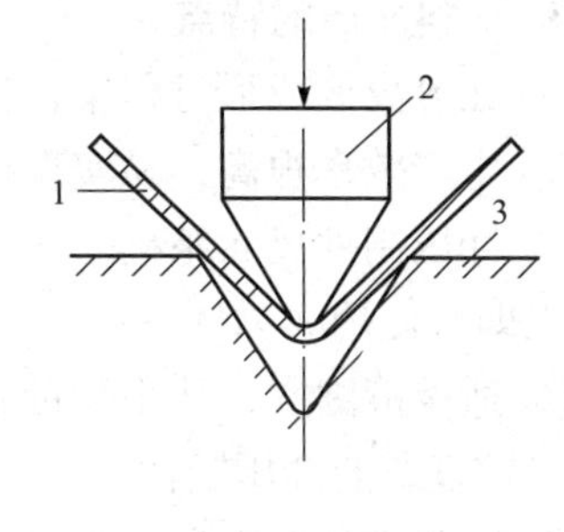

图 10－30 弯曲

1—工件；2—凸模；3—凹模

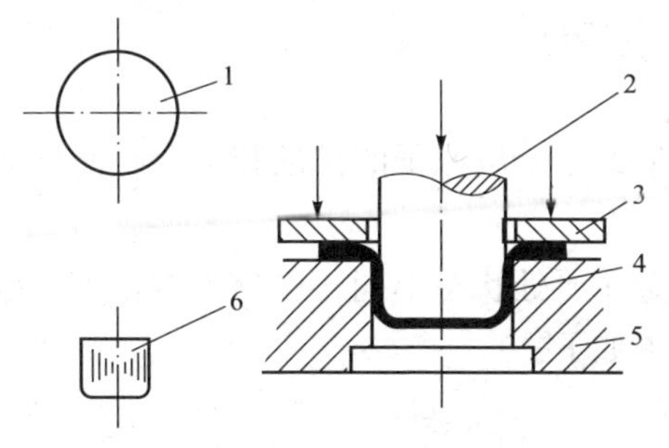

图 10－31 拉深

1—板料；2—凸模；3—压板；4—工件；5—凹模；6—拉深制件

② 拉深。拉深又称拉延，是变形区在一拉一压的应力状态作用下，使坯料变形为空心零件的加工方法。图 10－31 所示为拉深示意图。

为防止板料 1 在拉深时拉裂，凸模 2 和凹模 5 的工作部分应加工成光滑的圆角，凸模与凹模之间留有略大于板料厚度的间隙。为减小拉深时的摩擦阻力，应在板料上或凹模工作部分涂以润滑剂。压板 3 的作用是拉深过程中对板料施以一定的压紧力，以防止板料周边起皱。

对变形量较大的拉深件，不能一次完成拉深时，应采用多次拉深的方法。

③ 收口和翻边。减小拉深成品边缘部分直径的工序称为收口，如图 10－32（a）所示。而翻边就是使带孔坯料孔口周围获得凸缘的工序，如图 10－32（b）所示。

④ 成形。指利用局部变形使坯料或半成品改变形状的工序。如图 10－32（c）所示为鼓肚容器成形简图。用橡皮芯子来增大半成品的中间部分，在凸模轴向压力作用下，对半成品壁产生均匀的侧压力而成形。

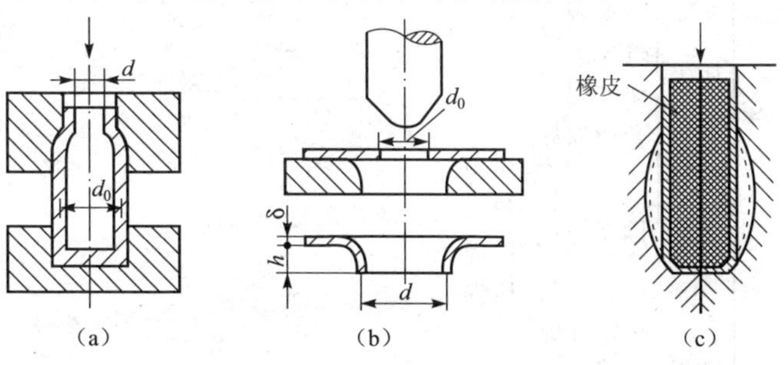

图 10－32 收口、翻边与成形

3. 板料冲压的特点

① 在分离或成形过程中，板料厚度变化很小，内部组织也不产生变化。

② 生产效率很高，易实现机械化、自动化生产。

③ 冲压制件尺寸精确，表面光洁，一般不再进行加工或按需要补充进行机械加工即可使用。

④ 适应范围广，从小型的仪表零件到大型的汽车横梁等均能生产，并能制出形状较复杂的冲压制件。

⑤ 冲压模具精度高，制造复杂，成本高，所以冲压主要适用于大批量生产。

10.3 焊接生产概论

焊接是通过加热或加压或两者并用，借助于金属原子的扩散和结合，使分离的材料牢固地连接在一起的加工方法。

焊接的方法很多，按焊接过程中被焊金属所处状态不同，可分为熔化焊、压焊和钎焊三大类。现将常用的焊接方法分类如下：

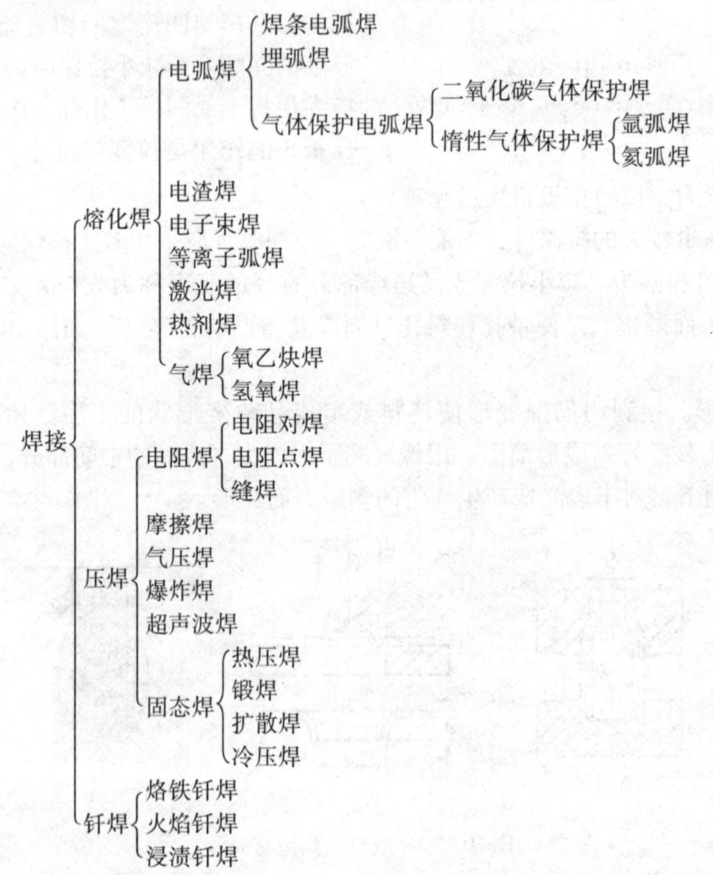

焊接主要用于制造金属结构件，如锅炉、船舶、桥梁、管道、车辆、起重机、海洋结构、冶金设备；生产机器零件（或毛坯），如重型机械和冶金、锻压设备的机架、底座、箱体等。

焊接正是有了连接性能好、成本低、重量轻等优点，才得以广泛应用。但同时也存在一些不足之处，如结构不可拆，焊接接头组织性能变坏；易产生焊接变形；容易产生焊接缺陷等。

10.3.1　手工电弧焊

手工电弧焊，是用手工操纵焊条进行焊接的电弧焊方法。它利用焊条与焊件间产生的电弧热将金属加热并熔化而实现焊接。如图 10－33 所示，焊接前，把焊钳 3 和焊件 1 分别接到电焊机 4 输出端的两极，并用焊钳夹持焊条 2。焊接时，在焊条和焊件之间引燃焊接电弧 5，电弧的热量将焊条和焊件被焊部位熔化形成熔池 6。随着焊条沿焊接方向移动，新的熔池不断形成，而原先的熔池液态金属不断冷却凝固，构成焊缝 7，使焊件连接在一起。

手工电弧焊具有电弧温度较高、热量集中，设备简单，操作方便、灵活，能适应在各种条件下焊接等特点，是焊接生产中普遍应用的一种方法。它广泛应用于碳素钢、合金钢、不锈钢、耐热钢、铸铁等金属材料的不同厚度及不同位置的焊接，也可用于铜合金、镍合金的焊接，还可用于铜合金、铝合金的焊接。

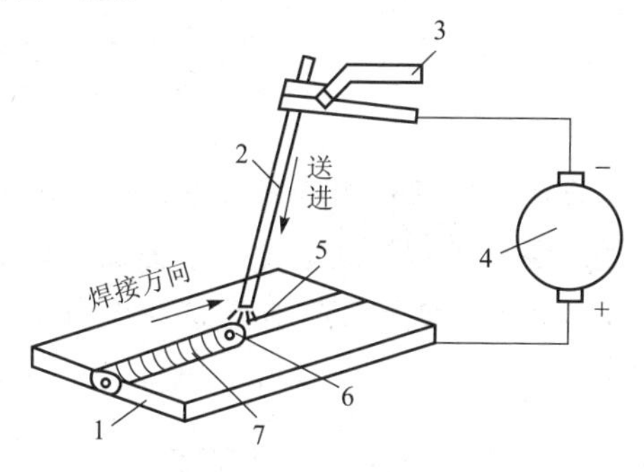

图 10－33　焊条电弧焊焊接过程

1—焊件；2—焊条；3—焊钳；4—电焊机；5—焊接电弧；6—熔池；7—焊缝

手工电弧焊的缺点是生产效率低，劳动强度较大，焊接质量取决于工人的操作技术水平。

常用的手工电弧焊的焊接电源（俗称电焊机）有直流弧焊发电机、交流弧焊变压器和弧焊整流器三大类。

在使用直流电焊接时有两种不同的接法：正接和反接。焊件接电源正极、电极（焊条）接电源负极的接线法称为正接，正接多用于熔点较高的钢材和厚板料的焊接。焊件接电源负极、电极（焊条）接电源正极的接线法称为反接。反接多用于铸铁、有色金属及其合金或薄钢板的焊接。采用交流电焊接时，两极极性不断产生交替变化，不存在正接或反接的问题。

在手工电弧焊中常用的接头形式有对接接头、角接接头、T 形接头和搭接接头，如图 10－34 所示。常见的焊接位置有平焊、立焊、横焊和仰焊，如图 10－35 所示。

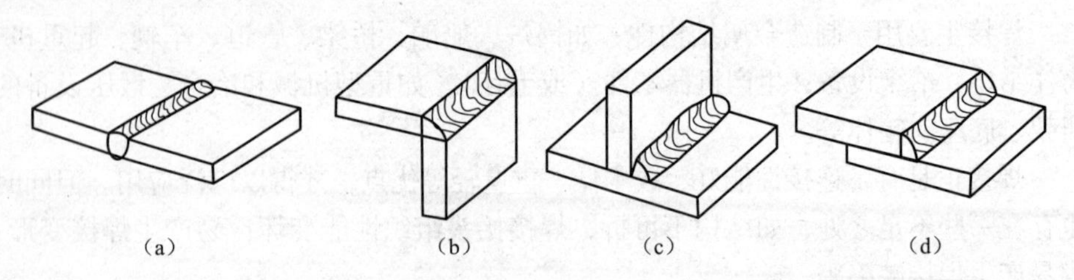

图 10-34 焊接接头形式

(a) 对接接头；(b) 角接接头；(c) T形接头；(d) 搭接接头

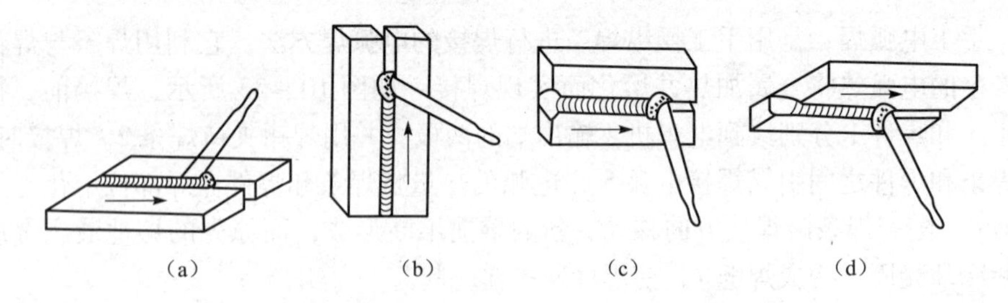

图 10-35 焊缝的空间位置

(a) 平焊；(b) 立焊；(c) 横焊；(d) 仰焊

在手工电弧焊焊接过程中在焊接接头中产生的金属不连续、不致密或连接不良的现象称为焊接缺陷。产生焊接缺陷的主要原因有：焊前接头处未清理干净、焊条未烘干、焊接工艺参数选择不当或操作方法不正确等。常见的焊接缺陷有未焊透、夹渣、气孔、咬边、焊瘤、焊接裂纹等。

10.3.2 其他焊接方法简介

1. 气焊与气割

气焊是指利用气体火焰作为热源的焊接方法。常见的利用氧-乙炔焰作为热源的氧-乙炔焊如图10-36所示。焊接时，氧气与乙炔的混合气体在焊嘴中配成。混合气体点燃后加热焊丝和焊件的接边，形成熔池。移动焊嘴和焊丝，形成焊缝。

气焊焊丝一般选用与母材相近的金属丝，焊接时常与焊剂配合使用。气焊焊剂用来去除焊接过程中产生的氧化物，还具有保护熔池，改善熔融金属流动性的作用。

气焊设备简单，不需要电源，气焊火焰易于控制，操作简便，灵活性强。气焊的焊接温度低，对焊件的加热时间长，焊接热影响区大，过热区大。但气焊薄板时不易烧穿焊件，对焊缝的空间位置也没有特殊要求。气焊常用于焊接厚度在3 mm以下的薄钢板、铜合金、铝合金等，也用于焊补铸铁。气焊对无电源的野外施工有特殊的意义。

气割是利用预热火焰将被切割的金属预热到燃点，再向此处喷射氧气流，被预热到燃点的金属在氧气流中燃烧形成金属氧化物，如图 10－37 所示，同时，这一燃烧过程放出大量的热量，这些热量将金属氧化物熔化为熔渣，熔渣被氧气流吹掉，形成切口，从而实现工件的切割。气割实质上是金属在氧气中燃烧的过程。

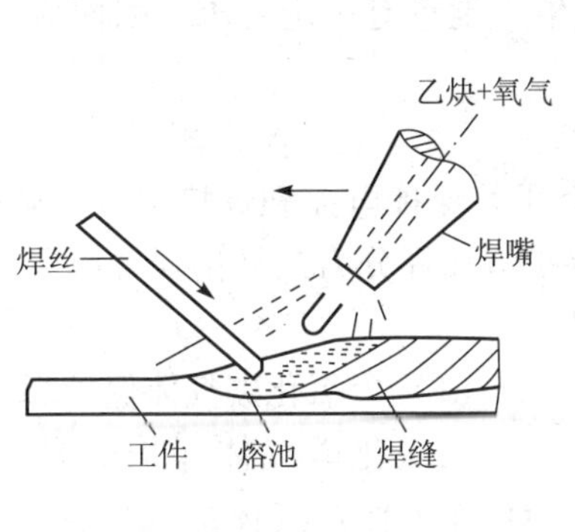

图 10－36 氧－乙炔气焊

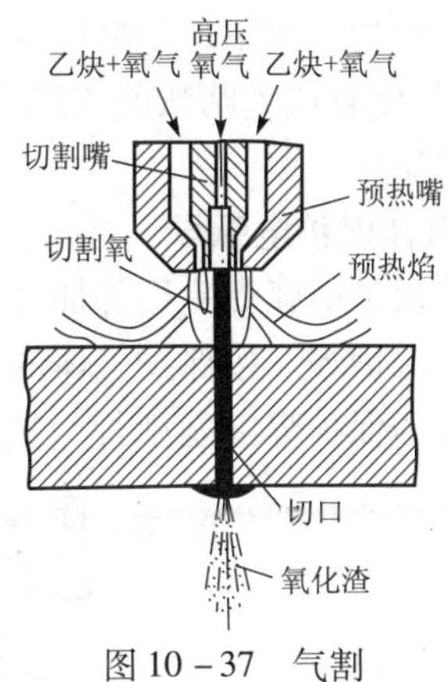

图 10－37 气割

气割的效率高、成本低、设备简单、操作灵活，且不受切割厚度与形状的限制，并能在各种位置进行切割。

目前，气割广泛应用于纯铁、低碳非合金钢、中碳非合金钢和普通低合金钢的切割，但高碳非合金钢、铸铁、高合金钢及铜、铝等金属及其合金，均难以进行气割。

2. 埋弧焊

埋弧焊是电弧在焊剂层下燃烧进行焊接的方法。埋弧焊分自动和半自动两种，最常用的是埋弧自动焊。图 10－38 所示为埋弧自动焊的示意图。焊接时，自动焊机头将焊丝自动送入电弧区自动引燃并保证一定的弧长，电弧焊在颗粒状熔剂（焊剂）下燃烧，工件金属与焊丝被融化成较大体积的熔池，焊机带着焊丝自动均匀向前移动。熔池金属被电弧气体排挤向后堆积形成焊缝。

由于电弧被埋在由熔渣和熔池金属包围的封闭空间内燃烧，所以称为埋弧焊。

埋弧焊具有下列优点：

① 焊缝质量高。电弧在焊剂层下燃烧，熔池金属不受空气的影响，焊丝的送进和沿焊缝的移动均为自动控制，因此工作稳定，焊接质量好。

② 生产率高。埋弧焊允许使用大的焊接电流，熔深大，焊速快，所以生产率高。

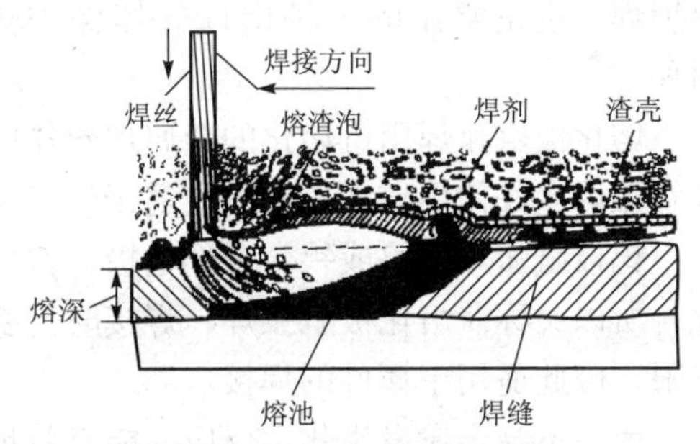

图 10－38 埋弧自动焊的示意图

③ 成本低。埋弧焊能量损失小，使用连续焊丝余头损失小，一般厚度的焊件不需要开坡口等，可节约大量能源、材料和工时，因此成本低。

④ 劳动条件改善。埋弧焊过程已实现机械化、自动化，无可见弧光，烟尘较少。

埋弧焊的主要不足是适应性差，只适于水平位置焊接（允许倾斜坡度不超过20°）和长而直或大圆弧的连续焊缝，而且对生产批量有一定要求，因而应用受到一定限制。

3. 气体保护电弧焊

气体保护电弧焊是用外加气体作为电弧介质并保护电弧和焊接区的电弧焊，简称气体保护焊。按保护气体的不同，气体保护电弧焊分为二氧化碳气体保护焊和惰性气体保护焊（氩弧焊、氦弧焊等）两类。

（1）二氧化碳气体保护焊

二氧化碳气体保护焊是利用 CO_2 作为保护气体的气体保护焊，如图 10－39 所示。

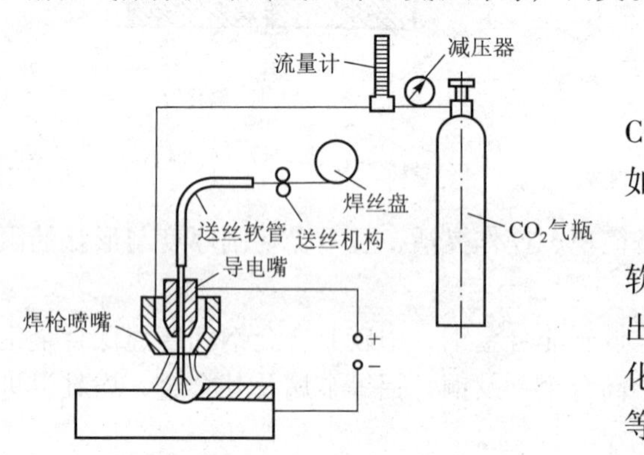

图 10－39 二氧化碳气体保护焊示意图

焊丝由送丝机构控制，经送丝软管从焊炬头部的导电嘴中自动送出，既是电极也是填充金属。二氧化碳气体由气瓶经减压器、流量计等从喷嘴以一定速度喷人焊接区，把电弧、熔池与空气隔开。焊接过程由焊工手持焊炬进行。

二氧化碳气体保护焊具有成本低（CO_2 来源充足、价廉）、焊接质量好、生产率较高和操作方便等优点，常用于低碳钢和低合金结构钢的焊接，主要焊接薄板。

（2）氩弧焊

氩气是惰性气体，不溶于液态金属。氩弧焊是使用氩气作为保护气体的气体保护焊，也是常用的一种惰性气体保护焊，分为熔化极氩弧焊和钨极氩弧焊两种。

熔化极氩弧焊用可熔化的金属焊丝作电极，并兼作焊接时的填充材料。熔化极氩弧焊允许使用较大的电流，适于较厚焊件的焊接。

钨极氩弧焊用钨或钨合金作电极，钨极与焊件间产生电弧，焊接时钨极不熔化，所以又称非熔化极氩弧焊，焊接时需要外加焊丝熔入熔池。钨极的载流能力有限，因此适用于薄件的焊接。

氩气不与金属发生化学反应，能有效地防止空气对熔池的有害影响，所以氩弧焊质量较好，适用于各类合金钢、易氧化的有色金属及合金的焊接。

10.4 零件毛坯制造方法的选择

零件生产的常用毛坯类型有铸件、锻件、型材、冲压件、焊接件、粉末冶金件等几种。各类毛坯有不同的制造方法，具体零件毛坯制造方法的选择是一件复杂的工作。

10.4.1 选择零件毛坯的一些影响因素

选择何种毛坯类型及毛坯制造方法生产零件，主要取决于如下一些因素：

(1) 零件材料

零件材料在很大程度上决定了毛坯类型的选择。例如零件材料为铸铁、铸钢、铸造铝合金、铸造铜合金，则应选用铸造毛坏为宜；零件材料若为碳钢、合金钢以及压力加工有色金属等，则可选用锻件，又可选用型材，也可选用焊接件；零件材料若为硬质合金，则只好选用粉末冶金制造毛坯。

(2) 零件生产类型

生产类型指零件生产的批量，有单件生产、成批生产和大量生产三种类型。当毛坯类别确定后，生产类型即为决定毛坯制造方法的主要因素之一。如木模手工造型只适用于单件小批量生产，那么当零件生产批量较大时，采用木模手工造型就不合适，而采用压力铸造和金属型铸造制造毛坯较合理；再如模锻可得到较复杂的毛坯形状和较高的毛坯精度，从而大大减少切削加工量，但在单件小批生产中则不经济，反而采用自由锻方法制造毛坯较好。

(3) 零件形状

毛坯形状应尽量接近零件形状。毛坯形状复杂，就必须选用能得到形状复杂的毛坯制造方法，如压力铸造，熔模铸造，以及焊接、模锻等方法。对于形状简单的主轴，既可采用锻造，也可采用型材（如圆钢）。这主要取决于轴的最大直径与最小直径的差值。差值越大，以选锻造毛坯合适；反之，则选型材（如圆钢）为好。

(4) 毛坯的尺寸和质量

由于压力铸造、熔模铸造、模型锻造一般不适合制造大型毛坯件，所以当毛坯件的尺寸和质量较大时，就不宜采用以上几种方法制造毛坯。因为较大的毛坯件，对生产设备、操作过程、技术问题以及辅助设备等会提出更高的要求。

(5) 对毛坯精度的要求

各种不同的毛坯制造方法所得到的毛坯公差等级差别较大，所以当毛坯绝大多数表面无需加工而又要求较高精度和较小粗糙度时，或要求较高精度和较小粗糙度的表面很难进行切削加工时，就必须采用能得到较高精度和较小粗糙度的毛坯制造方法，如精密铸造、精密锻造等，当毛坯材料价格昂贵或切削加工性极差时，为减少切削加工所造成的材料浪费或减少切削加工量，也应采用能得到较高精度的毛坯制造方法，如粉末冶金。

（6）企业的实际生产条件

根据零件使用要求和制造成本所确定的生产方案是否能实现，还必须考虑企业的实际生产条件。只有实际生产条件能够实现的生产方案才算是比较合理的方案。如果本企业不能满足毛坯制造方案的要求，就应考虑与其他企业进行协作生产。这是现代企业降低经营风险，提高产品竞争力的有效措施，也是现代企业提高经营管理，增强生存发展能力的新趋势。

10.4.2 毛坯选择举例

图10－40所示为检修车辆经常使用的螺旋起重器。其用途是将车架顶起，以便操作人员进行车辆检修等。该起重器的承载能力为4 t，工作时依靠手柄带动螺杆在螺母中转动，以便推动托杯顶起重物。螺母装在支座上。

起重器中主要零件的毛坯选择分析如下：

1. 托杯

托杯工作时直接支持重物，承受压应力，宜选用灰铸铁材料，如HT200。由于托杯具有凹槽和内腔结构，形状较复杂，所以采用铸造方法成形。若采用中碳钢制造托杯，则可采用模锻进行生产。

2. 手柄

手柄工作时，承受弯曲应力。受力不大，且结构形状较简单，可直接选用碳素结构钢材料，如Q235类。

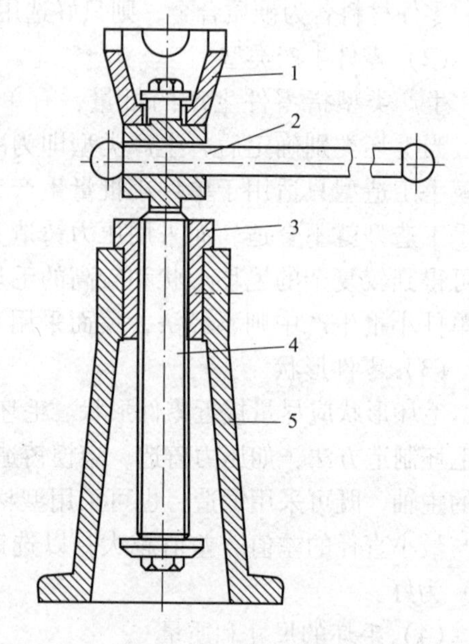

图10－40 螺旋起重器
1—托杯；2—手柄；3—螺母；
4—螺杆；5—支座

3. 螺母

螺母工作时沿轴线方向承受压应力，螺纹承受弯曲应力和摩擦力，受力情况较复杂。但为了保护螺杆，以及从降低摩擦阻力考虑，宜选用耐磨的材料，如青铜ZCuSn10Pb1，毛坯生产可以采用铸造方法成形。螺母孔尺寸较大时可直接铸出。

4. 螺杆

螺杆工作时，受力情况与螺母类似但毛坯结构形状较简单规则，宜选用中碳

钢或中碳合金钢材料，如 40Cr 钢等，毛坯生产方法可以采用锻造成形方法。

5. 支座

支座是起重器的基础零件，承受静载荷压应力，宜选用灰铸铁 HT200。又由于它具有锥度和内腔，结构形状较复杂，因此，采用铸造成形方法比较合理。

10.4.3 零件毛坯加工方法经济性分析

图 10－41 为液压缸零件图，材料为 40 钢，生产数量为 300 件。液压缸的工作压力为 1.5 MPa，要求进行水压试验，试验的压力为 3 MPa。液压缸两端的法兰接合面及内孔要求进行切削加工，并且加工表面不允许出现缺陷；其余的表面不加工。下面就该零件毛坯生产方法经济性作如下分析：

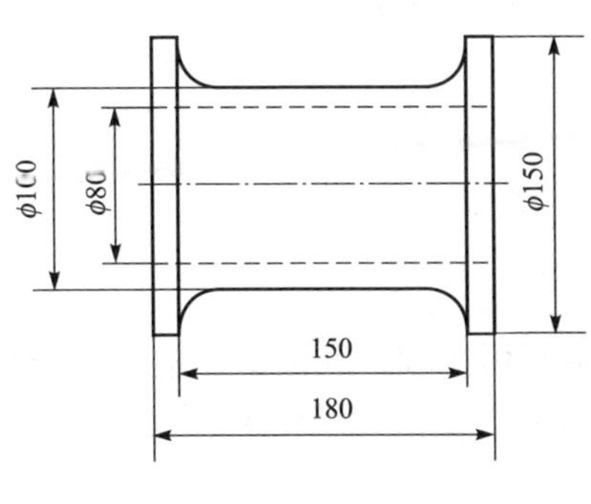

图 10－41 承压液压缸

1. 采用型材生产零件毛坯

直接先用 ϕ150 mm 圆钢（如 40 钢），经切削加工成形，能全部通过水压试验，但材料利用率低，型材的流线组织被部分破坏，而且切削加工工作量大，生产成本高。

2. 采用砂型铸造生产零件毛坯

选用 ZG270－500 铸钢进行砂型铸造成形，此法有两个生产方案：一是水平浇注，二是垂直浇注，如图 10－42 所示。

3. 采用模锻生产零件毛坯

选用 40 钢进行模锻成形时，锻件在模膛内有立放、卧放之分，如图 10－43 所示。

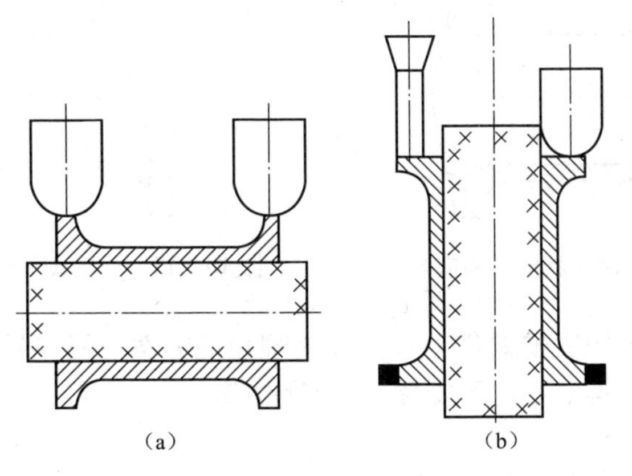

图 10－42 承压液压缸的浇注方式
（a）水平浇注；（b）垂直浇注

锻件立放时能锻出孔（有连皮），但不能锻出法兰，外圆的切削加工工作量大。锻件卧放时，能锻出法兰，但不能锻出孔，内孔的切削加工工作量也较大。但模锻件的内在质量好，全部能通过水压试验。

4. 采用胎模锻生产零件毛坯

选用 40 钢坯料加热后镦粗、冲孔、带心轴拔长，然后在胎模内带心轴锻出法兰：其锻件图如图 10 - 44 所示。

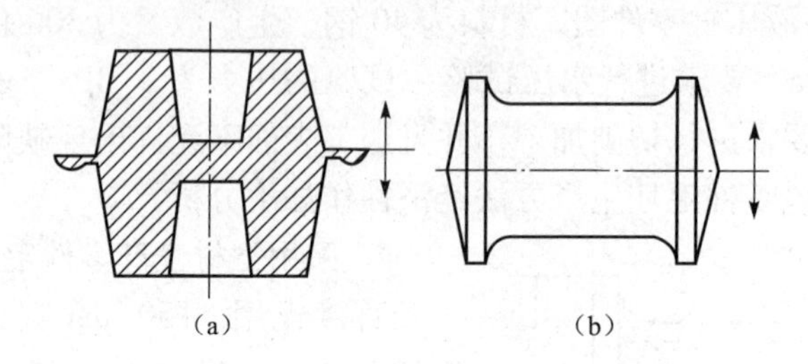

图 10 - 43 承压液压缸的模锻方式

(a) 立放；(b) 卧放

胎模锻件毛坯能全部通过水压试验。与模锻相比较，既能锻出孔，又能锻出法兰，但生产率较低，操作过程较复杂，而且要求操作技术熟练。

5. 焊接结构毛坯

选用 40 钢无缝钢管，在其两端按液压缸尺寸焊接上 40 钢法兰，如图 10 - 45 所示。

焊接结构毛坯能全部通过水压试验，最省材料，工艺准备简单，但需找合适的无缝钢管进行备料。

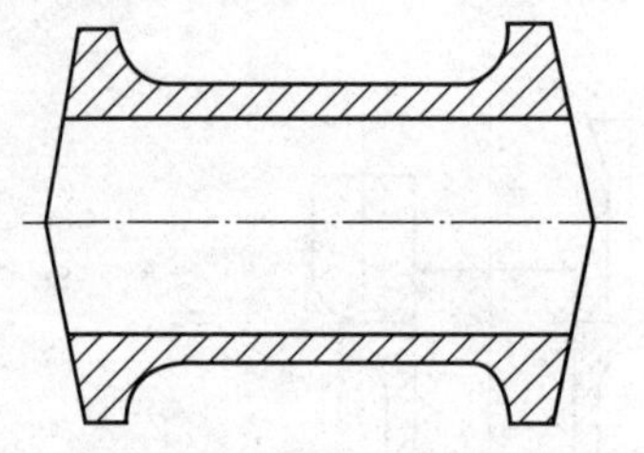

图 10 - 44 承压液压缸的胎模锻毛坯

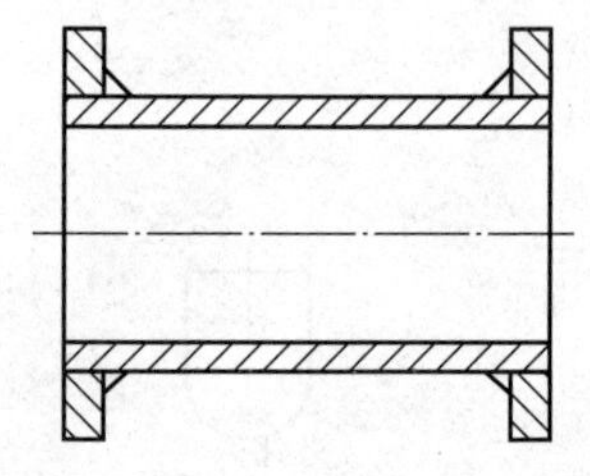

图 10 - 45 承压液压缸的焊接结构毛坯

综上所述，采用胎模锻件毛坯是较为理想的方案。但如果有合适的无缝钢管，则采用焊接结构毛坯也不失为一理想的方案。

思考题与作业题

1. 什么是铸造？铸造有哪些优点？常见的手工造型方法有哪几种？

2. 什么是浇注系统？浇注系统由哪几部分组成？主要作用是什么？

3. 铸件常见的缺陷有哪些？简述其产生的原因。

4. 简述金属型铸造、压力铸造及离心铸造的特点及其应用。

5. 采用砂型铸造方法制造如图 10－46 所示哑铃（体育器材）20 件，应采用何种造型方法？为什么？

图 10－46 哑铃

6. 何谓自由锻？自由锻的基本工序有哪些？

7. 试比较自由锻、模锻及胎膜锻的优缺点。

8. 冲压的基本工序分为哪两类？各有什么特点？落料和冲孔有什么异同？

9. 制造一个螺母扳手，请问用下列哪一种方法制得的产品承载力最大？为什么？

（1）铸造；

（2）锻造；

（3）板料切割。

10. 制造一个军用水壶需要哪些冲压工序？请作简要说明。

11. 试从毛坯成型原理、力学性能特点、复杂程度及生产成本等几个方面比较铸造和锻造毛坯。

12. 什么是焊接？焊接分哪几类？手工电弧焊常见的缺陷有哪些？

13. 简述埋弧自动焊、气焊、气割和气体保护焊的特点及其应用。

14. 下列情况应选用何种焊接方法？简述理由。

（1）厚度 20 mm 的 Q345 钢板平成大型工字梁；

（2）纯铝低压容器；

（3）低碳钢薄板（厚度 1 mm）罩；

（4）供水管道维修；

（5）机床床身导轨，使用中出现裂纹。

15. 轴杆类、盘套类、机架箱体类零件的结构特点、主要功能、受力情况以及相应的毛坯成形方法有什么特点？

16. 零件毛坯的生产数量、加工精度与加工方法有何定性的联系？

第 11 章 金属切削加工基础概论

切削加工是利用工具从工件上切除多余材料的加工方法。

在现代机械制造中，除少数零件采用精密铸造、精密锻造以及粉末冶金和工程塑料压制等方法直接获得（有的仍需辅以局部切削加工）外，绝大多数的零件都要通过切削加工获得，以保证零件的精度和表面质量要求。因此，切削加工在机械制造中占有十分重要的地位。

切削加工分为钳工和机械加工两部分。

机械加工是通过工人操作机床进行的切削加工。按切削加工所用切削工具类型可分为两类：一类是利用刀具进行加工的，如车削、刨削、钻削、铣削和镗削等；另一类是利用磨料进行加工的，如磨削、研磨、珩磨、超精加工等。

11.1 常用机械加工方法简介

11.1.1 车削加工

在零件的组成表面中，回转面用得最多，车削特别适合加工回转表面，故比其他加工方法应用得更加普遍。为了满足加工需要，车床的类型有卧式车床、立式车床、转塔车床、自动车床和数控车床等。其中以卧式车床应用最广。

1. 车削的工艺特点

（1）易于保证工件各加工面的位置精度

车削时，工件绕主轴轴线回转，各回转表面具有同一的轴线，保证了回转加工面的同轴度要求；在一次走刀中完成端面与回转面的加工，保证了工件端面与回转面轴线的垂直度要求。

（2）切削过程比较平稳

车削是一种连续的切削加工，当车刀几何形状、背吃刀量和进给量一定时，切削力基本保持不变，故车削过程比较平稳。又由于车削的主运动为工件的旋转运动，避免了惯性力和冲击的影响，所以允许采用较大的切削用量进行高速切削或强力切削，以利于提高生产率。

(3) 用于有色金属零件的精加工

有些有色金属硬度较低，塑性较大，若用砂轮磨削，软的磨屑易堵塞砂轮，难以得到很光洁的表面。因此，当有色金属零件表面粗糙度 Ra 值要求较小时，不宜采用磨削加工，而宜采用车削或铣削加工。

(4) 刀具简单

车刀是刀具中最简单的一种，制造、刃磨和安装均很方便，这就便于根据具体加工要求，选用合理的角度。因此，车削的适应性较广，并且有利于加工质量和生产效率的提高。

2. 车削的应用

在车床上可以加工内外圆柱面、内外圆锥面、螺纹、沟槽、端面和成形面等，加工精度可达 IT8 ~ IT7，表面粗糙度 Ra 值为 1.6 ~ 0.8 μm，车床加工的应用如图 11 - 1 所示。

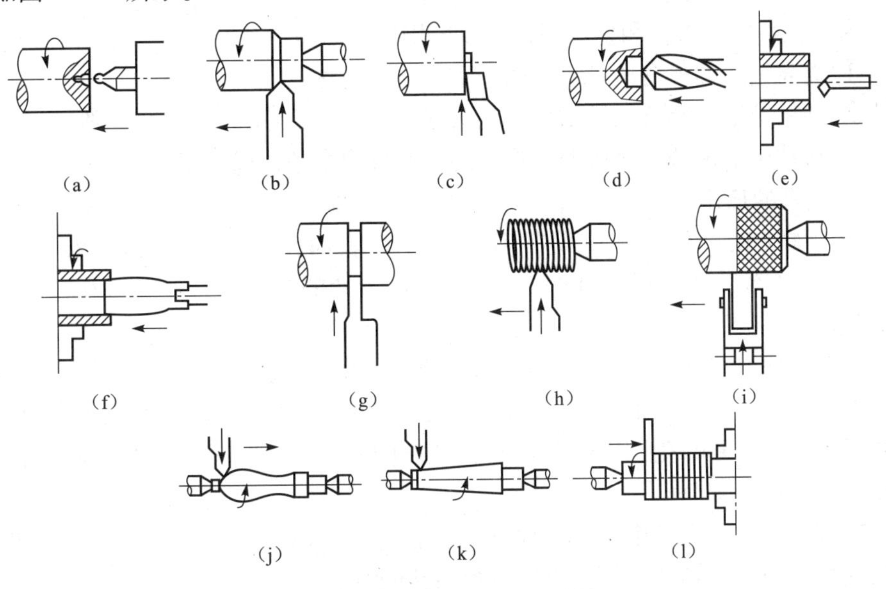

图 11 - 1 车床加工应用示例

(a) 钻中心孔；(b) 车外圆；(c) 车端面；(d) 钻孔；(e) 镗孔；(f) 铰孔；(g) 切槽与切断；(h) 车螺纹；(i) 滚花；(j) 车锥面；(k) 车特形面；(l) 盘绕弹簧

11.1.2 孔的钻、镗加工

钻孔是用钻头在实心体上加工孔，钻孔可在钻床、车床和铣床上加工。

1. 钻削的工艺特点

钻孔与车削相比，切削条件差，孔的精度低，粗糙度值高，这是因为：钻头的排屑槽大、钻心截面小导致钻头刚性很差，因而造成孔径扩大、轴线歪斜和孔不圆等缺陷，产生“引偏”现象，如图 11－2 所示。

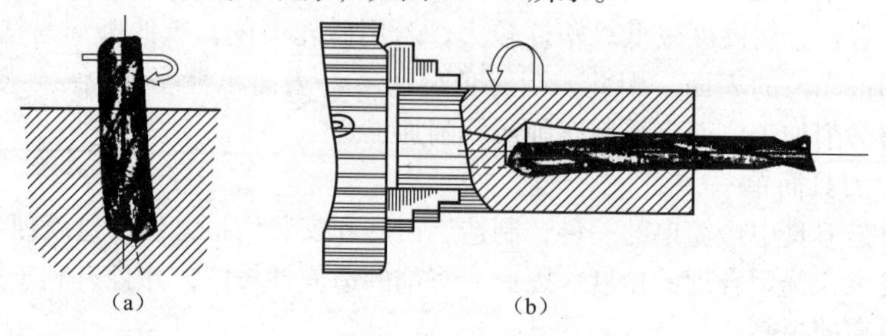

图 11－2 钻孔引偏
(a) 钻床引偏；(b) 车床引偏

钻孔时切屑切除量大，严重擦伤孔壁，钻头切削部分冷却条件差，切削温度高，导致孔径尺寸精度降低，生产率下降。

为了提高钻头质量和生产率，可以采用以下措施：

① 提高钻头的刃磨质量，使两个主切削刃对称；

② 预钻锥形定心坑或用钻套为钻头导向，可减少钻孔开始时的引偏。

③ 在钻头上修磨出分屑槽，将宽的切屑分成窄条，以利于排屑。

2. 钻削的应用

钻削加工精度较低，一般在 IT10 以下，表面较粗糙，粗糙度 Ra 值大于 12.5 μm，生产效率较低。因此，钻孔主要用于孔的粗加工，如螺钉孔、油孔和螺纹底孔等。

常用钻床有台式钻床、立式钻床和摇臂钻床。台式钻床用于单件、小批生产中，加工中、小型工件上孔径 $D<13$ mm 的小孔；立式钻床用于加工中小型工件上孔径 $D<50$ mm 的孔；摇臂钻床用于加工大中型工件上的孔；回转体上的单孔在车床上完成。

在成批和大量生产中，为了保证加工精度，提高生产效率，降低加工成本，广泛使用钻模、多轴钻、组合机床进行多孔同时加工。

对于精度高、粗糙度小的中小直径孔（$D<50$ mm），在钻削之后，采用扩孔作为孔的半精加工，铰孔作为孔的精加工。

3. 扩孔和绞孔

(1) 扩孔

扩孔是用扩孔钻（图 11－3）对工件上已有的孔进行扩大加工（图 11－4）。扩孔时使用的扩孔钻同麻花钻的基本区别是：

① 排屑槽及切削刃不是两条，而是 3～4 条。而且排屑槽浅，因而使扩孔钻的刚度提高。

② 由于有 3～4 条棱边进行导向，导向作用好，切削平稳，生产率高。

③ 扩孔时的吃刀量比钻孔时小得多，因此，切屑窄，易排出，不易擦伤已加工表面。

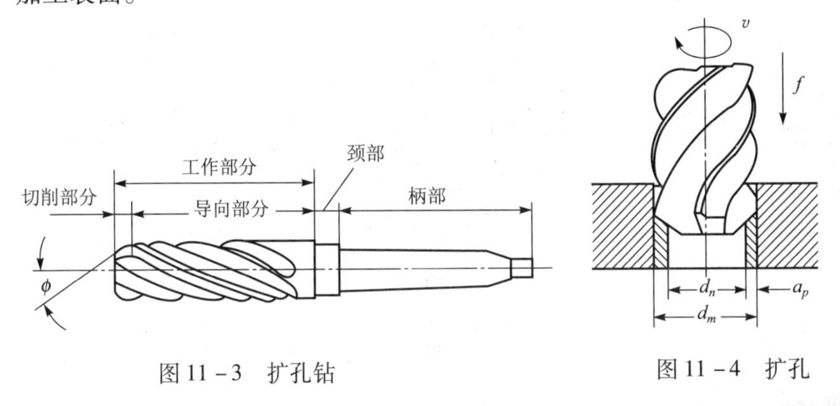

图 11－3 扩孔钻　　图 11－4 扩孔

④ 扩孔后可以获得中等精度的孔，精度可达 IT10～IT9，表面粗糙度 *Ra* 值为 3.2～6.3 μm。

（2）铰孔

铰孔是孔的精加工，加工精度可达 IT9～IT7，表面粗糙度 *Ra* 值为 0.4～1.6 μm。图 11－5 是铰刀的外形图。它与扩孔钻的基本区别是：

① 刀刃多（6～12 个），排屑槽很浅，刀刃截面很浅，所以，铰刀的刚性和导向性较扩孔钻好。

② 由于有 3～4 条棱边进行导向，导向作用好，切削平稳，生产率高。

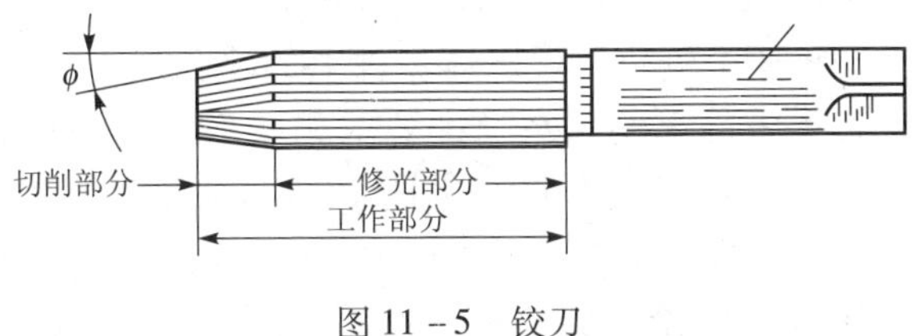

图 11－5 铰刀

③ 铰刀的切削余量很小（粗铰 0.15～0.35 mm，精铰 0.05～0.15 mm）、切削速度很低（v＝1.5～10 m/min），所以，工件的受力变形和受热变形较小，加之低速切削，可避免积屑瘤的不利影响，使得铰孔质量较高。铰孔有手铰和机铰两种，手铰的加工表面质量比机铰高。

钻削、扩削、铰削只能保证孔本身的精度，而不能保证孔与孔之间的尺寸和位置精度。为了解决这一问题，可以利用夹具（如钻模）进行加工，或者采用镗孔。

4. 镗孔

当孔径 $D>25$ mm 时，可采用镗削加工。因为镗刀结构简单，价格较扩孔钻和铰刀便宜得多，回转半径可以根据被加工工件孔径任意调节。图 11－6 为卧式镗床的主要应用。

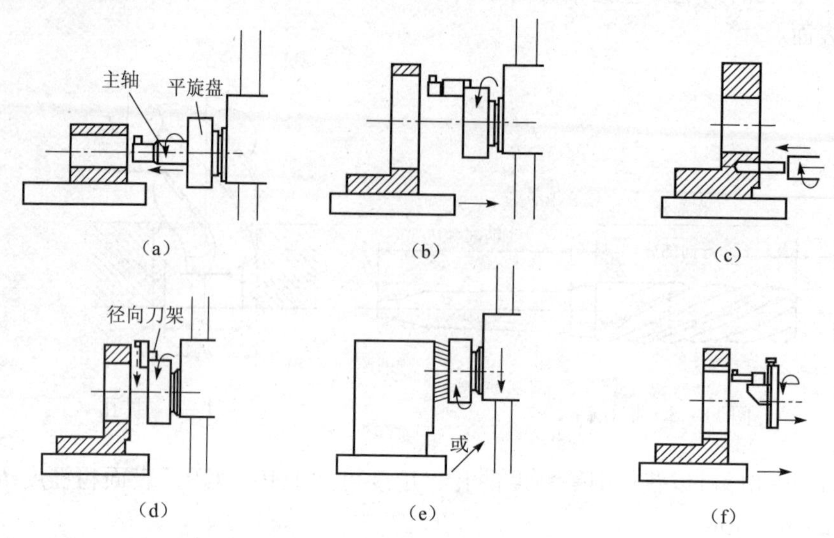

(a)　(b)　(c)　(d)　(e)　(f)

图11－6　卧式镗床的主要工作

(a) 镗孔；(b) 镗大孔；(c) 钻孔；(d) 车端面；(e) 铣平面；(f) 车螺纹

当孔径 $D<25$ mm 时，扩孔和铰孔比镗孔更经济。因为扩孔和铰孔的高生产率取得的经济效益，超过了刀具成本较高而付出的代价。

镗孔精度可达 IT8～IT7，表面粗糙度 Ra 值为0.8～1.6 μm；精细镗时，精度可达 IT7～IT6，表面粗糙度 Ra 值为0.2～0.8 μm。

镗孔可以在多种机床上进行。回转体零件上的单孔加工大多在车床上完成，机座、变速箱及支架类零件上的孔系（即要求相互平行或垂直的若干个孔）加工在镗床上完成。图11－6所示为卧式镗床的主要工作。工件安装在镗床工作台上之后，可以精确地调整被加工孔的中心位置，即垂直调整主轴箱和横向调整工作台。工作台还可绕垂直轴作回转调整运动，从而可以对工件的各个方向进行加工。

在镗床上除进行镗孔外，还可以进行钻削、扩削、铰削及铣削加工。

11.1.3　平面的铣刨加工

铣削和刨削是平面加工的两种基本方法。铣削加工是在铣床上利用铣刀的旋转运动和工件的移动来加工工件的，而在刨床上用刨刀加工工件叫做刨削，图11－7是它们的典型加工示例。由于铣、刨加工的机床、刀具和切削方式有所不同，导致它们的工艺特点有很大差别。

1. 铣刨加工的工艺特点

在多数情况下，铣削的生产率明显高于刨削。这是因为刨刀是单刃切削且回程运动时不切削，刀具切入工件时易引起冲击，所以刨削生产率较低。铣削的主

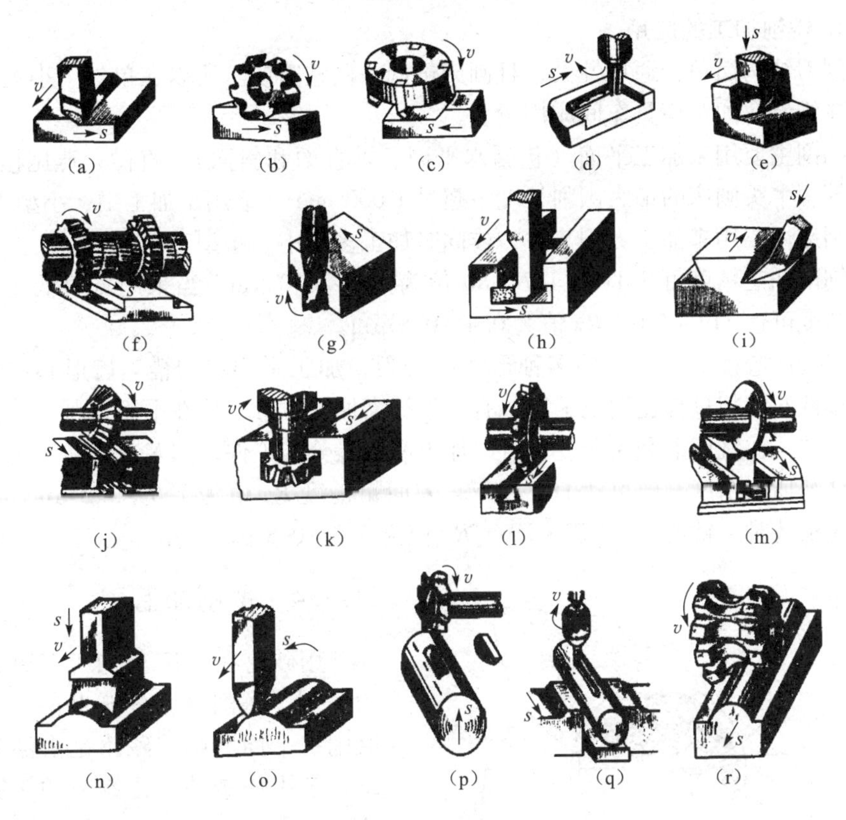

图 11-7 铣、刨加工的应用

(a) 刨平面；(b) 圆柱铣刀铣平面；(c) 端铣刀铣平面；(d) 立铣刀铣平面及侧面；(e) 刨侧面；(f) 铣台阶面；(g) 立铣刀铣侧面；(h) 刨 T 形槽；(i) 刨燕尾导轨面；(j) 铣燕尾导轨面；(k) 铣 T 形槽；(l) 铣 V 形槽；(m) 铣矩形槽；(n) 成形刀刨成形面；(o) 刨成形面；(p) 铣月牙键槽；(q) 铣键槽；(r) 铣成形面

运动为铣刀的旋转，有利于高速铣削；铣刀是多刃刀具，在同一时刻有若干刀齿同时进行切削，而且每一刀齿的大部分时间都在冷却，故刀齿散热条件较好；但是，铣刀切入和切出时的冲击将加速刀具的磨损，甚至可能引起硬质合金刀片的碎裂；铣削没有回程时间损失，故生产率高于刨削。

但是对于狭长平面如导轨、长槽等，刨削生产率高于铣削。因为铣削进给量并不因工件变狭而改变；而刨削则因工件变狭而减少横向走刀的次数。所以成批生产狭长面的加工宜采用刨削。

铣削根据加工方式不同，可分为端铣和周铣。端铣的刀杆短而粗，故刚性好；端铣刀直径大，通常镶嵌硬质合金刀片，故容易实现高速铣削，大大提高了生产效率；端铣时还可以利用修光刀齿修光已加工表面，因此提高了已加工表面的质量。周铣用圆柱铣刀采用高速钢制造，刀杆细长，刚性很差；铣刀直径小，铣削宽度小（取决于铣刀直径）。所以端铣生产率高于周铣。

2. 铣刨加工的应用

刨刀结构简单，通用性大，且刨床价低，调整简便。所以在单件、小批生产中，在维修车间和模具车间应用较多。

刨削主要用来加工平面（包括水平面、垂直面和斜面）、直槽、燕尾槽和T形槽等。牛头刨床的最大刨削长度不超过1 000 mm，适用于加工中、小型工件。龙门刨床主要用来加工大型工件，或同时加工多个中、小型工件。

刨削加工精度可达IT8 ~ IT7，*Ra* 值为1.6 ~6.3 μm。当采用宽刀低速精刨时，精度可达IT7 ~ IT6，*Ra* 值为0.4 ~0.8 μm。

周铣适应性广，可利用多种形式的铣刀，加工平面、沟槽、齿形和成形面等。端铣的切削过程比周铣平稳，有利于提高加工质量，故在平面铣削中，大都采用端铣。在铣床上利用分度头可以加工需要等分的工件，如多边形和齿轮等。

铣削加工精度一般可达IT8 ~ IT7，表面粗糙度 *Ra* 值为1.6 ~3.2 μm。当采用高速精铣时，精度可达IT7 ~ IT6，*Ra* 值为0.2 ~0.8 μm。

11.1.4 磨削加工

用砂轮在磨床上加工工件，称为磨削，磨削分为外圆磨削、内圆磨削、平面磨削。砂轮是由磨料加结合剂用烧结的方法制成的多孔物体，如图11 – 8所示。因此，磨削是一种多刀多刃的切削。

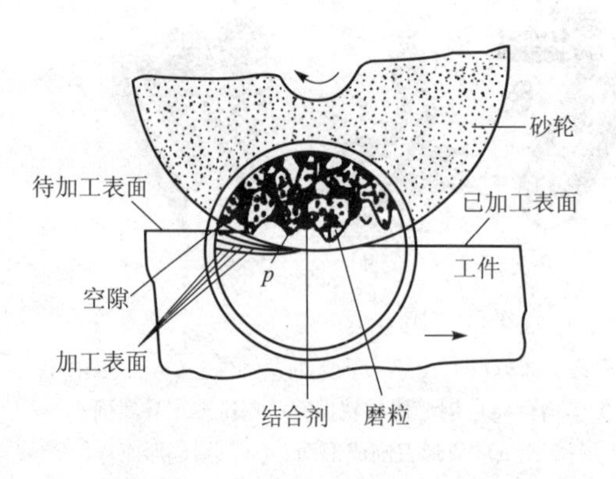

图11 – 8 砂轮

1. 磨削的工艺特点

（1）磨削是加工淬火钢等特硬材料的基本方法

用热处理进行表面硬化的零件，因热处理而发生少量变形和表面氧化等缺陷，用一般的切削刀具无法对它进行加工以排除这些缺陷，只有磨削才能对它进行最后的精密加工，使其达到规定的精度和粗糙度要求。

（2）精度高、表面粗糙度小

磨床精度高，传动平稳；砂轮表面的磨粒锐利、微细、分布稠密；磨削切削速度极高，所以在切削工件表面上残留下来的切痕，细密的无法用肉眼分辨。

磨削时磨削力很小，所以工件在安装时夹紧力小，切削产生的弹性变形小，加工精度高。磨削精度一般可达IT7 ~ IT6，表面粗糙度 *Ra* 值为0.2 ~0.8 μm，当采用精细磨削时，精度可达IT6 ~ IT5，粗糙度 *Ra* 值可达0.008 ~0.1 μm。

（3）砂轮具有自锐性

在磨削过程中，磨粒在高速、高压与高温的作用下，逐渐磨损而变得圆钝。圆钝的磨粒，切削能力下降，作用于磨粒上的力不断增大。当此力超过磨粒强度极限时，磨粒破碎，产生新的、较锋利的棱角，代替旧的圆钝磨粒进行磨削；当此力超过砂轮结合剂的黏结力时，圆钝的磨粒就会从砂轮表面脱落，露出一层新鲜的、锋利的磨粒，继续进行磨削。砂轮这种保持自身锋利的性能，称为“自锐性”。砂轮本身虽有自锐性，但由于切屑和碎磨粒会把砂轮堵塞，使它失去切削能力；磨粒随机脱落的不均匀性，会使砂轮失去外形精度。所以，为了恢复砂轮的切削能力和外形精度，在磨削一定时间后，仍需对砂轮进行修整。

（4）磨削温度高

磨削的切削速度为一般切削加工的 10 ~ 20 倍，因此，磨削时产生的切削热多。又因为砂轮本身的传热性很差，所以，在磨削区形成瞬时高温，温度高达 800 ℃ ~1 000 ℃。

高的磨削温度容易烧伤工件表面，使淬火钢件表面退火，硬度降低，变软的工件材料将堵塞砂轮，影响砂轮的耐用度和工件的表面质量。因此，在磨削过程中，应加注大量的切削液以起到冷却、润滑、冲洗砂轮的作用。

2. 磨削的应用

磨削常用于半精加工和精加工，但磨削也能经济、高效地切除大量金属，磨床在机床总数中占 30% ~40%。

磨削可以加工的工件材料范围很广，既可以加工铸铁、碳钢、合金钢等一般结构材料，也能够加工高硬度的淬硬钢、硬质合金、陶瓷和玻璃等难切削的材料。但是，磨削不易精加工塑性较大的有色金属材料。

磨削可以加工外圆面、内孔、平面、成形面、螺纹和齿轮齿形等各种表面，以及各种刀具的刃磨。

（1）外圆磨削

外圆磨削一般在普通外圆磨床或万能外圆磨床上进行。

在外圆磨床上磨削外圆时，轴类工件用顶尖装夹，盘套类工件用心轴和顶尖安装。磨削方法分为：

① 纵磨法（图 11 -9（a））。砂轮高速旋转为主运动，工件旋转为圆周进给运动，工件往复直线运动为轴向进给运动；每当工件一次往复行程终了时，砂轮做周期性的径向进给。每次磨削吃刀量很小，磨削余量通过多次走刀切除。它的生产效率较低，广泛用于单件、小批生产，特别适用于细长轴的精细磨削。

② 横磨法（图 11 -9（b））。工件旋转，砂轮旋转并以缓慢的速度作连续的横向进给，直至磨去全部磨削余量。它的生产率高，广泛应用于成批、大量生产，特别是成形表面磨削。但是，横磨时工件与砂轮接触面积大，磨削力较大，磨削温度高，工件易变形、烧伤，故只适合加工表面不太宽且刚性较好的工件。

③ 综合磨法（图 11 -9（c））。先用横磨法将工件表面分段进行粗磨，然后用纵磨法进行精磨。此法综合了横磨法和纵磨法的优点。

④ 深磨法（图 11 -9（d））。磨削时采用较大的吃刀量（一般是 0.3 mm），

较小的纵向进给量（一般取1~2 mm/r），在一次行程中切除全部余量，因此，生产率较高。

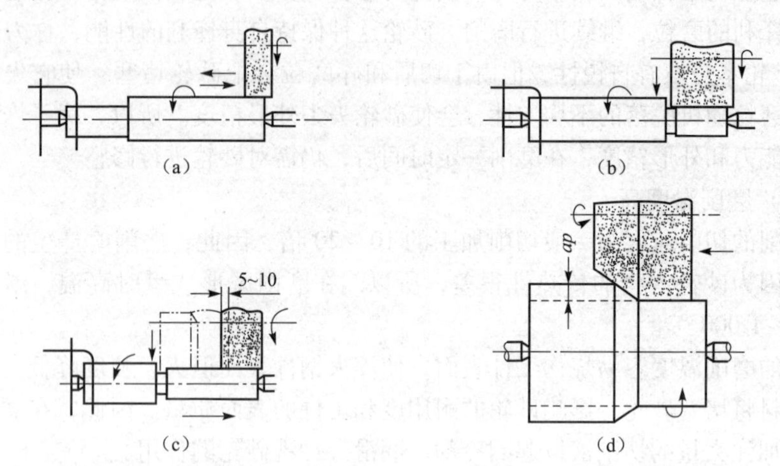

图11-9 在外圆磨床上磨削外圆

(a) 纵磨法；(b) 横磨法；(c) 综合磨法；(d) 深磨法

深磨法只适用于大批生产中加工刚度较大的工件，且被加工表面两端要有较大的距离，允许砂轮切入和切出。

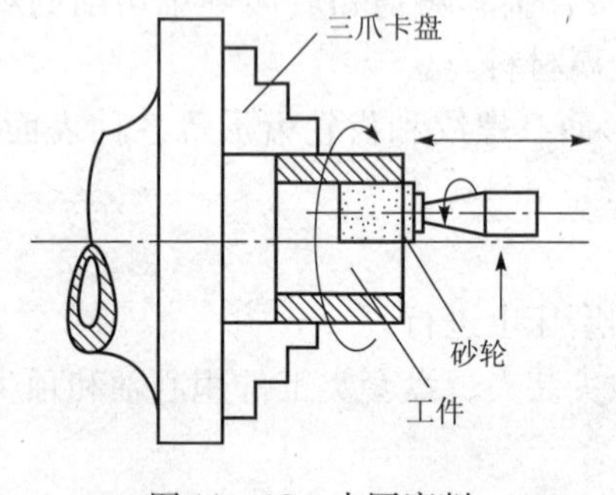

图11-10 内圆磨削

(2) 内圆磨削

内圆磨削在内圆磨床或万能外圆磨床上完成。内圆磨削一般采用纵磨法，工件安装在卡盘上，如图11-10所示，工件旋转同时沿轴向作往复直线运动（即纵向进给运动）；装在砂轮架上的砂轮高速旋转，并在工件往复行程终了时做周期性的横向进给。

与外圆磨削相比，内圆磨削时，受工件孔径限制，砂轮直径很小，故磨削速度低，切削液不易进入磨削区，加工表面粗糙度大；砂轮轴刚性差，不宜采用较大的磨削深度和进给量，故生产率低；砂轮直径很小，故砂轮磨损快，需经常更换砂轮，进一步降低了生产率。

因此，磨孔一般仅用于淬硬工件孔的精加工，它不仅能保证孔本身的尺寸精度和表面质量，还可以提高孔的位置精度和轴线的直线度；磨孔的适应性较好，可以磨通孔、阶梯孔、盲孔以及锥孔和成形孔，因此，磨孔特别适用于非标准尺寸孔的单件、小批生产。

(3) 平面磨削

平面磨削有两种基本形式：用砂轮的圆周磨削（周磨）和用砂轮的端面磨

削（端磨），如图 11－11 所示。

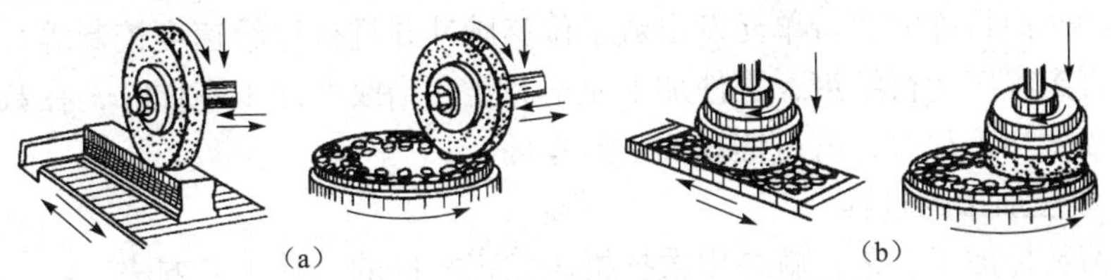

图 11－11 端磨和周磨
（a）周磨；（b）端磨

周磨时，砂轮与工件的接触面积小，散热、冷却和排屑条件好，加工质量较高，故应用于加工质量要求较高的工件。端磨时，磨头伸出长度较短，刚性好，允许采用较大的磨削用量，生产率较高。但是，砂轮与工件的接触面积较大，发热量多，冷却较困难，加工质量较低。所以，用于磨削要求不很高的工件，或者代替铣削作为精磨前的预加工。

磨削铁磁性工件（钢、铸铁等）时，利用电磁吸盘将工件吸住，装卸方便。对于不允许带有磁性的零件，平面磨床附有退磁器，磨削完成后进行退磁处理。

11.2 数控机床加工和特种加工简介

数控技术是 20 世纪 40 年代后期发展起来的一种自动化加工技术，它综合了计算机、自动控制、电机、电气传动、测量、监控和机械制造等学科的内容，目前在机械制造业中已得到了广泛应用。

11.2.1 数控机床加工

数控技术是综合应用计算机、自动控制、精密测量等新技术而发展起来的新技术，数控技术与机床的结合就是数控机床。

数字控制（Numerical Control）简称 NC，早期的数字控制系统是采用数字逻辑电路连接成的，而目前则是采用了计算机的计算机数控系统（Computer Numerical control），即 CNC。机床数控技术就是以数字化信息实现机床的自动控制的一门技术。其中，刀具与工件的运动轨迹的自动控制，刀具与工件相对运动的速度自动控制是机床数字控制的最主要的控制内容。

数控机床工作前，要预先根据被加工零件的要求，确定零件加工工艺过程、工艺参数，并按一定的规则形成数控系统能理解的数控加工程序。即：将被加工零件的几何信息和工艺信息数字化，按规定的代码和格式编制成数控加工程序，然后用适当的方式将此加工程序输入到数控机床的数控装置中，此时即可启动机床运行数控加工程序。在运行数控加工程序的过程中，数控装置会根据数控加工程序的内容，发出各种控制命令，如启动主轴电机，打开冷却液，进行刀具轨迹计算，同时向特殊的执行单元发出数字位移脉冲并进行进给速度控制等，正常情况下可直到程序运行结束，零件加工完毕为止。当改变加工零件时，在数控机床中只要改变加工程序，就可继续加工新零件。

1. 数控加工的过程

所谓数控加工工艺，就是用数控机床加工零件的一种工艺方法。

数控加工与通用机床加工在方法与内容上有许多相似之处，不同点主要表现在控制方式上。

以机械加工为例，用通用机床加工零件时，就某道工序而言，其工步的安排，机床运动的先后次序、位移量、走刀路线及有关切削参数的选择等，都是由操作工人自行考虑和确定的，且是用手工操作方式来进行控制的。

如果采用自动车床加工，虽然也能达到对加工过程实现自动控制的目的，但其控制方式是通过预先配置凸轮、挡块或靠模来实现的。

在数控机床上加工时，情况就完全不同了。在数控机床加工前，我们要把原先在通用机床上加工时需要操作工人考虑和决定的操作内容及动作，例如工步的划分与顺序、走刀路线、位移量和切削参数等，按规定的数码形式编成程序，记录在数控系统存储器或磁盘上，它们是实现人与机器联系起来的媒介物。加工时，控制介质上的数码信息输入数控机床的控制系统后，控制系统对输入信息进行运算与控制，并不断地向直接指挥机床运动的机电功能转换部件——机床的伺服机构发送脉冲信号，伺服机构对脉冲信号进行转换与放大处理，然后由传动机构驱动机床按所编程序进行运动，就可以自动加工出我们所要求的零件形状。数控加工流程如图11－12所示。

2. 数控加工的特点

数控机床在机械制造业中得到日益广泛的应用，是因为它具有如下特点。

(1) 对加工对象改型的适应性强

由于在数控机床上改变加工零件时，只需要重新编制程序就能实现对零件的加工，它不同于传统的机床，不需要制造和更换许多工具、夹具，更不需要重新调整机床。因此，数控机床可以快速地从加工一种零件转变为加工另一种零件，这就为单件、小批量生产以及试制新产品提供了极大的便利。它不仅缩短了生产准备周期，而且节省了大量工艺装备费用。此外，数控加工运动的任意可控性使其能完成普通加工方法难以完成或者无法进行的复杂型面加工。

(2) 加工精度高

数控机床是按以数字形式给出的指令进行加工的，因此，数控机床能达到比较高的加工精度。对于中、小型数控机床，定位精度普遍可达到0.03 mm，因为数控机床的传动系统与机床结构都具有很高的刚度和热稳定性，而且提高了它的制造精度，特别是数控机床的自动加工方式避免了生产者的人为操作误差，因

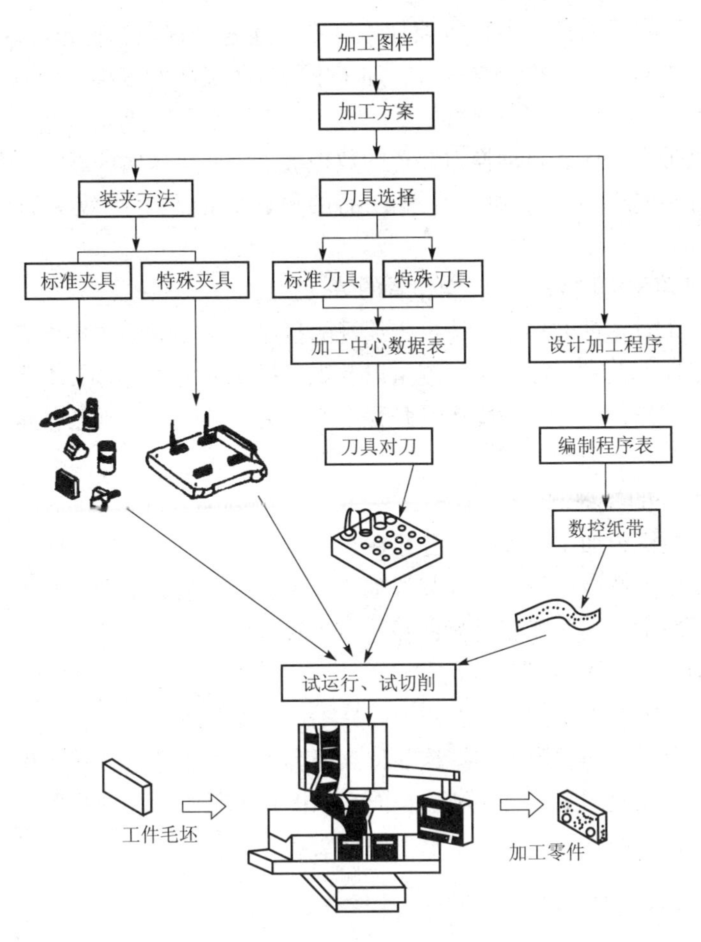

图 11-12 数控加工流程

此，同一批加工零件的尺寸一致性好，产品合格率高，加工质量十分稳定。

（3）加工生产率高

零件加工所需要的时间包括机动时间与辅助时间两部分。数控机床能够有效地减少这两部分时间，因而加工生产率比一般机床高得多。数控机床主轴转速和进给量的范围比普通机床的范围大，每一道工序都能选用最有利的切削用量，良好的结构刚性允许数控机床进行大切削用量的强力切削，有效地节省了机动时间。数控机床移动部件的快速移动和定位均采用了加速与减速措施，因而选用了很高的空行程运动速度，消耗在快进、快退和定位的时间要比一般机床少得多。

数控机床在更换被加工零件时几乎不需要重新调整机床，而零件又都安装在简单的定位夹紧装置中，可以节省用于停机进行零件安装调整的时间。

数控机床的加工精度比较稳定，一般只做首件检验或工序间关键尺寸的抽样检验，因而可以减少停机检验的时间。因此，数控机床的利用系数比一般机床高得多。任何事物都有两重性，数控加工虽有上述各种优点，但也存在不足之处，如由于机床价格较高，维修难度大，加工中的调整又相对复杂，使其单位加工成本较高。

在使用带有刀库和自动换刀装置的数控加工中心机床时，在一台机床上实现了多道工序的连续加工，减少了半成品的周转时间，生产效率的提高就更为明显。

(4) 自动化程度高，减轻操作者的劳动强度

数控机床对零件的加工是按事先编好的程序自动完成的，操作者除了操作面板、装卸零件、关键工序的中间测量以及观察机床的运行之外，不需要进行繁重的重复性手工操作，劳动强度与紧张程度均可大为减轻，劳动条件也得到相应的改善。

(5) 良好的经济效益

使用数控机床加工零件时，分摊在每个零件上的设备费用是较昂贵的。但在单件、小批量生产情况下，可以节省工艺装备费用、辅助生产工时、生产管理费用及降低废品率，因此能够获得良好的经济效益。

(6) 有利于生产管理的现代化

用数控机床加工零件，能准确地计算零件的加工工时，并有效地简化了检验和工夹具、半成品的管理工作。这些特点都有利于使生产管理现代化。

数控机床在应用中也有不利的一面，如提高了起始阶段的投资，对设备维护的要求较高，对操作人员的技术水平要求较高等。

11.2.2 特种加工

随着现代科学技术的高速发展，高、精、尖、新的产品不断涌现，具有各种特殊力学性能的新材料越来越广泛地采用，产品的特殊结构也越来越多，因此对机械工艺提出了许多新的课题，如难切削材料（高强度、高硬度、耐高温、耐腐蚀材料及某些非金属材料）的加工、复杂形状表面的加工、低刚度零件的加工，以及细小孔的加工等。虽然常规的切削加工工艺也在不断发展，但在许多情况下仍难以取得满意的效果，一些工艺课题使用传统的切削方法很难甚至根本无法解决。特种加工的飞速发展，在解决工艺新课题中发挥了极大的作用。目前，特种加工已在航空、航天、汽车、拖拉机、仪表、电子及轻工等制造部门得到了广泛的应用，并已成为不可缺少的加工手段，而且新的特种加工方法还在不断研究、开发和发展。

特种加工是指利用电能、热能、光能、化学能、电化学能、声能等进行加工的方法，主要用于高强度、高硬度、高韧性、高脆性、耐高温、耐磁性等难切削材料，以及精密细小和复杂形状零件的加工。

1. 电火花加工

(1) 电火花加工的基本原理

电火花加工是在一定的介质中，通过工具电极和工件电极之间的脉冲放电的电蚀作用，对工件进行加工的方法。如图11－13所示，工具电极4与工件6一起置于介质5（煤油或其他液体）中，并分别与脉冲电源1的负极和正极相连接。加工时，送进机构2移动工具电极使其逐渐趋近工件，当工具电极与工件之间的间隙小到一定程度时，介质被击穿，在间隙中发生脉冲放电。放电的持续时间极短，只有10^{-8} ~ 10^{-6} s，而瞬时的电流密度极大，可达10^5 ~ 10^7 A/cm²，温度可高达10 000 ℃以上，致使工件表面局部金属材料被熔化甚至汽化。在瞬时放电的爆炸力作用下，熔化、汽化了的金属材料被抛入液体介质凝成微小的颗粒，并从放电间隙中排除去。每次放电即在工件表面形成一个微小的凹坑（称为电蚀），连续不断的脉冲放电，使工件表面不自动进给，保持其与工件的间隙，以维持持续的放电。

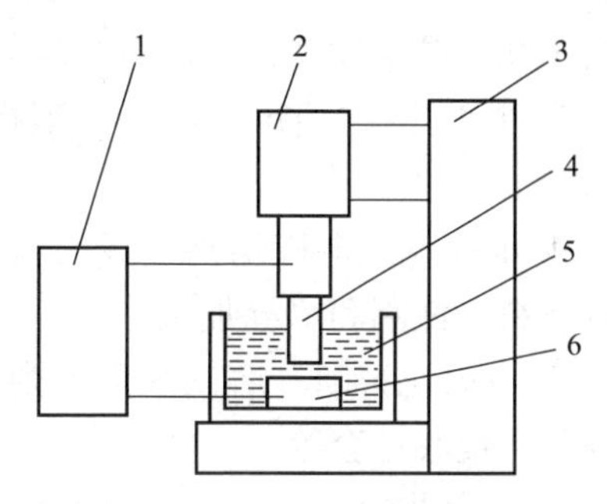

图11－13 电火花加工原理
1—脉冲电源；2—送进机构；3—床身；
4—工具电极；5—介质；
6—工件及间隙自动调节器图

(2) 电火花加工的特点

① 由于放电通道中电流密度很大，局部区域内产生的高温足以熔化甚至汽化任何导电材料，因此能加工各种具有导电性能的硬、脆、软、韧材料。

② 加工时无切削力，适于加工小孔、薄壁、窄腔槽及各种复杂的型孔、型腔和曲线孔等，也适用于精密加工。

③ 加工时，由于脉冲能量间断地以极短的时间作用在工件上，整个工件几乎不受热的影响，有利于提高加工精度和加工表面质量，也有利于加工热敏感性强的材料。

④ 便于实现加工过程自动化。

⑤ 电极（工具）消耗较大。

(3) 电火花加工的应用

电火花加工的效率远比金属切削加工低，因此，只有在难以进行切削加工的情况下如工件形状复杂、材料太硬等，才采用电火花加工。在工艺应用上，电火花加工的常见形式如下：

① 电火花成形加工。包括穿孔和型腔加工两类。电火花穿孔加工应用最为广泛，常用来加工冲裁模、复合模等冲模的凹模和固定板、卸料板等零件的型孔，以及拉丝模、拉深模等零件的型孔。电火花型腔加工则常用于加工锻模、压铸模、挤压模、塑料压模等模具型腔和叶片、整体式叶轮等复杂曲面零件。

② 电火花小孔加工。可加工直径为0.1 ~ 1 mm、长径比小于20的小孔，如

喷嘴小孔、航空发动机气冷孔、辊筒和筛网上的小孔等。

③ 电火花精密细微加工。一般指直径小于0.1 mm的孔或宽度小于0.1 mm的槽的加工。

④ 电火花线电极切割（线切割）。切割各种冲模和具有直纹面的零件，以及进行下料、截割和窄缝加工。

⑤ 电火花磨削。磨削平面、内外圆、小孔等，如拉丝模、挤压模、微型轴承内环、偏心钻套等。

⑥ 电火花螺纹加工。适用于加工螺纹。

2. 激光加工

（1）激光加工的基本原理

激光加工是用功率密度极高的激光束照射工件的被加工部位，使其材料瞬间熔化或蒸发，并在冲击波作用下，将熔融物质喷射出去，从而对工件进行穿孔、蚀刻、切割，或采用较小能量密度，使加工区域材料熔融黏合，对工件进行焊接的一种加工方法。

（2）激光加工的特点

① 加工范围广。激光的功率密度很高（可达 10^7 ~ 10^{10} W/cm^2）时，几乎能加工所有材料，包括用普通方法难以加工的硬度高、脆性大、熔点高的金属材料，以及陶瓷、金刚石、石英、宝石等非金属材料。

② 生产率高。激光加热速度快，生产效率高，打一个小孔一般只需 0.01s 左右，特别是对金刚石、宝石等特硬材料，打孔时间不足切削加工的1%。由于加热局限在很小的范围，所以热影响区小，工件热变形小。

③ 不需工具。激光加工属于非接触加工，不需要工具，无切削加工的受力变形。

④ 能加工细微小孔、窄缝。激光能聚焦成极细的光束，可以加工直径为1 ~ 0.01 mm的小孔和窄缝。

⑤ 可控性好。激光束调制方便，易于实现计算机数字控制和自动化加工。

（3）激光加工的应用

① 激光打孔。激光打孔是激光加工在机械制造中最主要的应用，多用于小孔、窄缝的细微加工，孔径可小至0.005 mm，孔深与孔径之比可达5以上。对与工件表面成各种角度（15° ~90°）的倾斜小孔、薄壁零件及复合材料零件上的小孔、难加工材料上的小孔等，激光打孔更具优越性。目前，激光打孔已广泛应用于金刚石拉丝模、钟表宝石、化学纤维硬质合金喷丝板、火箭发动机和柴油机的喷嘴、涡轮叶片、集成电路陶瓷衬套、手术用针等零件或产品的小孔加工。

② 激光切割。利用激光束聚焦后极高的功率密度，可切割任何难加工的高熔点材料、高温材料、高强度硬脆材料如镍合金、不锈钢，以及各种非金属材料。激光切割为非接触切割，工件变形极小；切缝狭窄（一般为0.1 ~0.2 mm）

且切口质量优良；切割速度高。激光切割大多采用 CO_2 激光器及同轴吹气工艺（沿激光束的同轴方向吹送辅助气体，如氧、氮、二氧化碳、氩、压缩空气等），以提高切割效率和改善切口质量。激光切割多用于半导体硅片切割、型孔加工、精密零件的窄缝切割、刻线、雕刻等。

③ 激光焊接。激光焊接主要用于高熔点材料和快速氧化材料及异种材料的焊接。由于激光能透过玻璃等透明物体进行焊接，因此可用于真空仪器元件的焊接。激光焊接分脉冲激光焊接（采用红宝石激光器）和连续激光焊接（采用 CO_2 激光器和钇铝石榴石激光器）两种，前者适用于点焊，后者适用于缝焊。

3. 超声（波）加工

（1）超声波加工的基本原理

超声波加上是利用产生超声振动的工具，带动工件和工具间的磨料悬浮液，冲击和抛磨工件的被加工部位，使其局部材料破坏而成粉末，以进行穿孔、切割和研磨等的加工方法。超声波的加工原理如图 11－14 所示。

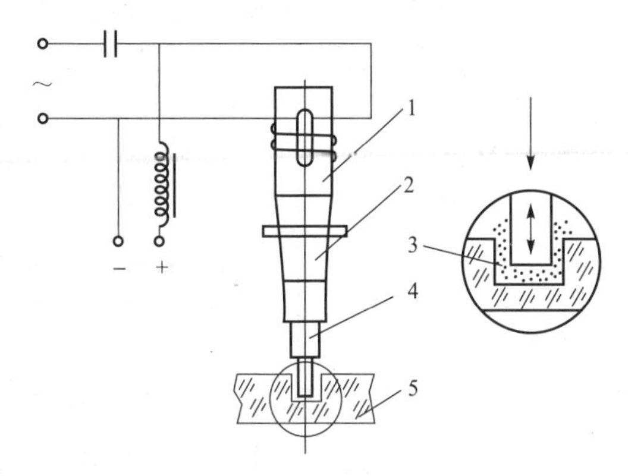

图 11－14　超声波加工原理图

1—超声换能器；2—变幅杆；

3—磨料悬浮液；4—工具；5—工件

工具 4 的超声频振动是通过超声换能器 1 在高频电源作用下产生的高频机械振动，经变幅杆 2 使工具沿轴线方向作高速振动。工具的超声频振动，除了使磨粒获得高频撞击和抛磨作用外，还可使工作液受工具端部的超声振动作用而产生高频、交变的液压正负冲击波。正冲击波迫使工作液钻入被加工材料的细微裂缝处，加强机械破坏作用；负冲击波造成局部真空，形成液体空腔，液体空穴闭合时又产生很强的爆裂现象，而强化加工过程，从而逐步地在工件上加工出与工具断面形状相似的孔穴。

（2）超声波加工的特点

① 主要适于加工各种硬脆材料，如玻璃、石英、陶瓷（氧化铝、氧化硅等）、硅、锗、玛瑙、宝石、金刚石等。

② 能加工各种形状复杂的型孔、型腔、成形表面等。

③ 加工过程中工具对工件的宏观作用力小，热影响小，适于加工不能承受较大机械应力的薄壁、薄片等零件。

④ 生产率低于电火花加工，但加工精度高，表面粗糙度值小。

（3）超声波加工的应用

① 型孔、型腔加工：工具的形状和尺寸，取决于被加工面的形状和尺寸。加工孔径范围为 0.1～90 mm，深度可达 200 mm。

② 超声波切割加工：主要用于切割脆硬的半导体材料。

③ 超声波焊接：用于焊接尼龙、塑料以及表面易生成氧化膜的铝制品等。

④ 超声波复合加工：与电解复合加工小孔、深孔可大大提高加工速度与加工质量；在切削加工中引入超声振动（如对耐热钢等硬韧材料进行车削、钻孔、攻螺纹），可降低切削力，改善表面质量，提高加工速度和延长刀具寿命。

⑤ 超声波清洗。

4. 电子束加工

（1）电子束加工的基本原理

电子束加工是在真空条件下，利用电子枪中产生的电子经加速、聚焦，形成高能量大密度的细电子束以轰击工件被加工部位，使该部位的材料熔化和蒸发，从而进行加工，或利用电子束照射引起的化学变化而进行加工的方法。

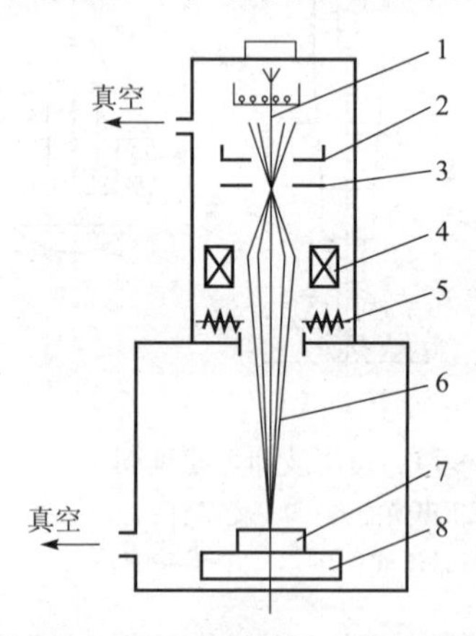

图11－15 电子束加工原理图

1—阴极；2—控制栅极；3—阳极；4—电磁透镜；5—偏转器；6—电子束；7—工件；8—工作台及驱动系统

电子束加工原理如图11－15所示。在真空条件下，用电流加热阴极1，产生的电子在高能电场的作用下加速（电子枪），并经电磁透镜4聚焦成高能量、高速度的电子束流，冲击工件7表面极小的面积，冲击过程中其动能转换成热能加热工件，在冲击处形成局部高温，使材料熔化甚至汽化，实现加工。电磁透镜实质上是一个通以直流电源的多匝线圈，电流通过线圈形成磁场，利用磁场力的作用使电子束聚焦，其作用与光学玻璃透镜相似。偏转器5也是一个多匝线圈，当通以不同的交变电流时，产生不同的磁场方向，使电子束按照加工需要作相应的偏转。

（2）电子束加工的特点

① 电子束直径极小，经聚焦后可达微米级，故可加工微孔、窄缝。

② 电子束功率密度高，在几个微米的集束斑点上可达 10^9 W/cm^2 时，足以使任何材料熔化和汽化，因而能加工高硬度、难熔的金属和非金属材料。

③ 电子束加工时工件受力小，变形小。

④ 加工在真空环境中进行，可防止被加工工件氧化及周围环境对工件材料的污染。

⑤ 加工过程容易实现自动化。

⑥ 设备复杂，价格昂贵。须具备高真空度（$1.33\times10^{-2}\sim1.33\times10^{-4}$ Pa）和高电压（数万伏）的条件。此外，还须防止X射线的逸出。

（3）电子束加工的应用

① 电子束打孔及型面加工。高能电子束可以加工各种微细孔（孔径0.003～0.02 mm）和型孔、斜孔、弯孔和特殊表面。加工速率高，不受材料特性限制，且加工精度高，表面粗糙度值小。图 11－16 所示为用电子束加工异型孔示例。

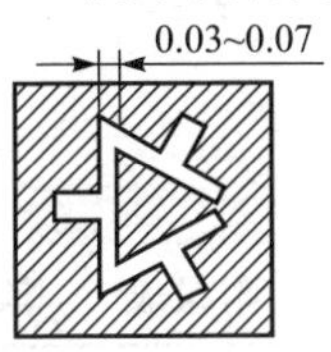

图 11－16　用电子束加工的喷丝头异型孔

② 电子束焊接。电子束焊接的可焊材料范围广，除能对普通碳钢、合金钢、不锈钢焊接外，更有利于高熔点金属（钛、钼、钨等及其合金）、活泼金属（锆、铌等）、异种金属（铜—不锈钢、银—白金等）、半导体材料和陶瓷等绝缘材料的焊接。

③ 电子束蚀刻。电子束可用来对陶瓷、半导体材料进行精细的蚀刻，加工精细的沟槽和孔。此外还可用来在金属镀层上刻制混合电路的电阻，这是电子计算机制造中一项重要的工艺手段。

思考题与作业题

1. 什么是机械加工？常用的机械加工有哪些类型？
2. 车削加工的工艺特点有哪些？车削的应用范围有哪些？
3. 钻削的工艺特点有哪些？如何提高钻头质量和生产率？
4. 什么是扩孔？扩孔和钻孔有何区别？绞孔和扩孔有何区别？
5. 铣刨加工有何特点？主要应用于哪些方面？
6. 什么是磨削加工？磨削加工有哪些类型？有何工艺特点？
7. 常用的外圆磨削方法有哪些？
8. 数控机床加工的内容有哪些？有何特点？
9. 什么是特种加工？主要应用于哪些方面？
10. 什么是电火花加工？有何加工特点？主要应用于哪些方面？
11. 激光加工的基本原理是什么？有何加工特点？主要应用于哪些方面？
12. 电子束加工的基本原理是什么？有何加工特点？主要应用于哪些方面？

附 录

附录表1 常用钢的临界点

钢 号	临界点/℃					
	A_{c1}	A_{c3}（A_{ccm}）	A_{c1}	A_{c3}	M_S	M_f
15	735	865	685	840	450	
30	732	815	677	796	380	
40	724	790	680	760	340	
45	724	780	682	751	345 ~ 350	
50	725	760	690	720	290 ~ 320	
60	727	774	690	755	290 ~ 320	
65	727	752	696	730	285	
30Mn	734	812	675	796	355 ~ 375	
65Mn	726	765	689	741	270	
20Cr	766	838	702	799	390	
30Cr	740	815	670	—	350 ~ 360	
40Cr	743	782	693	730	325 ~ 330	
20CrMnTi	740	825	650	730	360	
30CrMnTi	765	790	660	740	—	
35CrMo	755	800	695	750	271	
25MnTiB	708	817	610	710	—	
40MnB	730	780	650	700	—	
55Si2Mn	775	840	—	—	—	
60Si2Mn	755	810	700	770	305	
50CrMn	750	775	—	—	250	
50CrVA	752	788	688	746	270	
GCr15	745	900	700	—	240	
GCr15SiMn	770	872	708	—	200	
T7	730	770	700	—	220 ~ 230	

续表

钢 号	临界点/℃					
	A_{c1}	A_{c3} (A_{ccm})	A_{c1}	A_{c3}	M_S	M_f
T8	730	—	700	—	220~230	-70
T10	730	800	700	—	200	-80
9Mn2V	736	765	652	125	—	—
9SiCr	770	870	730	—	170~180	—
CrWMn	750	940	710	—	200~210	—
Cr12MoV	810	1 200	760	—	150~200	-80
5CrMnMo	710	770	680	—	220~230	—
3Cr2W8	820	1 100	790	—	380~420	-100
W18Cr4V	820	1 330	760	—	180~220	—

附录表2 金属布氏硬度数值表（适用于 $D=2.5$ mm 的淬火钢球）

压痕直径 d/mm	硬度值 /HBS	压痕直径 d/mm	硬度值 /HBS	压痕直径 d/mm	硬度值 /HBS	压痕直径 d/mm	硬度值 /HBS
0.60	653	0.81	354	1.02	219	1.23	148
0.61	632	0.82	345	1.03	215	1.24	145
0.62	611	0.83	337	1.04	211	1.25	143
0.63	592	0.84	329	1.05	207	1.26	140
0.64	573	0.85	321	1.06	202	1.27	138
0.65	555	0.86	313	1.07	198	1.28	135
0.66	538	0.87	306	1.08	195	1.29	133
0.67	522	0.88	298	1.09	191	1.30	131
0.68	507	0.89	292	1.10	187	1.31	129
0.69	492	0.90	285	1.11	184	1.32	127
0.70	477	0.91	278	1.12	180	1.33	125
0.71	464	0.92	272	1.13	177	1.34	123
0.72	451	0.93	266	1.14	174	1.35	121
0.73	438	0.94	260	1.15	170	1.36	119
0.74	426	0.95	255	1.16	167	1.37	117
0.75	415	0.96	249	1.17	164	1.38	115

续表

压痕直径 d/mm	硬度值 /HBS	压痕直径 d/mm	硬度值 /HBS	压痕直径 d/mm	硬度值 /HBS	压痕直径 d/mm	硬度值 /HBS
0.76	404	0.97	244	1.18	161	1.39	113
0.77	393	0.98	239	1.19	158	1.40	111
0.78	383	0.99	234	1.20	156	1.41	110
0.79	373	1.00	229	1.21	153	1.42	108
0.80	363	1.01	224	1.22	150	1.43	106

附录表3 热处理工艺代号及技术条件的表示方法

热处理工艺	代号	表示方法
正火	Z	Z195 表示正火 180 ~ 210 HBS
调质	T	T235 表示调质 220 ~ 250 HBS
淬火	C	C47 表示淬火回火至 45 ~ 50 HRC
油淬	Y	Y35 表示油淬火回火至 30 ~ 40 HRC
高频淬火	G	G50 表示高频淬火回火至 48 ~ 53 HRC
调质高频淬火	T - G	T - G50 表示调质后高频淬火回火至 48 ~ 53 HRC
火焰淬火	H	H50 表示火焰淬火后回火至 48 ~ 53 HRC
氮化	D	D0.3 - 900 表示氮化深度至 0.3 mm，硬度大于 850 HV
渗碳淬火	S - C	S1.2 - C59 表示渗碳深度至 1.2 mm，淬火回火至 57 ~ 62 HRC
氰化	Q	Q59 表示氰化后淬火回火至 57 ~ 62 HRC

参考文献

[1] 许德珠. 机械工程材料 [M]. 北京：高等教育出版社，2000.
[2] 王纪安. 工程材料与材料成型工艺 [M]. 北京：高等教育出版社，2000.
[3] 莫如胜，余岩. 工程材料与材料成型工艺 [M]. 广州：华南理工大学出版社，2004.
[4] 李凤云. 机械工程材料成型及应用 [M]. 北京：高等教育出版社，2002.
[5]《机械工程材料性能数据手册》编委会. 机械工程材料手册 [M]. 北京：机械工业出版社，1993.
[6] 戴枝荣. 工程材料 [M]. 北京：高等教育出版社，1992.
[7] 王英杰. 金属工艺学 [M]. 太原：山西科学技术出版社，1997.
[8]《热处理手册》编委会. 热处理手册 [M]. 北京：机械工业出版社，1992.
[9] 胡德昌. 新型材料特性及其应用 [M]. 广州：广东科技出版社，2000.
[10] 李金贵. 防腐蚀表面工程技术 [M]. 北京：化学工业出版社，2003.